Dagmar Hoffmann-Axthelm (Hrsg.)

Schock und Berührung

Körper und Seele
Band 4

Schock und Berührung

Dagmar Hoffmann-Axthelm (Hrsg.)

Schwabe & Co. AG · Verlag · Basel
1996

Körper und Seele
Eine Schriftenreihe der Schweizerischen Gesellschaft für Bioenergetische Analyse und Therapie (SGBAT)

2., unveränderte Auflage 1996

Printed in Switzerland by Schwabe & Co. AG, Basel/Muttenz

1. Auflage – Oldenburg: Transform-Verlag, 1994

Titelbild:
Marc Chagall, Die Hochzeit (Ausschnitt), 1918
(Moskau, Tretjakow Galerie; nach: *Chagall: Dreams and Drama, Early Russian Works and Murals for the Jewish Theatre,* ed. R. Apter-Gabriel, Jerusalem: The Israel Museum, 1993)

ISBN 3-7965-1019-1

Inhalt

Vorwort 6

Stanley Keleman:
Die Rolle der Berührung in der somatischen Therapie 13

David Boadella:
Schock, Grenzen, Sprache und Körper 20

Robert Lewis:
Cephaler Schock - verstanden als Verlust des Gleichgewichts 28

Hans Peter:
Vom Sein zum Werden - bioenergetisches Arbeiten an Übergängen 46

Sander Kirsch:
„Ich kann nicht glauben, daß mir das jemals geschehen ist." Das Erkennen und Durcharbeiten unaufgelöster Schock-Zustände 60

Angela Klopstech:
Das Trauma des sexuellen Mißbrauchs: Wo Berührung mißhandelt hat und wie Berührung heilen kann 97

Tilmann Moser:
Die leere Stimme im leeren Selbst. Über das Verhältnis von seelischem Schock und Künstlichkeit 112

Dagmar Hoffmann-Axthelm:
Schock auf doppeltem Boden. Zur Verletzung von Selbst und Selbstwert 135

Steen Jørgensen: Charakterstruktur und Schock 160

Brigitte Dohmen:
Berührung in der Therapie: Unterstützung oder Widerstand? 191

„Gezeichnet" - ein Gedicht 212

Rezensionen 214

Die Autorinnen und Autoren 218

Vorwort

Das Thema dieses Bandes der Reihe *Körper & Seele*, „Schock und Berührung", ist aktuell - vor allem der erste Teil des Begriffspaares. Denn der bezeichnet eine vom Einzelnen, aber auch von einer Gemeinschaft erfahrbare Reaktion auf Vernichtungsdrohungen - auf Überwältigung, auf Krieg, auf Tod, auf Gewalt.

Mehr als vierzig Jahre lang war es uns Europäern vergönnt, eine schöne Illusion zu pflegen: aus der Geschichte, aus dem Schrecken zweier Weltkriege gelernt zu haben. Krieg gab es, aber - weit entfernt - in Südostasien, oder - etwas näher, aber immer noch in sicherer Entfernung - im Nahen Osten und in Afghanistan. Fern genug jedenfalls, um Partei ergreifen, sich ereifern, auf unfähige Politiker schimpfen zu können, kluge Lösungsvorschläge zu diskutieren und damit über den „Dingen", dem Elend, dem Entsetzen, der Hilflosigkeit zu stehen, die diese Kriege mit sich brachten. Im Golfkrieg half zudem eine überlegene Fernsehregie; sie sorgte für einen sauberen Bildschirm, der der Welt das Grauen am Krieg ersparte - Computersimulationen statt Blut und Tod.

Das hat sich mit dem Bürgerkrieg im ehemaligen Jugoslawien geändert. Abend für Abend bringt das Fernsehen Szenen und Bilder in die Wohnstube, die wohl auch deswegen so unfaßlich sind, weil wir sie in unserem zivilisierten Europa nach Hitler nicht mehr für möglich hielten: Brennende, bombardierte Städte; erstarrte Frauen in Notunterkünften - Opfer von Vergewaltigungen; abgehärmte Männer in Konzentrationslagern - stumm in die Kamera schauend; Hungernde auf den Straßen, beim Wasserholen oder auf der Flucht; und immer wieder Tote - Alte, Junge, Kinder, Babies, Soldaten, Männer, Frauen.

Was machen *wir* mit diesen Bildern, oder umgekehrt: was machen diese Bilder mit *uns*? Es gibt hierzulande keine nenneswerten Reaktionen, keinen Aufmarsch der Linken wie in Vietnam, keine Großdemonstrationen der Friedensbewegung wie im Golfkrieg, keine Meinungspolarisierung wie bei den Auseinandersetzungen zwischen Arabern und Israelis. Sind wir dickhäutiger geworden? Oder kommt uns das alles zu nahe? Haben wir unsere Gefühle angesichts dieses in der Nachbarschaft tobenden Krieges im Schock gelähmt, also unspürbar gemacht, weil wir bei der überflutenden Menge und suggestiven Macht der Fernsehbilder nicht mehr wissen wohin mit unserem Grauen, unserer Angst und Machtlosigkeit?

Das mag so sein, zumal der Krieg in Jugoslawien nur *ein* Segment im allabendlich gebotenen Unrechts- und Unheils-Spektrum der Tagesschau ist. Denn der nächste Nachrichtenpunkt berichtet mit bedrückender Regelmäßigkeit vom Krieg im eigenen Land, vom Terror vor der Haustür: Von ermordeten Ausländern, von in Brand gesetzten Asylantenheimen, von überfallenen Alten und Gebrechlichen, von geschändeten Synagogen, von verwüsteten Friedhöfen. Von Taten, die in ihrer Grausamkeit, aber auch in ihrer Sinnlosigkeit der Spiegel einer gesellschaftlichen Empfindungswelt zu sein scheinen, die sich im Schock befindet.

Hinter diesen Verbrechen und Verwüstungen im eigenen Land steckt keine Ideologie, kein Kampf für eine bessere Welt, nicht einmal der Wunsch nach materiellem Profit, so daß der gesunde Menschenverstand des Normalverbrauchers mit barer Fassungslosigkeit reagiert. Und auch die jugendlichen Täter machen nach ihrer Festnahme glaubhaft, sie hätten nichts anderes im Sinn gehabt, als einen draufzumachen, „Polen zu klatschen" oder „Türken abzufackeln". Warum? Keine Ahnung!

Psychologisch interessierte Menschen sind demgegenüber zu Erklärungen oder wenigstens zu Erklärungsversuchen aufgerufen, die die Ursachen von solch schockierender Brutalität, Leere und Sinnlosigkeit in der Einzelpersönlichkeit und im mitmenschlichen Umgang suchen. Und da läßt sich sagen, daß diese jungen Kriminellen mit ihren sinn- und seelenleeren Taten der Negativ-Spiegel eines Gemeinwesens sind, dem trotz unbestreitbarer Dignität die Seele abhanden gekommen ist. Dieses Gemeinwesen belohnt diejenigen mit Erfolg und Anerkennung, die schnell und gewitzt sind, die sich anpassen und die ihre Vorteile nutzen können. Dagegen wäre im Prinzip nichts einzuwenden, wenn es einen spürbaren Kontrapunkt gäbe, eine Haltung, die auch die Verletzten und Zu-Kurz-Gekommenen nicht nur als lästige Konsumenten des vom Steuerzahler finanzierten Sozialkuchens, sondern mit Respekt und Anteilnahme wahrnähme.

In Mitteleuropa neigen wir dazu, unsere Identität vom Pol der Macht und des Erfolges, nicht aber von demjenigen menschlicher Verletzlichkeit und Endlichkeit her zu definieren. Und wir verleugnen unser tieferes Wissen, daß wir uns mit dieser Haltung den Boden, aus dem heraus Lebensfreude und Lebenssinn wachsen und gedeihen könnten, selbst unter den Füßen wegziehen. Denn eine Gesellschaft, die aus welchen Ängsten auch immer das Wissen um ihre Verletzlichkeit abspaltet, lähmt oder verleugnet, verliert damit die eine Hälfte ihrer Ganzheit: ihre (Mit-) Menschlichkeit, ihre Seele, ihre Spiritualität. Wo diese existentiellen Qualitäten lahmgelegt sind, da kann keine emotionale Lebendigkeit gedeihen, und folglich vermag eine solche Gesellschaft den Seelenhungrigen unter ihren Mitgliedern keine Nahrung zu geben.

Das ist fatal. Denn für Menschen, die sich nicht aktiv auf die Suche nach Identität und Lebenssinn machen können, sind unter solchen Umständen wenig mehr als ein paar notdürftige Rezepte zum Überleben zu haben - Arbeit und Anpassung, Fußball und Bier. Das reicht nicht, einen jungen Menschen, der das gesellschaftliche Klassenziel nicht erreicht hat, dazu zu bringen, Interesse und Neugier für sein Leben aufzubringen und Wünsche und Willenskraft in die eigene Welt zu investieren.

Also verbringen manche dieser Jugendlichen ihren Alltag im Schock der Perspektivelosigkeit. Während der Woche tun sie, was von ihnen erwartet wird, schlafwandeln durch eine retardierende Schulzeit oder räumen Regale im Supermarkt ein, und im Kopf haben sie das Wochenende mit der samstäglichen Gruppenbesäufnis. Das Bier schafft Leben, durchbricht die Schock-Abwehr und läßt die regressionssüchtige Psyche aufwachen. Für ein paar Stunden verschwindet die Lähmung, und Ohnmacht und Richtungslosigkeit werden plötzlich fühlbar. Aber da ist keine Struktur, kein Halt in der eigenen Persönlichkeit, diese Ohnmacht angesichts der grauen Zukunftsaussichten auszuhalten oder sie gar als Wegweiser für einen Lebensrichtungs-Wechsel zu nehmen. Die Gefühle sind beunruhigend, und darum müssen sie weg. Also sind die anderen schuld, ein Feind muß her, DU wirst geklatscht, denn dann gehts MIR besser - jedenfalls für die nächsten paar Augenblicke.

Für Psychotherapie-Bewanderte ergibt sich aus diesem trüben Befund in Abwandlung eines berühmten Wortes die Konsequenz: Wo Schock ist, da soll Leben sein, auch wenn gewisse Aspekte dieses Leben schwer erträglich sind. Denn wo Schock ist, da sind - eingeschlossen in die Lähmung - Todesängste; da ist die Panik eines Opfers, das sich früher einmal aus einer überwältigenden Bedrohung in die Starre, in eine innere Eiszeit hat retten müssen, weil damals niemand da war, der es hielt, wärmte und tröstete. Wirkliches, menschliches Mitgefühl, im Moment der Verletzung und Erniedrigung gefühlt und vermittelt, kann einen Schock verhindern. Gleichgültigkeit, Fühllosigkeit und Abwesenheit wird demgegenüber Kälte verbreiten und die Verletzung in chronischem Eis gefrieren lassen. Im schlimmsten Fall wird der mit seiner Wunde alleingelassene Mensch unempfindlich werden gegen eigene und fremde Schmerzen, und damit hat er die „besten" Voraussetzung, die demütigende Position des Opfers zu verlassen und sich auf die Seite der Täter zu schlagen.

Daß die heutigen Täter früher einmal Opfer waren, ist eine alte Weisheit, die es gleichwohl wert ist, öfter mal ausgesprochen zu werden. Hätten Eltern und andere Pflegepersonen ihren ungeliebten, unwillkommenen Kindern nicht früh die Seele aus dem Leib geprügelt, hätten sie statt dessen Leib und Seele der ihnen Anvertrauten „berührt", dann wäre diesen Kindern - und deren späteren Opfern - die seelische oder auch körperliche Zerstörung und Selbstzerstörung aller Voraussicht nach erspart geblieben. Denn Berührung - ebenso im wörtlichen wie im übertragenen Sinne verstanden - ist der Wegweiser, der aus dem Schock führt und dem man folgen muß, will man helfen, die schlimmen Folgen einer Schock-Dekompensation zu vermindern.

In der Praxis der Körperpsychotherapie haben sich inzwischen viele Erfahrungen zum Konzept des Schocks angesammelt. Die Menschen, die wegen einer Schock-Problematik eine Psychotherapie auf sich nehmen, sind nur selten Mörder oder Schläger; sie finden sich öfter auf der Opfer- als auf der Täter-Seite. So sind ihnen die Themen von früher Demütigung, von innerem Aufgeben und äußerlicher Anpassung, von ungelebter Wut und unbewältigter Sehnsucht zwar vertraut. Aber deutlicher als die jungen Kriminellen fühlen sie, daß ihnen etwas fehlt, und die Lösung suchen sie nicht darin, andere für das eigene Unglück büßen zu lassen. Vielmehr forschen sie in ihrer eigenen Geschichte nach und weisen damit uns Psychotherapeuten, die sie auf ihrer Reise in ihr Inneres begleiten dürfen, den Weg vom Schock zur Berührung. Und dabei lernen wir, daß das, was ihnen fehlt, von verletzlicher, leicht zerstörbarer Qualität ist. Weil unsere Klienten ihre Gefühle angesichts eines Traumas zu betäuben lernten, das existentiell war eine Angelegenheit auf Leben und Tod - kann wirkliche Heilung letztlich nur durch Berührung dieser Existenzebene erfolgen, durch Berührung und Nährung jener Gefühlsbereiche im Selbst, die tief im Innern alles notwendige über Lebenssinn, Lebensziele, Lebensbejahung „wissen" und - werden sie ernst genommen und mit Ernst unterstützt darüber die notwendige Auskunft zu erteilen vermögen.

Gelingt diese Suche, so wird dort, wo früher Schock war, eines Tages Lebendigkeit, Selbstvertrauen, Verantwortungsgefühl sein; und das Wissen, daß diese Qualitäten nur dann zu erobern, zu behalten und glaubhaft weiterzugeben sind, wenn sie vom Mut begleitet werden, die eigene Person immer wieder dem „Schatten", Gefühlen der Verletzlichkeit, Hilflosigkeit und Einsamkeit auszusetzen. Das ist für Psychotherapeuten und Psychotherapie-Patienten in der Abgeschiedenheit ihrer Seelenlaboratorien eine stets neue und wichtige Erkenntnis. Wichtig ist diese Erkenntnis aber auch für eine Gesellschaft, die verführt und betäubt ist durch ihre gigantischen technischen Machtmittel, und die gerade in ihrer scheinbar grenzenlosen Macht ihren blinden Fleck - und unter diesem blinden Fleck ihren wundesten Punkt - hat. Und so ist es *ein* Wunsch, der das Erscheinen dieses Buches begleitet, aus der Sicht der Körperpsychotherapie etwas zum Verständnis der überwältigenden Schwierigkeiten beizutragen, mit denen wir es „draußen" zu tun haben, in einer Gemeinschaft, die in ihren sensiblen, verletzlichen Anteilen von chronischer Lähmung befallen ist.

Der vorliegende Band beschränkt sich auf klinischen Facetten des vielschichtigen Problems. Alle Autorinnen und Autoren sind körperorientierte Psychotherapeuten, beleuchten das Thema aber aus der Perspektive unterschiedlicher Schulen und aus unterschiedlichen - teils eher theorie-, teils eher praxisorientierten - Perspektiven.

Stanley Keleman spürt in seinem Beitrag der besonderen Art der Interaktion zwischen Klient und Therapeut nach, wie sie bei körperlicher Berührung entsteht: Verstehendes Berühren kann einen energieformenden Prozeß auslösen. Wenn der Klient auf die Berührung des Therapeuten berührt reagiert, wird ihn diese Berührung verändern, und diese Veränderung wird auf den Therapeuten zurückwirken und damit die integrative Basis für eine lebendige Beziehung schaffen.

David Boadella führt dieses „verstehende Berühren" weiter aus. Er zeigt, in welch unterschiedlicher Weise sich der Therapeut jeweils einstimmen muß, je nachdem, ob sein Schock-Klient eine zu stark abgegrenzte oder eine zu stark entgrenzte Persönlichkeit ist, oder ob sich beide Strukturen in einer Person durchdringen.

Robert Lewis' Überlegungen kreisen um elementare Panik-Gefühle, die im cephalen Schock gefangen sind. Er stellt medizinische Erkenntnisse mit solchen aus der Baby-Forschung und aus der psychotherapeutischen Praxis zusammen und kommt zu dem Schluß, daß bei Menschen, die unter elementaren Ängsten wie Fall-Angst oder der Vorstellung leiden, „den Kopf zu verlieren" - verrückt zu werden - wahrscheinlich lebensgeschichtlich bedingte Funktionstörungen des Gleichgewichts-Sinnes vorliegen.

Hans Peter beschreibt, wie im Zustand des Schocks oder in charakterologisch bedingten Fixierungen durch Übungen geholfen werden kann, sich der eigenen Stagnation bewußt zu werden und wie es durch das schrittweise Wahrnehmen von Übergängen möglich wird, sich mit Hilfe des Therapeuten von einem als lähmend erfahrenen Zustand auf eine Selbstebene zu begeben, auf der es sich lebendiger, sicherer, authentischer fühlen und leben läßt.

Sander Kirsch gewährt in seinem Beitrag einen detaillierten Einblick in die klinische Arbeit mit Schock-Patienten. Neben diagnostischen und therapeutischen Ausführungen liegt ein besonderes Gewicht auf der Darstellung der Gegenübertragungsgefühle der Therapeutin bzw. des

Therapeuten: Leicht lassen wir uns von unseren emotional gelähmten Klientinnen und Klienten anstecken und geraten - oft ohne es zu merken - unsererseits in Schockzustände. Selbst paralysiert, wundern wir uns, daß die Therapie nicht vom Fleck kommt.

Angela Klopstech berichtet vom Schock, den Patientinnen durch sexuellen Mißbrauch in der Kindheit erlitten haben und der zu seiner Auflösung nicht nur langer, geduldiger Begleitung, sondern auch eines authentischen, ebenso abgegrenzten wie einfühlsamen und „berührenden" Verhaltens von Seiten des therapeutischen Gegenübers bedarf.

Tilmann Moser deutet Erscheinungen von Lähmung und Leblosigkeit, wie sie in heutiger Kunst und Literatur gestaltet werden, als Gegenpol zur Penetrations-Perfektion des Fernsehens. Er sieht darin eine Entsprechung zu einem Einzelschicksal: zu einer Stimme, die durch frühe Überflutung mit Fremdem ihre Authentizität verlor und die in dieser Verfremdung einen geheimgehaltenen Verlust bezeugt, der verborgen war unter einem durch Anpassung erlernten „Stimmenkonzert" des Falschen Selbst.

In meinem Beitrag beschreibe ich den Schock als - freilich lähmenden und einengenden - Schutz, der auf zwei Seins-Ebenen wirksam ist: auf existentieller Ebene als Barriere gegen früh erlittene und nicht integrierte lebensbedrohliche Erlebnisse und Eindrücke und auf sekundär-narzißtischer Ebene als Schutz gegen Demütigung und Beschämung.

Steen Jørgensen untersucht aus der Perspektive der BODYnamischen Analyse Auswirkungen und therapeutischen Maßnahmen, die ein traumatisches Ereignis hat, das über einen Menschen hereinbricht, je nachdem, ob dies Ereignis erinnert, nacherlebt und damit bewältigt werden kann, ob die emotionale (oder auch die kognitive) Erinnerung im Schock gelähmt ist, oder ob das Trauma einem Menschen zustößt, der ohnehin schon durch chronifizierte lebensgeschichtliche Verletzungen geprägt ist.

Brigitte Dohmen schließlich stellt in den Mittelpunkt ihrer Überlegungen weniger den Schock als die Berührung, hier im wörtlichen Sinne als körperlicher Kontakt zwischen Therpeut und Klient verstanden. Aus einer im engeren Sinne psychoanalytisch, durch Freud und die Französische Schule geprägten Perspektive lautet ihre Fragestellung: Wann ist Berührung für das Gelingen der Therapie wichtig und ihre Anwendung infolgedessen richtig, und wann ist sie für den Klienten schädlich, ihre Anwendung folglich zu vermeiden.

Den Schlußpunkt bildet das Gedicht einer jungen Frau, die Lähmung, Schock und Entsetzen erfahren und erkannt hat und die Worte fand, davon zu sprechen.

Abschließend gilt es, Dank zu sagen: den Autorinnen und Autoren der Aufsätze und der Rezensionen; dem Lektoren-Gremium, in dem wir mit Franziska Kessler ein neues Mitglied begrüßen dürfen; den Übersetzern; dem Verleger Werner Lange; und last but not least Marulla Hauswirth, Thomas Ehrensperger und Bob Ware für fachliche und sprachliche Hilfe im Rahmen der Redaktionsarbeiten.

Im August 1993 Dagmar Hoffmann-Axthelm

Die Rolle der Berührung in der somatischen Therapie*

Stanley Keleman

Ich arbeite mit einem Konzept, das von den allgemeinen menschlichen Bedingungen ausgeht. Ich versuche, das Leben des Körpers und das, was es bedeutet, zu verstehen. Was meinen wir damit, wenn wir von uns sagen, wir seien eine verkörperte Person? Was meinen wir mit emotional? Was mit Körperpsychotherapie? Unglücklicherweise gibt es weder eine Sprache noch unabhängige Konzepte, diese Ideen zu beschreiben, sondern nur solche, die von anderen Disziplinen ausgeliehen sind. Der Westen hat zweitausend Jahre lang in das Leben des Geistes investiert, während der Körper nur sekundär gegenüber dem Licht des Geistes war. Geist-Körper-Spaltung, Geist-Körper-Parallelismus, Geist-Körper-Interaktion. Dies ist die Philosophie des 19. Jahrhunderts, aufgebaut auf einem allzu vereinfachten mechanischen Denken, das von Philosophie und Wissenschaft des 20. Jahrhunderts widerlegt worden ist. Die Gesellschaft bemüht sich, Konflikte zu lösen, die mit dem Leben des Geistes und der Verarbeitung von Information zu tun haben. Wir müssen uns aber heute darum bemühen, *körperliche* Erfahrung in Handlung umzusetzen.

Weil wir in die jüdisch-christliche Ethik des Sündenfalls verstrickt sind, machen wir aus unserer Existenz eher eine Pathologie, anstatt uns mit dem größten Mythos unserer Zeit, der Evolutionstheorie zu beschäftigen. Die Evolutionstheorie besagt, daß der Mensch noch nicht ist, er ist ein Versprechen. Es ist dieses Versprechen, das uns einerseits ermutigt, das andererseits aber teilweise für die menschliche Misere verantwortlich ist. Dieser Mythos beschreibt eher unsere menschlichen Bedingungen, anstatt zu sagen, daß Menschen einen pathologischen Kern haben und deshalb geheilt werden müssen, bevor sie ganz sein können.

Ich habe mich schon früh in meiner Laufbahn dafür interessiert, wie normale Leute grundlegende Bewegungsmuster unterdrücken. Von hier aus schaute ich mir die Bewegungsmuster von schwer Gestörten an: von Schizophrenen, von Manisch-Depressiven, Zwanghaften usw. Wie bewegten sie ihre Körper? Was erlebten sie, wenn sie grundlegende emotionale Bewegungen ausführten? Wie reagierten sie auf nonverbale Kommunikation, wenn man sie z.B. wütend oder wohlwollend anschaute? Was geschah subjektiv in ihnen, wenn man sie berührte oder sie bat, ihr Gegenüber zu berühren?

* Aus einer Rede, gehalten auf der Jahresversammlung der American Massage Therapy Association im November 1991.

Jemand sein

Das zentrale Dilemma, dem heutzutage jede Person gegenübersteht, heißt: Wie kann ich „Jemand" (engl. „some*body* ", Wortbedeutung! Anm.d.Übers.) sein? Unsere Gesellschaft ist so aufgebaut, daß wir wirklich nicht wissen, wie wir jemandem helfen können, diesen „Jemand" zu organisieren. Aber gerade danach wird gesucht. Die psychotherapeutische Bewegung hat sich sehr ausgedehnt, indem sie Menschen, die hauptsächlich nach einer positiven Kraft in ihrem Leben suchen, mit einem Pathologie-Modell behandelt. In der Medizin wird dies „iatrogene Krankheit" genannt. Ein Patient kommt wegen der Beschwerde A zu einem Arzt und geht wieder mit der Krankheit B. Der Patient akzeptiert dies, weil er nicht weiß, wie er seine Lebensumstände erklären soll.

Was ist natürliche Gesundheit? Wie ist es, einfach lebendig zu sein? Jeder wird mit dem Drang zu leben geboren. Dies ist die Grundlage allen Lebens. Es wird als das Bedürfnis, etwas zu tun, jemand zu sein, gefühlt. Bei Kindern ist es der Drang aufzuwachsen, bei Erwachsenen das Bedürfnis zu reifen oder sich zu vertiefen. Dieser Drang zu leben steht dem Bedürfnis, natürlich zu sein, sehr nah: ein Mensch zu sein, der fähig ist, durch seine manifeste Lebendigkeit eine Situation zu verändern.

Wir tasten uns heute allmählich an das heran, was mit dem Leben des Körpers wohl gemeint ist, d.h. an einen natürlichen Zustand. Was heißt es, einfach der zu sein, der du bist? Gewöhnlich beginnen wir danach zu forschen, wenn uns etwas stört, körperlich oder psychisch. Bevor jedoch ein Heilungsprozeß beginnen kann, brauchen wir ein Konzept, das nicht mit einem medizinischen oder pathologischen Modell verbunden ist.

Menschen sind nicht auf zufällige Art lebendig. Wir organisieren unseren „Jemand" (some*body*) aus dem Körper heraus, der uns gegeben ist. Auf mysteriöse und magische Weise haben wir alle einen Körper, genauer gesagt, einen menschlichen Körper. Wir sind leicht als zweibeinige Kreaturen identifizierbar. Aufrechtstehend. Augen und Nase auf den Horizont weisend. Auf diesen Horizont Schritt für Schritt hinsteuernd, einen Fuß vor den anderen setzend. Der menschliche Organismus betritt die Welt vom Augenblick der Empfängnis an auf sehr „ordentliche" Art. Es gibt eine Ordnung, die die menschliche Form formt. Es gibt ein Bedürfnis - einen tiefen, mächtigen, erbarmungslosen Drang - unsere eigene Form, unseren eigenen Körper zu haben. Das ist es, was mit "jemand sein" (to be some*body*) gemeint ist.

Jeder von uns erkennt, wenn die menschliche Form, aus welchem Grund auch immer, von der menschlichen Norm abweicht. Wir erkennen genetische und intrauterine Abnormitäten. Sie sind nicht „menschlich". Genauso klar erkennen wir jemanden (some*body*), der eingekerkert, gefoltert oder entmenschlicht wurde. Die Abweichungen von der menschlichen Form zeigen sich in der Bewegung, der Haltung, den Gesten und dem Ausdruck.

Das Bedürfnis, jemand zu werden, steht im Mittelpunkt dessen, was es bedeutet, ein natürlicher und normaler Mensch zu sein, ob dies nun auf dem Wege vom Kind zum Erwachsenen oder vom Erwachsenen zum alternden Erwachsenen geschieht, oder sogar, wenn es darum geht, einen Rahmen oder eine Form für das eigene Sterben zu schaffen. Hier gibt es klare Regeln. Jeder von uns geht durch innere Initiationsriten. Wir benutzen unsere Körper, uns selbst so, daß wir den Jugendlichen organisieren, während wir das Kind leben, daß wir den Erwachsenen organisieren, während wir den Jugendlichen leben. Es gibt eine Ordnung in der Art und Weise, wie wir unser Verhalten einüben, es in unseren Gehirnen proben, voraufführen und unsere Gesten organisieren.

Die menschliche Form ist ein Langzeitprojekt. Es vergehen neun Monate im Mutterleib und dann 12 oder 13 Jahre, bis sich die sekundären Sexualmerkmale entwickelt haben. Der Epiphysenschluß der letzten Knochen erfolgt nicht vor dem 28. Lebensjahr. Dieser Prozeß ist ein langes biologisches Band.

Es gibt körperliche und psychische Krankheiten, die mit der Unterdrückung des Bedürfnisses, sich zu formen, zusammenhängen. Einige dieser Krankheiten sind sehr ernst. Etwas im Menschen bleibt ungeformt und von seinem oder ihrem „Jemandsein" (some*body*) getrennt. Ein somatisch orientierter Therapeut lernt, den organisierenden Prozeß, das Bedürfnis zu formen, zu erkennen. Dies legt den Grund für das Erkennen von somatisch-emotionaler Gesundheit und wird zum Ausgangspunkt, von dem aus der Formungsprozeß sich entfalten kann.

Dieser organisierende Prozeß, unser individueller Drang zu leben, reagiert auf Hindernisse mit der jeder Person eigenen Einzigartigkeit. Z.B. wird als Reaktion auf eine Hemmung eine Schulter höher gezogen als die andere oder der Kopf neigt sich ein wenig seitwärts. Wenn wir auf Herausforderungen treffen, die größer sind als wir, unterbrechen wir den formativen Prozeß. Die Reaktion ist Streß. Im Streß rufen wir angeborene Muster zu Hilfe, um auf eine Bedrohung unserer Form zu antworten. Dies kann Steifheit sein, genannt Angst oder Panik, ein Schock oder vielleicht auch ein Zusammenbruch, d.h. Verzweiflung und Hilflosigkeit. Form wird zur Verzerrung, wenn das Selbst angeborene Muster aufruft, um mit einer Situation fertig zu werden, die mit der Zerstörung der Form oder der somatischen Identität einhergehen kann.

Diese formative Darstellung ist mehr als ein theoretisches Konzept. Man kann sie jedem leicht verdeutlichen, der ein Kind aufwachsen sah oder durch einen wichtigen psychologischen Prozeß gegangen ist. Diese Menschen können die Veränderungen im Ausdruck oder in der Einstellung direkt erkennen. So verlangt eine Katastrophe wie der Tod eines geliebten Menschen nach einer völligen Neuorganisierung der eigenen Beziehung mit dem Verstorbenen.

Bei der Bearbeitung und Neuorganisierung einer Beziehung, die es auf der Realebene nicht mehr gibt, müssen die Zellen des Gehirns neu verbunden werden. Das Gefühl, das wir mit jemandem hatten - wie wir ihn oder sie umarmten, mit ihm oder ihr spazierengingen - wird reorganisiert. Der Organismus muß seine Körperstruktur verändern. Dies bedeutet keine Veränderung des Geistes, sondern eine Umorientierung der ganzen somatischen Matrix, innerlich und äußerlich. Was sich verändert, ist die Art, wie man fühlt und die Art, wie man den Körper gestaltet.

Pulsation

Mit einer therapeutischen Berührung wollen wir jemandem helfen, z.B. eine emotionale Haltung für sich selbst zu organisieren oder zu desorganisieren. Dieser Prozeß hat seine eigenen Verhaltensregeln, die Sie als Ärzte oder Körpertherapeuten nicht einfach vorgeben können. Ärzte und Therapeuten können nicht in einen Körper hineinreichen und sagen: „Entspanne das hier". Sie können ihre Hände nicht einfach auf jemanden legen und hoffen, daß die mitfühlende Berührung etwas wiederherstellen wird. Gute Ärzte erkennen allerdings eine somatische Organisation und „fühlen sich in sie ein." Wir benutzen diese Metaphern, um anzudeuten, daß wir in Kontakt mit dem Puls, mit dem Fluß in uns selbst sind.

Es gibt in fast jedem Menschen ein tiefes, durchdringendes Bedürfnis nach Gehaltensein, Berührtwerden, nach dem Wissen, daß jemand da ist. Jeder Mensch hat eine tiefe Sehnsucht nach Annehmen und Angenommenwerden. Ein Mensch im Schmerz braucht die körperliche Präsenz eines Menschen, der bei ihm ist und der seine Seelenqual annimmt. Als Therapeuten berühren wir Menschen und werden berührt. Diese Berührung kann körperlich oder eine Geste sein, es kann die Ausstrahlung von Wärme sein oder die Art, wie wir seufzen oder wie wir atmen, wie wir unseren Blick hin und her wandern lassen. Es gibt viele Wege zu berühren. Wir können durch unsere Berührung zeigen, daß wir uns um jemanden sorgen oder ihm Trost geben wollen, daß wir uns für ihn oder sie interessieren oder daß wir eine Reaktion zu erregen versuchen. Wir können Intimität und Kontakt vermitteln oder das Signal geben, daß wir mit dem anderen etwas teilen wollen.

Das pulsatorische Kontinuum ist ein formativer Drang, ein ständiger Prozeß, durch den wir uns selbst in der Welt gestalten. Menschen in den helfenden Berufen, die mit ihren Händen arbeiten oder somatische Therapie ausführen, versuchen die Natur dieses Pulses, seine Schwäche oder Stärke zu fühlen. Das pulsatorische Kontinuum ist eine Aussage des Lebens, und wir haben einen Körper, der diese Aussage empfangen kann. Umgekehrt machen wir diese Aussage als lebendiger, sich bewegender Organismus, durch unseren eigenen Impuls, jemandem anderen gegenüber, der ihn empfängt. Unter dem Begriff des Pulses - dem Pulsieren des Herzens, des Gehirns oder des Magens - wird ein peristaltisches Kontinuum verstanden, das Ausdehnen und Zusammenziehen beinhaltet. Dieser Puls ist ein Dreierzyklus. Er organisiert den Überschuß an Energie und dehnt sich aus. Er nimmt die Welt in sich auf, um sich selbst zu prägen. Er sammelt, was er empfangen hat als Energie, die es wieder abzugeben gilt.

Berührung ist eine Pulsation von Geben und Nehmen. Sie ist kein dualistischer Prozeß, sondern sie baut auf einer Dreierpulsation auf. Geben und Nehmen organisiert Teilen und dieses Teilen macht die Beziehung aus. Die Mutter nimmt das Kind an ihre Brust und das Kind saugt, um aufzunehmen. Gegeben wird der Mutter Wärme und Stimulierung. Und die Zukunft des Kindes ist das, was Mutter und Kind teilen. Sie teilen das Heranwachsen zum Erwachsenen gemeinsam mit den menschlichen Reaktionen und den Gefühlen, die eine Beziehung formen. Dieser Puls ist es, der in der Arbeit mit Menschen geteilt wird. Da sind zwei Körper, die sich organisieren, um ein Feld, ein Band für das Wachstum herzustellen.

Die somatisch-emotionale Therapie interessiert sich dafür, wie ein Mensch sich selbst präsentiert, wie der Helfer darauf reagiert und wie sich beide gemeinsam in einem Interaktionsfeld engagieren, das die Möglichkeit bietet, eine sich entwickelnde somatische und emotionale Realität zu teilen. Die Interaktion ruft eine Vorstellung wach - ich bin für dich da, ich nehme dein Dasein für mich an und ich möchte erkennen/erleben, daß du fähig bist, dein eigenes Wachstum zu organisieren. Diese Art des Teilens katalysiert den nächsten Schritt des Formens. Der formative Drang unterstützt die pulsatorische Aktivität eines somatisch-emotionalen Dialoges und führt so zur Wiederherstellung menschlicher Integrität.

Somatypen

Die Körpertypen, mit denen ich arbeite, sind von vier Gewebereaktionen auf körperlichen Streß abgeleitet. Es sind genetische Reaktionsmuster, aber nicht im Sinne von Kategorien wie „dünnknochig" oder „dickknochig" usw. Der erste Hinweis ergibt sich daraus, wie ein Organismus auf einen Angriff reagiert, also z.B. durch erhöhte Aktivität, Hitze, Röte, Schmerz, Ödeme. Dies sind ebenso elementare Kampf- und Flucht-Reaktionen wie Wegrennen, Angreifen, Implodieren, Vermeiden.

Andere Typen entwickeln sich aufgrund der Natur und Dauer von Streß - sie lassen sich als verdichtet, rigide, geschwollen oder kollabiert charakterisieren. Schock, Trauma, Mißbrauch und Vernachlässigung interagieren unterschiedlich mit verschiedenen Körpertypen und Mustern. Es sind vier Muster und jedes von ihnen repräsentiert eine organismische Antwort in Körperform.

Ein Mensch, der verdichtet ist, nimmt nichts auf, was er nicht aushalten kann. Eine solche Form muß langsam de-intensiviert werden, muß pulsatorischer werden. Dichte Typen haben eine persönliche Geschichte der Demütigung. Ihre Versuche zu geben wurden von irgendeinem emotionalen oder körperlichen Angriff begleitet. Sie fürchten sich davor, aufgeregt zu sein, aus Angst, wieder beschämt zu werden.

Rigide Typen ängstigen sich davor, angestachelt zu werden. Die Aufforderung „Das kannst du besser machen, ich erwarte mehr von dir" fühlt sich wie ein Angriff an, wie ein körperlicher Schlag. Sie müssen erkennen, daß Weichheit keine Leistung, keine „Performance" ist. Wir helfen ihnen beim Ausdehnungsreflex in ausgedehnter Pulsation, bei der sie etwas hereinnehmen können, ohne sich angegriffen zu fühlen. Zeitliche Ausdehnung und Verlangsamung bedeutet tatsächlich keine „Performance". Form ohne Leistung.

Typen, die unterwürfig sind, was eine Art des Zusammenbruchs ist, wurden der pulsatorischen Interaktion beraubt, die ihnen erlaubt hätte, ihre Form zu festigen. Diese porösen Strukturen brauchen die Nähe anderer Menschen, um ihre körperliche Präsenz zu spüren. Sie brauchen andere, damit die ihnen helfen, ihre zusammengebrochene Form aufzurichten. Sobald der therapeutische Prozeß begonnen hat, stößt man wahrscheinlich auf ihren Widerstand. Es ist wichtig, diesen Widerstand zu ermutigen, weil er eine Form ist, die sagt: „Das hier bin ich, ich brauche nicht so viel."

Geschwollene Typen verschlingen andere. Diesen Menschen wurde soviel gegeben, daß sie nur wenig aus sich selbst heraus aktivieren konnten. Sie könnten jeder sein. Es geht um Form und Stil, nicht um die

Füllung. Geschwollenen Strukturen zu helfen, ihre eigene Form zu formen, braucht ein Berührungs-Reaktions-Muster. Wenn sie berührt werden, müssen sie etwas zurückgeben - Spannung, Form, Fokus, Artikulation. Auf diese Weise benutzen wir uns selbst als Therapeuten, um mit Verstehen zu berühren. Wir berühren im Dienste eines gemeinsamen Formens und darum, weil wir den formbildenden Prozess oder eine emotionale Haltung ermutigen wollen.

Der Heilungsprozeß verläuft interpersonal. Wir engagieren uns in der Handlung gemeinsamen Heilens, einer Form, unsere Erfahrungen zu teilen. Wir versuchen nicht, etwas zu erzwingen. Wir entdecken, was es bedeutet, ein Leben in somatischer Gesundheit zu leben. Wenn wir mit jemandem arbeiten, nutzen wir unsere Erfahrungen, um zu verstehen, welche Begrenzungen ein Mensch hat und welche Potentiale für Form und Wachstum vorhanden sind.

Der größte Teil des Nervensystems richtet sich nach außen. Wir erzeugen eine Form, die sich der äußeren Welt stellt. Aber es gibt ebenso die propriozeptive und kinästhetische Verbindung. Es gibt das Entstehen des persönlichen, privaten Körpers und nicht nur des sozialen Körpers. Dieses Formen des inneren somatischen, subjektiven Selbst ist das wichtigste Ereignis im menschlichen Leben. Das innere Selbst ist mehr als Gefühle oder Pulsationen. Es ist die Form eines einzigartigen inneren Körpers, der Gestaltung erfährt. Als Therapeuten haben wir die Chance, dieses innere Leben persönlich werden zu lassen.

Berührung ist mehr als ein Hilfsmittel, Streß zu erleichtern. Berührung ist Teil eines formenden Prozesses. Sie ist eine Art, Weichheit und Nähe zu gestalten. Berührung verlangt nach einer Reaktion. Die Reaktion wiederum ruft eine Veränderung in dem hervor, der berührt und in dem, der berührt wird. Es entsteht ein pulsierendes Band. Diese Pulsation von Geben und Nehmen formt persönlichen Kontakt und eine Beziehung.

(Aus dem Englischen von Bernhard Maul)

Schock, Grenzen, Sprache und Körper

David Boadella

Die emotionalen Wunden aus der Vergangenheit werden körperlich in den Geweben als Widerstandsschichten verankert. Wir halten ein, ziehen uns zurück, schließen uns ab, um mit den Wunden zurechtzukommen.

Freud versuchte, die psychologischen Widerstände aufzulösen, die den Zugang zum Unbewußten verweigern. Er wußte aber auch, daß seine Arbeit eine organische Grundlage brauchte, die ihm jedoch fehlte. Adler spürte, daß die Psychoneurosen Organ-Neurosen werden können, also psychosomatische Störungen, bei denen die Organ-Libido verschoben und gestört ist. Jung suchte in seinen Seminaren über Nietzsche die Bilderwelt seiner Patienten in dem zu verwurzeln, was er das „Somatische Unbewußte" nannte. Er griff dabei auf das antike Konzept eines feinstofflichen Körpers zurück, der zwischen den psychischen und somatischen Realitätsebenen vermittelt. Wilhelm Reich entwickelte das Konzept der direkten Berührung, um körperhaft mit der „muskulären Panzerung" - den Abwehrmechanismen - zu arbeiten - eine intensive Methode, die sehr schnell tiefe Emotionen freisetzt. Spätere Schulen der Körperpsychotherapie erarbeiteten ein weites Spektrum an Berührungsformen, die verschiedene Auswirkungen auf das somatisch-emotionale System haben.

Ich habe ein Konzept von vier grundlegenden Berührungselementen entwickelt, das einer Palette von Grundfarben vergleichbar sind.[1] Aus diesen Berührungsarten kann ein ganzes Spektrum von Berührungsformen abgeleitet werden. Es sind die Erd-Berührung, die Wasser-Berührung, die Luft-Berührung und die Feuer-Berührung. Erd-Berührung bietet Festigkeit an, ein Gefühl für Begrenzung und Sicherheit. Wasser-Berührung bringt Lockerung, Fluß und Bewegung. Luft-Berührung verbindet einen Menschen mit Rhythmus, Zeit und Atmung. Feuer-Berührung arbeitet mit dem Prinzip des Strahlungsfeldes zwischen den Händen und der Fähigkeit, mit Wärme Kontakt und Auftauen zu bewirken.[2]

Therapeuten, die berühren, verletzen psychoanalytische Tabus, die das Berühren als Ausagieren definieren. In vielen Gesellschaften wird die Berührung inzwischen derart verleugnet, daß oft nur zwei Hauptkanäle bleiben, die ein Erwachsener benutzen kann, um Berührung zu erleben: klinische Berührung und sexuelle Berührung. Klinische Berührung ist technischer Natur; der Arzt richtet einen Knochen ein, der

Zahnarzt plombiert einen Zahn. Ein Osteopath erklärte mir einmal sein Prinzip minimaler Berührung so: „Seien Sie so weit entfernt, so objektiv und so unpersönlich wie möglich." Sexuelle Berührung ist das Gegenteil: die Berührung zieht zwei Menschen in eine symmetrische Beziehung, die auf einer gegenseitiger Bedürfnisbefriedigung beruht. Oft finden wir zwischen diesen beiden Extremen kaum etwas anderes. Therapeuten navigieren deshalb manchmal zwischen den beiden Polen der technischen Manipulation und der erotischen Verführung. Wie viel Berührung oder wie wenig, wo, wann und wie, mit welcher Absicht und für wen, das sind Fragen, die präsent sein müssen, um das Maß von Resonanz oder das Fehlen von Resonanz zwischen Therapeut und Klient zu modulieren.[3]

Daniel Stern[4] beschäftigt sich im Zusammenhang mit seinen vier Kategorien des Selbst mit Einstimmungs- und Störungsmustern, die bei den Interaktionen zwischen Eltern und Kind stattfinden. Die beiden primären Formen der gestörten Einstimmung sind die Über-Stimulierung und die Unter-Stimulierung. Extrem gesehen wird die Unter-Stimulierung zur Deprivation (Beraubung) und die Über-Stimulierung zur Invasion (Eindringen). Beide schließen den Dialog, die Kommunikation und die Fähigkeit des Kindes aus, seinen Kontakt einer Ebene anzupassen, die seine wirklichen, entwicklungsgemäßen Bedürfnisse unterstützt. Entsprechend suchen uns unsere Klienten mit unterschiedlich gelagerten Berührungs-Traumata auf. Die übermäßig klinische Berührung einer unempathischen Mutter hat den Körper vielleicht eingefroren. Ein anderer Klient versucht uns zu verführen, um herauszufinden, wo die Grenzen des anderen sind. Seine Kindheitsgeschichte hat ihn nur invasive, verschmolzene oder verwirrende Zustände gelehrt, nicht aber eine klare Trennung zwischen Wesen oder Körpern.

Wir können zwei grundlegende Charakterkategorien unterscheiden: Bei der einen dominieren starke Ich-Zustände, die eine Über-Geschütztheit und eine zu starke Grenzbildung bewirken. Der Ich-Zustand der anderen Kategorie ist zu schwach; diese Menschen sind zu wenig geschützt, haben zu durchlässige Grenzen. In beiden Fällen geht es um Prozesse des „Zusammenhaltens" bzw. der Durchlässigkeit von Membranen. Die eine Person ist zu undurchdringlich (impermeabel), die Wände sind zu fest. Nur wenig, zu wenig, kann durch die Türen der Lebendigkeit oder die Fenster der Wahrnehmung hinein- oder herausfließen. Die andere Person ist zu durchlässig (permeabel), zu transparent. Alles kann hinein- oder herausfließen. Nichts kann im Innern gehalten oder von außen abgehalten werden. Körperoberfläche und Ich-Grenze sind wie ein Sieb.

Als Reich in den dreißiger Jahren seine Theorie der muskulären Panzerung entwickelte, galt die Aufmerksamkeit viel mehr den über-begrenzten Zuständen als den unter-begrenzten Zuständen (die später so detailliert von Keleman beschrieben wurden.[5]) Die beiden Formen erfordern jeweils unterschiedliche Behandlung, Berührung und therapeutische Strategie. Für die über-begrenzte Person geht es hauptsächlich darum, die verschlossenen Bereiche zu öffnen, für die unter-begrenzte Person eher darum, die zu offenen Bereiche zu schließen, zu halten - was mit Hilfe von Trennung und Differenzierung vom anderen geschieht. Keleman zeigt, wie sich die beiden Zustände überlagern können, so daß der eine den anderen versteckt. Die üblichste Form besteht in einer äußeren, überkompensierenden Kruste von Ego-Stärke, die einen inneren, unabgegrenzten Zustand verschleiert. Die meisten psychotischen Zusammenbrüche sind Beispiele einer plötzlichen Dekompensation. Eine ohnehin nicht allzu sichere Grenze gibt plötzlich nach. Die Person stürzt in Chaos und Desorganisation. Die Fähigkeit zu Organisation und Struktur geht verloren.

Eine Frau, die an einer meiner Gruppen teilnahm, erzählte, daß ein Körpertherapeut ihr eine leichte, sanfte und entspannende Massage gegeben habe. Danach sei sie psychotisch geworden und in der Stadt herumgeirrt. Sie habe sogar ihren eigenen Namen vergessen. Sie mußte für kurze Zeit ins Krankenhaus und kam ziemlich durcheinander in die Gruppe (eine regelmäßig stattfindende Gruppe, in der sie einige Leute kannte). Ich bat sie, mir zu erzählen, was in jüngster Zeit vorgefallen war (ich fragte also nicht nach ihrer Kindheitsgeschichte). Außerdem bat ich sie, mir an meinem Arm die Art der Berührung zu zeigen, die sie bei der Massage erlebt hatte. Sie berührte meinen Arm wie mit einem Staubwedel. Dann fragte ich sie, welche Art Berührung sie gebraucht hätte. Sie griff meine Schulter, als ob sie einen Baseball halte. Diese post-psychotische Borderline-Frau brauchte Hilfe dabei, Grenzen aufzubauen, Struktur zu bilden, Trennung zu verstärken, Verschmelzung zu reduzieren, Identität zu bestätigen und den Muskeltonus zu erhöhen. Nach unserer Arbeit bekam sie keine psychotischen Rückfälle mehr und konnte allmählich an ihrer Kindheitsgeschichte arbeiten. Sie erkannte nach und nach, wie sie solche Situationen in Zukunft vermeiden konnte.

Unsere Klienten haben entweder ein klassisches Trauma oder ein Schock-Trauma erlitten oder beides. Das klassische Trauma entsteht allmählich. Es baut sich auf täglichen Übergriffen, langsamer Akkumulierung und einem Klima von falscher Einstimmung auf. Das klassische Trauma, so wie Freud es studierte und wie er es im Ödipus-Komplex (den Verwirrungen rund um das Thema Sexualität) präsentierte, entsteht etwa im Alter von drei Jahren. Mit drei Jahren ist die Ich-Struktur recht gut konsolidiert; die ödipale Erfahrung wird in sie inkorporiert und formt eines der verschiedenen Muster dessen, was Alexander Lowen den "rigiden Charakter" genannt hat. Die Borderline-Persönlichkeit hatte demgegenüber große Schwierigkeiten mit der Entwicklung einer sicheren Ich-Struktur in der *prä*ödipalen Periode, also irgendwann vom pränatalen Lebensbeginn bis zu den Entwicklungsstadien, in denen das Kind die Möglichkeit und sein Recht erlebt, „nein" zu sagen und seinen Willen zu behaupten.

Gegenüber dem entwicklungsgeschichtlich bedingten Trauma entsteht das Schock-Trauma plötzlich, und es ist überflutend. Es hat zwei Formen:

1. Deprivation (Beraubung) in plötzlicher Form, z.B.durch den Tod eines Elternteils.
2. Invasion (Eindringen) in plötzlicher Form, z.B. durch körperlichen oder sexuellen Mißbrauch.

Die erste Form schlägt dem betroffenen Menschen sozusagen den Boden unter den Füßen weg, die zweite Form bricht plötzlich Grenzen nieder.

Schocks erzeugen Verwirrungszustände und Desorientierungen, die typisch für die Borderline-Position sind und die auch Nicht-Borderline-Personen erleiden können. Die Borderline-Persönlichkeit jedoch erlitt wiederholt Schocks in jener Phase, als ihr Ich sich zu bilden versuchte.

Wenn wir mit den komplexen Über- und Unterlagerungen der überbegrenzten und unter-begrenzten Zustände arbeiten, lernt der Klient, zwischen gegensätzlichen Bedürfnissen, Prozessen und Strukturen zu navigieren. Grundsätzlich geht es um Fragen polarer Wahlmöglichkeiten, die ich in dem folgenden Diagramm aufführe. Ein Therapeut sollte sich jedoch immer daran erinnern, daß eine Intervention, die zentral wichtig und unterstützend für den einen Klienten ist, für den anderen extrem destruktiv sein kann. Dies schließt auch rein verbale Interventionen - z.B. eine Frage oder Interpretation am falschen Ort - ein. Reich zeigte schon vor langer Zeit, wie solche falschen Fragen oder Interpretationen chaotische Situationen in der Therapie auslösen können.

Ein Mensch in einem Schockzustand braucht eine andere Behandlung als jemand, der nicht im Schock ist.[7] Am Anfang geht es *nicht* darum, den Schock wiederzubeleben, weil dann die zerbrechlichen Abwehrmechanismen überflutet würden und Borderline-Gefühle aufstiegen. Die Klienten müssen lernen, daß sie die Wahl haben, wann, wo und wie sie ein Thema angehen wollen, und wann, wo und wie sie es

Die polaren Wahlmöglichkeiten [6]

Strategie	Über-begrenzter Zustand	Unter-begrenzter Zustand
Sprache	Subjekt-Fragen	Objekt-Fragen
Übertragung (Bindungsstil)	später Bindungsstil	früher Bindungsstil
Orientierung	Konfliktzentriert	Defizitzentriert
Körperhaltung	horizontal ist hilfreich	vertikal ist hilfreich
Körperoberfläche	Aufweichen der Vorderseite ist hilfreich	Stärken des Rückens ist hilreich
Identitätsthema	Lernen „Ja" zu sagen	Lernen „Nein" zu sagen
Wahrnehmung	Öffnen des Unbewußten	Aufbau des Bewußten
Bewegung	das Unwillkürliche unterstützen	das Willkürliche unterstützen
Containment	die Inhalte erforschen	Container aufbauen
Zeit	von der Gegenwart in die Vergangenheit Regression ist hilfreich	von der Vergangenheit in Regression ist nicht hilfreich
Der Teil / das Ganze	Ganzheit (voll in starke emotionale Erfahrungen hinein gehen)	Weg vom Ganzen (Verlangsamung, ein Schritt nach dem Anderen)

beenden möchten. Weil Schock-Situationen den Klienten buchstäblich aus seinem Körper „herausgeschockt" haben, braucht es Zeit, um mit Hilfe von bewußten Verhandlungen und ausdrücklichen Bedingungen eine Umgebung herzustellen, in der es der Klient wagen kann, in seinen Körper zurückzukehren und mit einem kleinen Quantum Emotion, einem Körperbereich oder einer entwicklungsorientierten Fähigkeit, die nicht vollständig aufgebaut werden konnte, zu arbeiten. Viel wichtiger als die Wiederbelebung des Traumas ist hier die Öffnung fehlgeleiteter motorischer Reaktionen, z.B. die Fähigkeit, vor einer schlimmen Situation wegzulaufen, bevor sie sich zerstörerisch auswirkt; oder auch die Fähigkeit, Bilder der Sicherheit zu erzeugen, z.B. von einem sicheren Ort und von Wegen, dorthin zu gelangen, bevor der Klient sich dem nähert, was unsicher ist.[8]

Durch die geschickte Anwendung der oben beschriebenen Polaritäten kann der Therapeut dem Klienten, der unter einem Schock leidet, helfen, einen starken und sicheren Container zu bilden, der die Schock-Erfahrungen ohne Fragmentierung „halten" kann. Der Therapeut darf viele klassische Prinzipien aus der Körperpsychotherapie-Ausbildung *nicht* anwenden, weil er in diesem Falle elementare Fehler machen würde. Dazu sind in jüngster Zeit einige wichtige Artikel in Dänemark (Jørgensen, Levine, Rothschild) sowie der Beitrag von Steen Jørgensen in diesem Band erschienen, die grundlegend für jeden sind, der mit den diffusen Bereichen des Mißbrauchs (wo die Grenzen schwammig sind und der Boden sich ständig unter den eigenen Füßen auflöst) arbeiten will.

Eine Fall-Vignette

Ein Mann um die Vierzig befand sich in einem Schock- und Angstzustand. Dieser Zustand hatte seine Ursache im Tod des Vaters, der gestorben war, als das Kind acht Jahre alt war. Sobald der Klient mit der Todes-Szene in Kontakt kam, begann er heftig zu zittern; er sah angsterstarrt aus und sprach verwirrt.

Es ging darum, ihn ein Stück weit in diese Szene hineinzubegleiten, allerdings nicht regressiv, sondern indem er mir in der Gegenwart, im Hier-und-Jetzt beschrieb, was damals geschehen war. Diese Hier-und-Jetzt-Beziehung wurde zum Container und Fokus der Panik des Kindes.

Wir können in einer solchen Therapie-Situation den Zeitraum rückwärts und vorwärts ausdehnen. Wir können uns auf die Zeit vor dem Trauma oder nach dem Trauma konzentrieren oder auch andere Quellen heranziehen. Berührung kann dazu dienen, dem Klienten beizubringen, daß und wie er wählen kann, in den Schrecken hineinzugehen oder ihn zu verlassen. Ich helfe ihm, die in seinen Erinnerungen eingebetteten Einzelheiten neu zu bewerten.

Der Klient ist acht Jahre alt, es ist Abend, er ist in seinem Zimmer. Sein Vater füllt draußen vor dem Haus Benzin ins Auto. Dann die Explosion. Auto und Vater stehen in Flammen. Der Mann rennt brennend vom Haus weg und stirbt. Am Morgen hatte es einen Streit gegeben. Der Vater war dem Jungen mit einem Gürtel in der Hand nachgelaufen. Der Junge hatte sich umgedreht und gerufen: „Du solltest besser tot sein." Er glaubt nun, daß er seinen Vater auf magische Art getötet hat.

Auf dem Höhepunkt der Angst gibt es keine Worte für die Schuld. Wenn wir in die Zeit vor dem Feuer gehen, können wir erforschen, wie der Junge zum Glauben an die magische Kraft seines Wunsches kam. Das Feuer brannte seine Sprache weg. Sprache kann aber das Feuer, das seinen Körper in Panik versetzt, abkühlen. Wir drehen die Szene nun nach vorn. Das Haus ist verkauft worden, die Mutter schafft das alles nicht mehr, er kommt in ein Kinderheim, dort kann man mit ihm nicht umgehen. Die Mutter glaubt, der Junge könnte „verrückt sein wie sein Onkel." Der Onkel hatte einmal zu seinem eigenen Vater (dem Großvater des Jungen) gesagt: „Ich wünschte, du wärest tot!" Drei Tage später war der Großvater tot. Der Onkel verbrachte den Rest seines Lebens in einer psychiatrischen Klinik.

Feuer schmilzt alles zusammen. Sprache formt Grenzen und Ufer gegen die Fragmentierung des Schocks und hilft zu trennen: Der Junge hat seinen Vater nicht getötet, der Vater starb bei einem schrecklichen Unfall. Er ist nicht verrückt, auch wenn sein Onkel verrückt war. Sein Vater war in einem gewissen Sinne ein Held, weil er vom Haus weg- und nicht auf es zulief. Seine Liebe für den Vater muß aus dem Feuer gerettet werden.

Wir bauen die Mythologie seines Lebens neu auf, in der das Feuer immer noch eine zentrale Rolle einnimmt, aber keine alles auffressende Macht mehr hat. Es gibt ein Vorher und ein Nachher, das entwirrt werden kann, wo gesunde, reale Inseln vorhanden sind. Von deren sicherer Abgegrenztheit aus kann der geschockte Junge lernen, mit dem Schock umzugehen: mit anzusehen, wie sein Vater in den Flammen umkommt. Wir nehmen dem Trauma seine überwältigende Wucht: Wir ordnen Erinnerungen neu, schätzen Geschichte neu ein, weisen Schuld zu und führen die heutigen Angstzustände auf die damalige Panik zurück.

(Aus dem Englischen von Bernhard Maul)

Literatur

Aalberse, Maarten: *Heilende Verrücktheit,* in: *Energie & Charakter,* 6 (1992).
Boadella, David: *Biosynthese-Therapie.* Oldenburg 1988.
Boadella, David: *Befreite Lebensenergie.* München 1991.
Bräuer, Ute Christiane: *The Four elements: An attempt to establish a holistic record of bodytherapy methods,* in: *Unitive Body Psychotherapy: Collected Papers,* Bd.2, hg. von. G. Marlock. Frankfurt 1991.
Jørgensen, Steen: *Schock-Therapie,* in: *Energie & Charakter* 5 (1992).
Keleman, Stanley: *Lebe dein Sterben.* 3. Auflage München 1986.
Levine, Peter: *Der Körper als Heiler,* in: *Energie und Charakter* 2 (1990).
Rothschild, Babette: *Leitfaden zum Thema Schock,* in: *Energie und Charakter* 7 (1993).
Rowan, John: *Frühe Traumen,* in: *Energie & Charakter* 5 (1990).
Stern, Daniel: *The Interpersonal World of the Infant.* New York 1983.

Anmerkungen

1. David Boadella, *Biosynthese-Therapie,* Oldenburg 1988.
2. vgl. die ausführliche Darstellung bei Ute Bräuer, op. cit.).
3. David Boadella, *Befreite Lebensenergie,* München 1991.
4. Daniel Stern, *The interpersonal world of the infant,* New York 1983
5. Stanley Keleman, *Lebe Dein Sterben,* 3. Auflage München 1986.
6. Vgl. Maarten Aalberse, *Heilende Verrücktheit,* in: *Energie & Charakter* 6 (1992).
7. Steen Jørgensen, *Schock-Therapie,* in: *Energie & Charakter* 5 (1992), Babette Rothschild, *Leitfaden zum Thema Schock,* in: *Energie & Charakter* 7 (1993).
8. Peter Levine *Der Körper als Heiler,* in: *Energie & Charakter* 2 (1990).

Cephaler Schock - verstanden als Verlust des Gleichgewichts

Robert Lewis

Einführung

Schock kann in verschiedenen Körperbereichen vorkommen, in den Geweben des Körpers, in seinen Organen, und hier kann er sich z. B. als Trigeminus-Neuralgie, als Herzstillstand oder als eingefrorenes Becken zeigen. Dieser Artikel befaßt sich im besonderen mit Schocks, die den Kopf betreffen.

1976 schrieb ich: „Der Hypothalamus [Teil des Zwischenhirns], die Pulsation der cerebro-spinalen Flüssigkeit [Gehirnflüssigkeit], die zentralen regulatorischen Nuklei und der Vestibular-Apparat [Gleichgewichtsorgan] scheinen von grundlegender Bedeutung für das Verständnis und den Umgang mit der tiefsten Angst des Menschen zu sein, der Angst, das eigene Gleichgewicht zu verlieren. Ich werde eine künftige Studie der Erforschung und Datenerfassung des zentralen Nervensystem und anderen somatische Aspekten des cephalen Haltens widmen". (Lewis 1981, S. 97)

1985 führte ich weiter aus: „Der Kopf ... ist jener Teil des Körpers, der die Strukturen enthält, die es uns erlauben, uns im Raum zu orientieren und uns auf diese Weise gegen die Schwerkraft aufrecht zu halten und die dem bioenergetische Konzept der Erdung überhaupt erst Bedeutsamkeit geben! Erdung hat nicht viel Bedeutung, wenn wir nicht vorher körperhaltungsmäßige Reaktionen erworben haben, einen Gleichgewichtssinn, der uns befähigt, mit der Schwerkraft umzugehen. Ohne die primitiven, aber dennoch komplexen neurophysiologischen Mechanismen des Kopfes wären wir unfähig, uns entgegen der Schwerkraft vom Boden zu erheben und uns aufrecht gegen sie zu behaupten. Erdung oder Fallangst wären ohne sie sinnlos. Die gleichen neurophysiologischen Strukturen und Wege in unseren Köpfen befähigen uns, die von Winnicott beschriebenen fürchterlichen Ängste, wie z.B. ‚Keine Orientierung zu haben, für immer zu fallen' etc. zu vermeiden." (Lewis 1986, S. 72)

Ohne das Labyrinth des inneren Ohres z. B. würden wir buchstäblich jedesmal „für immer fallen", wenn wir versuchten, uns vom Boden zu erheben. Wir wären so wenig geerdet, daß wir nicht mehr als das sehen würden, was auch Würmer sehen. Neben verschiedenen anderen Themen, die ich in diesem Artikel diskutieren möchte, geht es hier auch darum, wie dieses Innenohr-Labyrinth unter Streß zur Verwirrung, zum Schwindelgefühl und zur desorganisierenden Angst des cephalen Schocks beiträgt. Menschen, die ständig denken, halten mit diesem Denken oft ein zentrales Nervensystem zusammen, das sich sonst in Raum und Zeit verlieren würde, ewig fallend.

Wenn Sie jemals eine Mittelohr-Entzündung zusammen mit einer Labyrinthitis [Entzündung des Gleichgewichtsorgans] hatten, erinnern Sie sich sicher an die Übelkeit und an die Schwindel-Empfindungen, die sich immer dann einstellten, wenn Sie versuchten, ihren Kopf aus der Horizontalen zu erheben. Für ein oder zwei Tage waren Sie ein Sklave der Gravitationskraft. Als Erwachsene können wir uns nur schwer die subjektive Erfahrung eines Kindes vorstellen, das seinen Kopf noch nicht heben kann und nur sehr langsam die Versklavung durch die Schwerkraft einschränkt, die uns bis zu unserem Todestag begleitet. Freilich ist es schlechte Wissenschaft, eine normale Entwicklung mit einer Mittelohr-Entzündung zu vergleichen. Ich habe dies jedoch getan, um Winnicotts Postulat zu illustrieren, daß ein Baby eine „ausreichend gute Bemutterung" braucht, damit es vor diesen schrecklichen Ängsten bewahrt wird.

Die Babies

Zur weiteren Illustration dieses Postulats zitiere ich aus einer Beschreibung einer gefilmten Mutter-Kind-Interaktion (Brody & Axelrod) von drei *nicht* „ausreichend guten" Müttern, die ihre sechs Wochen alten Babies füttern:

„Die erste Mutter hatte einen schlaffen Körpertonus und gab ihrem Baby kaum Unterstützung. Während des Fütterns starrten ihre Augen in den Raum, woraus man schließen könnte, daß sie irgend einem Tagtraum oder einer Phantasie nachhing. Sie bemerkte nicht, daß sie ihren Arm bewegt und die Flasche vom Mund des Babies weggenommen hatte. Sie beachtete auch nicht das angestrengte Sich-Winden des Babies, den Nippel wiederzubekommen. In den beängstigenden folgenden 60 Sekunden wand das Kind sich in einer Position, in dem sein Kopf und sein Nacken völlig ohne Unterstützung waren. Dies verstärkte seine angestrengten Bewegungen, bis eindeutig die Gefahr gegeben war, daß es vom Schoß der Mutter fallen würde. Endlich spürte diese doch, was vorging und griff ihr Baby mit einer rauhen und plötzlichen Bewegung, die den Kopf des Kindes in den Nacken sausen ließ. Ungerührt vom nun heftigen Schreien des Kindes hob sie es in die ursprüngliche Position und starrte wieder in den Raum. Das Baby, nun offensichtlich wütend, manöverierte sich selbst schnell wieder in eine Position, in der Kopf und Nacken ohne Unterstützung waren.

Die zweite Mutter verbrachte volle 40 Minuten damit, ihr tief erschöpftes Kind aufzuwecken und zu füttern. Der arme kleine Kerl konnte jedoch seine Augen nicht aufhalten. Davon unbeeindruckt versuchte seine Mutter unaufhörlich, ihn wach zu bekommen. Sie wippte ihn auf ihrem Knie, während sein müder Kopf ohne Unterstützung herumbaumelte. Sie kitzelte ihn auf fast jede denkbare Art, am Bauch, an den Lippen, an den Füssen usf. Sie hob ihn in die Luft, ließ ihn hoch und niederkreisen, rüttelte ihn schnell und grob, stieß ihn und wechselte sogar dreimal seine Windeln. Zu müde, um zu schreien oder zu reagieren, verfiel der Körper des Kindes während dieser Angriffe wiederholt in den Schreckreflex. Es sah aus wie ein kleiner Zombie im Schock.

Die dritte Mutter dieser Gruppe brauchte drei Stunden, um ihr Kind zu füttern. Sie erklärte dem Interviewer, daß jedes Füttern etwa drei Stunden dauere und daß es eine ziemliche Last für sie sei. Mit ihrem sechs Wochen alten Kind bedeutete dies mindestens 15 Stunden Füttern pro Tag. Im Film sah das Kind sehr hungrig aus. Es wollte die Flasche haben. In diesem Filmabschnitt erlaubte die Mutter ihrem Kind genau 80 Sekunden zu saugen, niemals mehr als drei zusammenhängende Sekunden. Während der gleichen Periode rüttelte sie es 3000 mal. Obwohl sie ihr bestes tat, konnte diese Mutter einfach nicht länger als nur einige Sekunden stillhalten. Sie bot ihrem Kind den Nippel an und dieses nahm ihn mit Enthusiasmus - allerdings nur, um ihn eine oder zwei Sekunden später durch eine Bewegung, die der Mutter nicht bewußt zu sein schien, wieder zu verlieren. Das Kind spannte nun seinen Körper an und schrie. Daraufhin versuchte die Mutter sofort, es auf die unterschiedlichsten Arten zu schütteln. Sie tätschelte planlos seinen Rücken und wippte es hoch und nieder, während sie es verwirrt anschaute. Es schien, als wollte sie es dazu bringen, mit dem Schreien aufzuhören, bevor es die Flasche wiederbekommen sollte, offensichtlich völlig uneinsichtig gegenüber der Tatsache, daß es schrie, weil es hungrig war. Nach mehreren Momenten dieses angespannten Wippens und Tätschelns verspannten sich Kopf, Nacken und Arme des Kindes in einer Schreckposition, und seine Augen spiegelten einen Schock wider. An diesem Punkte atmete es nicht mehr und schrie nicht mehr. Da es nun ruhig war, legte es seine Mutter zurück und bot ihm die Flasche an. Nach ein paar Sekunden wiederholte sich die Sequenz" (zit. nach Mullin 1976, S. 4-6).

Brody und Axelrod fanden heraus, daß drei von sieben Müttern in derartige dysfunktionale Kategorien fallen (Quelle ist eine repräsentative Stichprobe weißer Mütter). Die meisten erwachsenen Zuschauer dieser gefilmten Interaktionen verspürten Schmerzen im Bauch - die sich ja tatsächlich nicht viel besser als die Übelkeit und der Schwindel anfühlen, die sich bei der Innenohr-Labyrinthitis einstellen. Ich habe Fran Mullins' präzise Beschreibung deshalb in dieser Ausführlichkeit zitiert, weil die Empathie dieser Mütter so offensichtlich mangelhaft war, daß wir es zuerst überhaupt nicht glauben können; ich tat dies aber auch deswegen, weil ich die bizarre Qualität dieser Art Interaktion betonen wollte, in der sich die Bezugsperson ohne bewußte Mißbrauchs- oder Trennungs-Absicht nichtsdestoweniger in einer Weise verhält, daß das Kind tatsächlich vernachlässigt, mißbraucht und verlassen wird. Das Kind hat die letztlich verrücktmachende Erfahrung, von jemandem gehalten zu werden, der keinen Kontakt zu ihm hat.

Unsere drei unglücklichen Kinder sind zu klein, als daß sie sagen könnten, daß sie ihren Glauben an die Ordnung und die Kontinuität des Lebens verloren haben, oder daß sie sich tief für ihre Hilflosigkeit schämen. Sicherlich geht jedoch ihre Erfahrung des unausweichlichen Schocks, ihrer Hilflosigkeit und eines sie überschwemmenden gefühlsmäßigen Eindringens von außen in ihre Zellen ein.

Darüber hinaus gibt es noch andere Dinge, die in ihren Körpern vorgehen dürften. Auf der Basis jüngerer Forschungen mit Trauma-Opfern - Trauma hier definiert als überwältigende und unausweichliche Erfahrung - können wir folgendes feststellen: Für den Rest ihres Lebens werden bei diesen Menschen die Reaktionen des autonomen Nervensystems auf Streß behindert sein. Auch wenn sie älter sind, werden sie sofort vom Reiz zur Reaktion überwechseln, und hierbei werden sie auch auf einen geringfügigen Reiz mit einer Intensität reagieren, die eigentlich nur in Notfallsituationen angemessen ist (Vanderkolk 1987, S. 66). Das einem unausweichlichen Schock folgende Hilflosigkeitssyndrom ist demgegenüber Ergebnis eines Mangels an Kontrolle und nicht so sehr dem Schock selbst zuzuschreiben.

Der Zeppelin kommt

Kurt Vonnegut Jr. erklärt, auf welche Weise uns die Hypothalamus-Hypophyse-Adrenalin-Achse normalerweise befähigt, angemessen mit Streß umzugehen: „Mein Verstand gibt eine Botschaft an meinen Hypothalamus und fordert ihn auf, das Hormon CRF [Corticoid Releasing Factor] in die kurzen Verbindungen zur Hypophyse [Hirnanhangs-Drüse am Boden des Zwischenhirns] einzuleiten. Die CRF-Hormone stimulieren die Hypophyse dazu, ACTH-Hormone [Adreno-Cortico-Tropes Hormon) in meinen Blutkreislauf zu pumpen. Die Hypophyse hat die ACTH-Hormone genau für solche Fälle hergestellt und gelagert. Und näher und näher kommt der Zeppelin. Einige ACTH-Hormone erreichen über den Blutstrom die äußere Hülle meiner Adrenalin-Drüse, die bereits Glucocorticoide [Cortison] für Notfälle produziert und aufbewahrt hat. Meine Adrenalin-Drüse schüttet die Glucocorticoide in meinen Blutstrom. Sie verteilen sich in meinem ganzen Körper und verwandeln Glykogen in Glukose. Glukose ist ‚Muskelfutter'. Es hilft mir, wie eine Wildkatze zu kämpfen oder wie ein Rentier zu laufen". (Vonnegut 1973, S. 288-289)

Aber für unsere unglücklichen kleinen Kinder wird nicht deutlich, aus welcher Richtung der Zeppelin kommt. Weil sie weder durchsetzungsfähig kämpfen noch wirksam fliehen können, endet ihr Protest in Verzweiflung. Weil der frühe deprivierende und schädliche Streß von ihren Bezugspersonen kommt, ist für sie Intimität per se als traumatisch konditioniert.

Ihr Schock, genauer ihr post-traumatischer Schock, ist nur sehr schwer zu behandeln. Sie neigen dazu, ihre intensive Angst während ihres Erwachsenenlebens ständig zu wiederholen. Wir sehen lebenslang eine überaktive und verlängerte Hypothalamus-Hypophyse-Adrenalin-Reaktion auf Streß. Diese Reaktion wird, wie Vonnegut bemerkt, durch die CRF-Hormone des Hypothalamus vermittelt. Anfangs sind die Neurorezeptoren chemisch entleert, Jahrzehnte später zeigen sie eine Überempfindlichkeit z.B. für normale Mengen von Adrenalin. Norepinephrine, Dopamine, Serotonin [Übermittler-Substanzen zwischen den Nervenzellen], endogene Opiate und das endokrine System [hormonelle Steuerung] sind gleichermaßen an dieser Protest-Verzweifelungs-Reaktion beteiligt. Bedenken Sie bitte, daß der cephale Schock sich auf einer hundertemal am Tag wiederholenden dissonanten Behandlung unserer Kinder aufbaut. Die wahrscheinliche Entleerung von Neurotransmittern und die daraus folgende Überempfindlichkeit der Neurotransmitter-Rezeptoren ist so stark, daß unsere Meßgeräte für genauere Angaben buchstäblich nicht ausreichen.

Harte Daten über die veränderte Neurochemie lassen uns die Notwendigkeit von Medikation, Bioenergetischer Analyse oder irgendeiner Art von Therapie, die die Schwelle für CRF oder andere Auslöser entlang der Hypothalamus-Hypophyse-Achse erhöhen können, verstehen und akzeptieren. Viele unserer traumatisierten Patienten sind sozusagen süchtig nach Trauma und Chaos. Sie zeigen die wohlbekannte Neigung, sich Situationen auszusuchen, die an ihr Ursprungs-Trauma erinnern. Tierexperimente (Vanderkolk 1987, S. 71) lassen vermuten, daß einer der Gründe dafür die Freisetzung innerer Opiate, beruhigender, schmerztötende Narkotika, ist. Eine weitere ernüchternde Perspektive aus unserer Untersuchung der Gehirn-Chemie: Wir wissen bereits, daß viele unserer post-traumatisch geschockten Patienten den Hauptanteil ihrer Zeit und Energie darauf verwenden, nicht wieder vom desorganisierendem Schrecken und von Wut überflutet zu werden. Sie erleben ihr vergangenes Trauma so, *als ob es gerade jetzt geschehe.* Zur Kunst der Therapie gehört es dementsprechend, bioenergetisch herauszufinden, wie das Trauma letztendlich vom Patienten gemeistert werden kann.

Während wir dem Patienten helfen zu begreifen, daß das Trauma bereits geschehen ist - oft vor Jahrzehnten - und daß sie es überlebt haben, können wir uns wahrscheinlich besser einstimmen, wenn wir verstehen, daß *gerade jetzt, in diesem Augenblick*, ihr zentrales und autonomes Nervensystem mächtige Chemikalien in ihren Körper pumpt.

James

Ich habe sechs Jahre lang mit einem post-traumatisch geschockten Mann namens Jim gearbeitet. Jim erzählte mir gerade heute, daß er am Wochenende jenes Haus besucht habe, in dem er bis zum Alter von 6 oder 7 Jahren lebte. In seiner Erinnerung ist es immer ein verhextes Haus gewesen, angefüllt mit Gedanken an Chaos, Brutalität und Schrecken. Er war überrascht, das Haus in gutem Zustand vorzufinden. Die Bäume und Büsche erschienen ihm „unschuldig". Zuerst glaubte ich, dies gehöre zu jenen Verleugnungen, die Jim, ein jetzt trockener Alkoholiker, oft benutzte, um mit den Schrecken seines frühen Lebens umzugehen. Als wir jedoch weiter sprachen, begriff ich, daß - was immer auch an Verleugnung geblieben war - etwas Neues geschah. Jim verstand langsam einen wesentlichen Unterschied: „Das war damals, und das ist heute". Er ist nun 57 Jahre alt, und die Herrschaft des Schreckens, unter der er die meisten dieser 57 Jahre verbrachte, scheint allmählich zu verblassen.

Jim hat mich einiges über Schock und Trauma gelehrt. Mehrere Male während dieser sechs Jahre bekam ich ein Gefühl für den Schrecken, in dem Jim jeden Tag in diesem unvorhersehbar gewalttätigen „Heim" gelebt hatte. Mutter und Stiefvater waren Alkoholiker. Eine seiner typischen Erinnerungen ist, daß er mit seinen zwei jüngeren Geschwistern als Fünfjähriger hysterisch herbeirannte, um die sich in einem schreienden, betrunkenen Kampf mit dem Stiefvater befindliche blutende Mutter zu beschützen. In unseren Sitzungen brachten wir ihn dazu, seinen Körper und seine Gefühle zu spüren; er wand sich und schrie krampfhaft - fast wie ein Patient, der die Tourett-Krankheit hat [genetisch begründete Krankheit des Nervensystems mit Zuckungen, Grimassieren, unkontrollierten Lauten, Tics etc.]. Und er versuchte, den Schmerz, den Schrecken und die Wut auszuhalten, als er wiedererlebte, wie die Fäuste seiner Mutter ihm ins Gesicht schlugen. Es war erschreckend und bewegend für mich zu sehen, wir er kaum das überwältigenden Entsetzen und die Wut aushalten konnte, die durch ihn hindurchfluteten. Bei solchen Vorfällen versuchte ich vor allem, selbst weiterzuatmen, um nicht zu sehr zu erschrecken.

Die andere Seite dieser beängstigenden Direktheit war eine gleichermaßen erschreckende Qualität in Jim, für die es kein wirklich angemessenes Wort zu geben scheint. Sie kam aus dem verblüfften, apathischen Kind, das, Unverständliches murmelnd, unfähig, seine Schuhe zu binden, durch die Müllhaufen in den Straßen stromerte. Viele Male besuchte mich dieses Kind in meiner Praxis in Jims erwachsenem Körper, die Sprache schleifend und langsam, so seltsam unterschieden von Jims üblicher geschäftiger Persönlichkeit. Oder, wie er es ausdrückte: „Wenn ich die Dinge beschleunige und schneller spreche, muß ich nicht hier sein. Ich könnte verrückt werden vor Schmerzen... Ich halte die Leute ein wenig aus meinem Fokus heraus. Unwirklich ... Sie sind nicht wirklich besondere Leute ... Ich mache sie dazu, indem ich denke: ‚Dieser und jener ist wütend auf mich‘."

Wie bereits gesagt, sind Wörter wie „verdutzt", „sprachlos" und „zombie-artig" anscheinend notwendig, um zu erklären, wie fühlbar Jims Verstandes-Gehirn von dem erlebten Schrecken beschädigt war. Einige von seinen Symptomen wiesen darauf hin, daß ein grundlegender Gleichgewichtsverlust - eingeschrieben in sein Nervensystem - Teil des konditionierten traumatischen Komplexes ist. Er erinnerte sich an eine Reihe von Vorfällen, bei denen er auf äußerst erschreckende Weise geschlagen, herumgezerrt und getreten worden war. Wir haben aus seiner Kleinkinderzeit keine Informationen über Mißbrauch, aber von früher Kindheit an lebte er in einer gewalttätigen Atmosphäre, ähnlich jener, die unsere gefilmten Babies erlebten, einschließlich einer traumatischen Überstimulierung seines Gleichgewichtsorgans. Tatsächlich glaubt James jedoch, daß es, bevor seine Familie auseinanderbrach, eine sehr frühe Zeit in seinem Leben gegeben hat, in der er gut behandelt wurde. Und im Ergebnis stellte er die Frage, die viele mißbrauchte Klienten stellen: „Wie konnten sie mich nur auf diese Weise behandeln?"

Zu Hause war es üblich, daß er und sein Bruder nach Gewaltphasen in ihr Zimmer eingeschlossen wurden - für anscheinend endlose Zeit. Jim wiegte dann seinen Kopf, sang leise und tat alles, um die verrücktmachende Pein zu vermindern. In seinem Versuch, sich selbst das Halten und Umsorgen, das er niemals bekam, zu geben, wiegte er sich stundenlang. Dieses Wiegen wird sonst von schwangeren Müttern in

Schaukelstühlen, von Händen, die die Wiege bewegen, den Kinderwagen schieben usw. erzeugt. Es ist eine intuitiv langsame, rhythmische, vestibulare Stimulation. Die haltenden und rhythmischen Bewegungen nähren und organisieren das Kind. Kinder setzen sie auf Schaukeln, Wippen und Karussells fort. Jims Schmerz war jedoch unausweichlich. Sein Schaukeln war verzweifelt und genügte nicht, um seine Integrität zu bewahren:

„Ich fühlte mich verlassen ... Lag in meinem Raum ... Kein Auf ... kein Nieder ... Stücke von Dingen ... unverbunden mit allem ... Ich konnte die Stille nicht ertragen ... Kein Raum ... Keine Schwerkraft ... Keine Zeit ... Keine Bedeutung ... Die einzige Art zu wissen, daß ich lebte, war, Dinge zu sehen und zu hören ... Die wirkliche Angst bestand in der Vorstellung, daß ich hinausschweben könnte, um niemals zurückzukommen."

Jahre später wanderte Jim immer noch auf dieser Erde, aber ein großer Teil von ihm schwebte irgendwo herum und fühlte sich unwirklich. Um ihn in seiner Ganzheit zurückzubringen, mußte ich ihn bitten, in den gleichen, oben beschriebenen fragmentierten Zustand zurückzukehren ... In Stücke gehen ... Ohne Bedeutung im Raum treiben. Wie kann man jemandem helfen, die Stücke wieder zusammenzusetzen, wenn der Verlust des Selbst so weit vorangeschritten ist? Obwohl er mich in seinem Raum haben wollte, schien meine Berührung ihn nicht zu erreichen, wenn er sich im zerbrochenen, desorientierten Zustand befand. Er hatte sich in der Isolation verloren, und es schien, daß er erst seinen Weg zurückfinden müsse, bevor er meine Berührung fühlen konnte. Vor zwei Jahren wurde er von Gefühlen der Demütigung und Angst überwältigt. Eines Tages streichelte seine Hand seine Stirn. Er begleitete diese Geste mit den Worten: „Wir verstehen". Damit schien er eine versorgende, tröstende und haltende Gegenwart herzustellen, die allmählich zu einem Teil seiner inneren Welt wurde.

Einen weiteren Faktor, der Jim zu einer Herausforderung für mich machte, findet man bei den meisten „Überlebenden" von Traumata. Sie verspüren das verzweifelte Bedürfnis, eine Bedeutung in dem zu finden, was sie ausgehalten haben. Jims ganze Identität war grundlegend in ein heroisches, übermenschliches Drama verstrickt, das von Schrecken, Wut und Adrenalin gefüttert wurde. Er erinnerte sich, wie er unter den Schlägen der Mutter fest und aufrecht stand und glaubte, daß sie eines Tages stolz auf ihn sein würde. Sie würde sagen: „Du hast niemals nachgegeben, soviel ich dich auch geschlagen habe". Jim sagte: „Es war besser als ein Tier zu sein, das um Liebe bettelt ... das geschlagen und verspottet wird ... aber nun schlägt es mich in Wellen ... Ich gebe wirklich alle Würde auf ... verkaufe meine Seele, um zu überleben ... wie ein

Überlebender eines Konzentrationslagers, der mit dem Feind zusammengearbeitet hat".

Trotz dieser Erkenntnisse hält Jim sich immer noch wie ein Marinesoldat aufrecht, mit vorgeschobenem Unterkiefer und aufgeblasener Brust. Vor neun Monaten bat er mich um Tabletten. Ich verschrieb ihm eine kleine Dosis Prozac [Beruhigungsmittel] und Beta-Blocker. Sie halfen ihm, den alltäglichen Schrecken etwas zu mindern. Während ich diesen Artikel schreibe, versucht Jim immer noch, sich dem fragemtierten „Wahnsinn" seines Lebens zu stellen und den Mythos aufzugeben.

Die tiefe Angst vor dem Gleichgewichts-Verlust - Das Labyrinth
Der Vestibular-Apparat (A) und die dazugehörigen semi-circulären Kanäle (B)

Dieser Abschnitt meines Artikels ist notwendigerweise eher spekulativ; er bietet aber dennoch, so hoffe ich, einen interessanten Blick auf einige körperliche Mechanismen, die mit unserer tiefsten Angst, unseren „Kopf zu verlieren", zusammenhängen. Diese Angst raubt jemandem nicht nur den Frieden seines Geistes, sondern auch die Erfahrung der Hingabe - sich zu verlieben, den Orgasmus und andere ekstatische Zustände zu erleben. Wie bereits früher erwähnt, verfügen wir heute über harte neurochemische Daten, die sehr gut mit den klinischen Symptomen von Schock und Trauma korrelieren. Dies gilt allerdings nicht für die Symptome eines Gleichgewichtsverlustes wie Schwindel.

Damit wir den Schrecken, unseren Kopf zu verlieren, besser verstehen, möchte ich zuerst einmal von der Neurochemie weg und zur Freude, sich zu bewegen und bewegt zu werden, kommen: „Das sechs Monate alte Kind liebt es, gewiegt, nach oben gehalten, in der Luft hin und her geschwungen und bewegt zu werden. Dies sind einige der befriedigendsten Erfahrungen der Kleinkindzeit. Die Freude stammt aus dem Erleben stärker werdender Schwerkraft- und Bewegungsempfindungen, die das Kind nun integrieren kann. Wenn die Bewegungen zu grob sind oder das Kind sie nicht integrieren kann, desorganisieren sie sein Nervensystem und veranlassen es zu schreien" (Ayres 1979, S. 20).

Unsere drei Babies waren erst 6 Wochen alt und keine 6 Monate. Der Film dokumentiert genug Chaos, um jedes Kleinkind zu desorganisieren. Ich nehme an, daß neben ihren übersensibilisierten Neurotransmittern diese sensorisch-motorisch-visceralen Erfahrungen, die sie hundertemale am Tag über sich ergehen lassen mußten, sie für die kommenden Jahrzehnte in Angst vor allem davor werden leben lassen, was ihr Gleichgewicht stören und bedrohen könnte.

Gleichgewicht wird zum einen als Fähigkeit des tierischen Körpers definiert, sich angemessen positioniert und orientiert zu halten im Sinne körperlicher Stabilität oder Balance; zum anderen als mentale oder emotionale Stabilität oder Balance im Sinne von Haltung (*Websters New World Dict.*, 3rd College Ed.).

Das Gleichgewichtsorgan befindet sich im knöchernen Labyrinth, einer Höhle im temporalen Knochen des Schädels. Anatomie und Funktion dieses Labyrinthes sind komplex, genauso komplex wie die sich windenden Gänge, denen man wirklich nur sehr schwer folgen kann und die von Daedalus für den König Minos von Kreta gebaut wurden, damit sie den gefürchteten Minotaurus behausten. Dieses kleine Organ ist für uns von fundamentaler Wichtigkeit. Wenn seine Funktion gestört ist, verlieren wir uns im Raum - verlieren wir uns in einem Labyrinth.

Schon 1940 brachte Sandor Ferenczi seine psychosomatische Klarheit in die Frage des Gleichgewichtsverlustes oder Schwindels ein: „Schwindelgefühle am Ende der psychoanalytischen Sitzung entstehen bei vielen Patienten dann, wenn sie sich am Ende der Sitzung aus der liegenden Position erheben (und nicht etwa durch die Veränderung des Blutdrucks) ... Der Betroffene ist nicht ‚zu Hause', sondern ein Patient wie alle anderen. Diese plötzliche Veränderung des psychischen Settings, die Desillusionierung (als ob man aus allen Wolken falle) kann die gleichen subjektiven Gefühle hervorrufen, wie sie sich bei einer plötzlichen und unerwarteten Veränderung der Körperhaltung einstellen, wenn man unfähig ist, sich angemessen durch kompensierende Bewegungen und mit Hilfe der Sinnesorgane anzupassen, d. h. das eigene Gleichgewicht zu bewahren - was ja das Wesen des Schwindelgefühls ist" (nach der englischen Fassung Ferenczi 1926, S. 239-240).

Hier hilft Ferenczi uns zu erkennen, daß alles, was das Gleichgewicht des Organismus deutlich genug stört, zu Schwindelgefühlen führen kann. Eine Fahrt über stürmische Gewässer löst bei fast jedem Schwindel aus. Vielen Patienten wird jedoch schwindelig als Teil ihres Streßgefühls, wenn sie z.B. von einem emotionalen, psychologischen Verlust geschockt werden. Sie sehen dann vielleicht verblüfft aus, beschreiben sich selbst als verwirrt und durcheinander. Sie haben sowohl ihre emotionale Haltung als auch ihr Gleichgewicht verloren. Wenn dieser Verlust des Gleichgewichts zudem mit einem vergangenen Trauma assoziiert ist wie z. B. bei unseren Babies aus dem Film, entsteht ein Teufelskreis, in dem das Schwindelgefühl als Katastrophe interpretiert wird, was zu noch größerer Desorientierung führt.

Der Widerstand gegen den Verlust der mental-emotional-physikalischen Stabilität und Balance ist allgemein. Auf der einen Seite des Spektrums arbeiten z. B. Piloten und Taucher in einer Umgebung, die häufig keine Fixpunkte hat, an dem sie ihre Bewegungsrichtungen orientieren könnten. Im Mittelfeld der Möglichkeiten haben viele von uns mehr oder weniger Angst vor gefährlichen Erhebungen, vor Richtungswechseln und Koordinationsverlusten. Auf der anderen Seite des Spektrums ist für einige von uns die relative Verletzlichkeit ihrer Orientierung und ihrers Gleichgewichtes ein Problem. Ich selbst verliere ziemlich leicht die Orientierung: Drehen Sie mich ein- oder zweimal herum, und ich weiß nicht mehr, wo Süden oder Norden ist, wo die Innenstadt liegt oder die äußeren Bezirke. In einer mir kaum bekannten Stadt wollte ich einmal Freunde besuchen. Ich hatte nicht die richtige Brille dabei, war mir aber sicher, daß ich das Haus wiedererkennen würde. Die Dunkelheit brach herein und alles verschwamm, ich fuhr um einen Block nach dem anderen, fühlte mich immer ängstlicher und verlorener. Ich spürte tatsächlich Panik, erlebte mich verloren im Raum.

Fast alle Forscher, die sich mit Balance und Gleichgewicht beschäftigen, stimmen darin überein, daß das Labyrinth von zentraler Bedeutung für Ausgeglichenheit, Stabilität und Orientierung eines Menschen im Blick auf sich selbst und auf die Welt ist. Wenn es bei der Bioenergetik um die Einheit des Organismus geht, dann ist das Labyrinth das Organ der Einheit. Es bildet das grundlegende Verhältnis eines Menschen zur Schwerkraft und zur physischen Welt aus. Alle anderen Informationstypen werden im Bezug zu diesem grundlegenden vestibularen Input verarbeitet. Dieser interpretiert z. B. die Ausrichtung von Kopf und Körper, so daß wir die Bedeutung der durch die Augen empfangenen Informationen erkennen können. Wenn sich etwas vor unseren Augen bewegt, dann ist es das Labyrinth, das im Zentrum des Schaltpults arbeitet und das uns darüber Auskunft gibt, ob sich das Objekt oder unser Kopf oder unser ganzer Körper bewegt.

Alle, die sich mit dem Gleichgewichtssinn beschäftigen, stimmen aber auch darin überein, daß die Anzeichen einer Dysfunktion des Labyrinths extrem verschieden sind, gerade weil es sich in der Mitte eines unglaublich komplexen zentralen und autonomen Nervensystems befindet. John Bellis bezieht sich in einem exzellenten zusammenfassenden Artikel über die bioenergetische Behandlung von PTSD [Post-Traumatic Stress Disorder] auf cervikale [Hals-] und sub-occipitale [Nacken-] Spannungen: „Es ist meine weitere Annahme, daß genau diese Anspannung (die oft von Schmerz begleitet wird) Schwindelgefühle und eine gestörte vestibulare Funktion hervorruft. Ich vermute, daß dies etwas mit den Auswirkungen der cervikalen Anspannung auf die tonischen Nacken-Reflexe zu tun hat, die wiederum die vestibulare Funktion beeinflussen. Ich kenne allerdings keine Studien, die dies bestätigen" (Bellis 1985, S. 164).

Der tonische Nacken- und der tonische Labyrinth-Reflex sind primitive Körperhaltungs-Reflexe, die in den ersten Lebenswochen noch kaum sichtbar sind. Inwieweit das Kind in den ersten Monaten und Jahren seines Lebens die Herrschaft über diese Reflexe erlangt, spiegelt die Reife und Integration seiner Körperhaltungs-Mechanismen wider. Der Tonische Labyrinth-Reflex z. B. ist eine Pro-Gravitations-Reaktion. Er zieht das Baby tatsächlich zum Boden hin, wann immer es sich aufrichten will, ob aus der Bauch- oder der Rückenlage. Um den TLR zu hemmen, kontrahiert das drei bis vier Monate alte Baby aktiv antagonistische Muskeln und verbringt einen großen Teil seines Tages in der nach rückwärts gedehnten Bauchposition. Dies ist der erste Schritt auf seiner langen Reise, die, wenn alles gutgeht, zur aufrechten Haltung und einer sicheren Beziehung zur Erde führt. Oder, wie Jean Ayres sagt: „Jedes menschliche Wesen verfügt über einen inneren Ur-Trieb, eine befriedigende Beziehung mit der Schwerkraft zu entwickeln. Das normale Kind folgt diesem Bedürfnis, indem es krabbelt, klettert, springt und sich selbst in jede mögliche Körperposition versetzt. Es lernt, was es tun kann und auch, was die Schwerkraft kann, um sich schließlich mit ihr einzurichten" (Ayres 1979, S. 87).

Nach Ayres hat solch ein Kind die „Schwerkraft-Sicherheit". Diese Sicherheit gründet sich auf die sensorische Integration des Vestibular-Systems und ist „...das Vertrauen, daß wir fest mit der Erde verbunden sind und immer einen sicheren Platz zum Stehen haben. Schwerkraft-Sicherheit ist die Grundlage, auf der wir unsere zwischenmenschlichen Beziehungen aufbauen" (Ayres 1979, S. 76).

Die Kinder, mit denen Ayres arbeitete, waren nicht so glücklich. Ihre Symptome waren mannigfaltig, drückten aber im wesentlichen den Schrecken vor Gleichgewichts-Verlust aus und spiegelten eine schwerwiegende Unfähigkeit zu spielen und sich selbst in der Schwerkraft durch Bewegung zu organisieren. Ayres glaubt, daß ein gestörtes Vestibular-System der Grund für dies Problem ist. Deswegen arbeitet sie mit diesen Kindern daran, spezifische Bewegungen herauszufinden, die ihre inneren Gyroskope, ihre Dreh-Meßgeräte, wieder ausbalancieren.

Unglücklicherweise spricht Ayres nicht über die möglichen frühen Ursachen der Probleme und beschreibt auch nicht, was aus den sinnesgestörten Kindern wird, wenn sie erwachsen sind. Dennoch verdeutlicht das folgende Zitat ihren grundlegenden Beitrag zum bioenergetischen Konzept der Erdung. Wie geerdet sind wir, wenn wir uns nicht im Raum orientieren können? „... das schwerkraftmäßig unsichere Kind findet nur Erleichterung von seinem Schrecken, wenn es seinen Kopf so ruhig wie möglich hält und seine Füße fest auf den Boden setzt, damit es weiß, wo es sich in Beziehung mit dem Raum befindet" (Ayres 1979, S. 86).

Jeder kann sich nun selbst überlegen, ob die drei gefilmten Babies die gleichen Schwierigkeiten bekommen werden wie Ayres junge Patienten. Ich glaube, daß diese Babies durch die sie überschwemmende Stimulation und Desorganisation einem hohen Risiko ausgesetzt sind, mit einem post-traumatischen Schock durchs Leben zu gehen. Sie werden über ihre Kräfte hinaus versuchen, möglichst schnell - d. h. viel zu schnell - die Meisterschaft über die Schwerkraft zu erlangen. Dies wird wahrscheinlich den schwierigen Prozeß behindern, mit dem das Kind die primitiven Reflexe unterdrückt und die komplizierten posturalen Gehirnkreise integriert, die schließlich zu einem vertikal ausbalancierten und orientierten Erwachsenen führen. Auch wenn es noch nicht bewiesen werden kann, nehmen wir an, daß diese unglückliche Gruppe unter den Klienten, die in die Therapie kommen, überrepräsentiert ist. Sie sind immer noch geschockt und versuchen oft, diesen Schock durch eine hyper-organisierte cerebrale Festung zu verdecken. Sie leiden unter der Bedrohung, die Kontrolle zu verlieren, ihren Verstand zu verlieren und wahnsinnig zu werden.

Was geht im Körper von jemandem vor, der Angst davor hat, seinen Kopf zu verlieren, von jemandem, der sich in einem cephalen Schock befindet? Er hat Angst, sein Gleichgewicht zu verlieren. Wenn wir unser Gleichgewicht verlieren, ist auch unsere Orientierung bedroht. Nur ein kurzer unsicherer Schritt, und wir haben unsere Haltung verloren und stürzen ... in Verrücktheit. Auf der anderen Seite gibt es Leute mit „Haltung". „Haltung" ist ein sehr körperliches Wort und meint sowohl „gut ausbalanciert" als auch eine bewundernswerte und dennoch schwer zu definierende Qualität eines Menschen, die sich oft gerade unter Streß zeigt. Wir benutzen dafür Worte wie innere Integrität, Würde, Eleganz, aber letztlich „fühlen" wir die Haltung, wenn wir auf solche Menschen treffen.

Aber zurück zum Mangel an Haltung. Wilhelm Reich glaubte, daß Fall-Empfindungen immer dann auftreten, wenn die energetische Ladung des Organismus zusammenbricht. Er beschrieb dies bezüglich eines drei Wochen alten Babies (Reich 1948, S. 326-344). Reich behandelt die Frage der Fallangst ausführlich und mit offensichtlicher Brillanz. Dieses Problem ist für mich immer noch faszinierend und im übrigen weit davon entfernt, wirklich erforscht zu sein. Ich hoffe, daß andere

Kollegen ihre Ideen und ihre Erfahrung veröffentlichen werden, damit wir besser verstehen können, was im Kopf eines Menschen vorgeht, der Angst davor hat, einen Teil seiner Anatomie zu verlieren. Wir wissen, daß er wahrscheinlich versucht, die Kontrolle über desorganisierende Panik und mörderische Impulse zu behalten, die von Chemikalien angeregt werden, die vom Gehirn in den Blutstrom ausgeschüttet werden. Der gesunde Menschenverstand hält die Funktion des Labyrinths für selbstverständlich, denn es integriert unsere Balance und Orientierung gänzlich außerhalb unserer Wahrnehmung. Ich glaube, daß Reichs Erklärung durch ein Modell unterstützt werden kann, welches das sich tief in unseren Köpfen befindliche Gleichgewichtsorgan einbezieht.

Schilder und Ferenczi folgend nehme ich an, daß jedesmal, wenn die psychosomatische Einheit des Organismus gestört ist, Schwindelgefühle entstehen. Alles, was Kohäsion und Zusammenhang unmöglich macht, wie körperliche Krankheit, überwältigender Streß usw., wirft den Organismus aus dem Gleichgewicht und aus seiner „Haltung".

Der Mensch ist ein psycho-spirituell-emotional-somatisches Wesen. Jedes dieser Elemente kann das gesamte Trauma auslösen. Dreh-Schwindel z.B. kann in vielen Patienten eine sich steigernde Furcht vor weiterer Fragmentierung bewirken. „Fallen" oder „Wegtreiben", „für ewig schweben" sind kaum Worte, die das ausdrücken, was jemand fühlen muß, der sein Zeit- und Raumgefühl verloren hat.

Sal

Sal ist so ein Patient. Seine Lebensgeschichte - in einer bioenergetischen Therapie in meiner Praxis erkundet - überzeugte mich, daß er wie die gefilmten Babies mißhandelt worden war. Seine Eltern verstanden, unterstützten und pflegten ihn so wenig, daß er sich selbst, seinen Körper und seine Gefühle kaum verstehen konnte. Der empathische Abgrund zwischen ihm und seinen Eltern führte im Alter von neun oder zehn Jahren schließlich zu einem traumatisierenden Sommer, in dem er der Obhut eines Paares überlassen wurde, das ihn sexuell und körperlich mißbrauchte und in vieler Hinsicht demütigte. Scham und Mißtrauen waren so groß, daß er darüber niemals seinen Eltern berichtete. Seit dieser Zeit hatte er immer wieder mit mehr oder weniger Erfolg versucht, die Kontrolle über ein inneres Gefühl zu behalten, daß bald etwas Fürchterliches geschehen werde. Panik-Attacken drohten seinen kontrollierten und perfektionistischen Rahmen zu durchbrechen. Er war ein Hyochonder, der in Angst um seinen Körper und seine Gefühle lebte. Er suchte ständig nach Empfindungen, die mit dieser inneren unentdeckten Gefahr zusammenhängen konnten - mit etwas Fürchterlichem, etwas Falschem. Sal verfügte über sehr viel Energie und hing seit Jahren einem Adrenalin-getriebenen Zustand an, der ihm das Gefühl einer gewissen Kontrolle gab. Mit zunehmendem Alter nahm seine Energie jedoch ab, was ihn depressiv machte und ihn immer verbissener versuchen ließ, die Panik nicht an sich herankommen zu lassen. Oder wie er es ausdrückte: „Ich bin nie weit von Schwindelgefühl, von Übelkeit und Kopfschmerzen entfernt".

Wenn er unter Streß stand oder krank wurde, geriet er noch mehr außer Kontakt mit seinem Körper, und die abwärts gerichtete Spirale drehte sich. Sein hyperaktives autonomes Nervensystem spielte verrückt und die Symptome von Migräne und hohem Blutdruck, die sich dann einstellten, wurden als katastrophal interpretiert und trugen zu einer sich steigernden Bedrohung durch Kontrollverlust bei. Beta-Blocker haben hier geholfen, indem sie die Menge an verfügbarem Adrenalin und damit auch die Intensität dieser Zyklen reduzierten. Sal wehrte sich jedoch gegen Medikation, denn sie nährte seine tiefe Angst, er könne „verrückt" sein. Er ahnte, daß es bei seiner Panik um seine Gefühle ging.

Die Therapie half: Er konnte sein Leben mehr ins Gleichgewicht bringen, lernte, sich besser zu entspannen und sich zu freuen. Wir konnten immer leichter unter das schwindelige und drehende Gefühl in seinem Kopf bis zur Angst und Trauer in seiner Brust und seinem Bauch vordringen. Dieser Prozeß kam allmählich zustande, indem er sich wiederholt dem Schwindelgefühl aussetzte. Je mehr er sich seinem Körper hingibt, desto weniger schwindelig wird ihm und desto weniger fürchtet er sich vor dem, was an Schwindel noch vorhanden ist.

Dennoch sind wir aus dem Gröbsten noch nicht heraus: Die autonomen (Migräne-) Spasmen seiner Blutgefäße sind immer noch kräftig genug, um verschiedene kleine infarktiöse, tote Bereiche auf seiner Retina [Netzhaut] zu erzeugen. Man könnte dies als die vaskuläre Version der von Reich beschriebenen Anorgonie [Kontraktion] ansehen. Sie dient offensichtlich als physischer Ausdruck von Schock und Panik in seinem Organismus: Einmal lag Sal über einem Gymnastikball in meiner Praxis. Er spürte Schwindelgefühle kommen und sprang heftig auf, als ob er gerade dem Tod begegnet sei.

Weitere Fakten über das innere Gyroskop

Sal versucht, sich gegen die Instabilität in seinem Kopf aufrecht zu halten. Während die gefilmten Babies vielleicht weniger große „Gravitations-Unsicherheit" als die von Ayres behandelten Kinder entwickeln werden, ergibt sich jedoch aus weiteren Fakten, daß auch sie an einem gehemmten Inneren Gyroskop leiden werden. Bellis bemerkt, daß Patienten im post-traumatischem Zustand „...es extrem schwierig finden, nach oben oder unten zu schauen, ohne sich schwindelig zu fühlen und tatsächlich Schwierigkeiten haben, ihre Gleichgewicht zu behalten" (Bellis 1985, S. 164).

Obwohl die Symptome, wie wir bereits gesagt haben, sehr unterschiedlich sind, zeigen Patienten mit Panik-Störungen überwiegend vestibuläre Dysfunktionen (Jacob 1986, S. 808). Tatsächlich behauptet der Arzt Harold Levinson in seinem Buch *Phobia free* (1986), daß bis zu 20 Prozent der Bevölkerung an einer Dysfunktion des inneren Ohres leidet, und daß diese Störung jene Symptome des Gleichgewichtsverlustes verursacht, die wir beschrieben haben. Dies führe direkt zur Angst davor, verrückt zu werden, die Kontrolle zu verlieren oder zu sterben. Levinson berichtet, daß 80 Prozent dieser Menschen gut auf eine Kombination von Anti-Histaminen und Anti-Depressiva ansprechen. Obwohl er nicht wirklich erklären kann, wie diese Wirkung zustande kommt, brauchen seine Patienten nach ein oder zwei Jahren keine Medikation mehr. Er nimmt an, daß sich dann das innere Gyroskop wieder eingependelt hat. Streß ist nur einer der vielen Faktoren, die in der Lebensgeschichte von Patienten mit Störungen des inneren Ohres immer wieder auftauchen. Exakt weiß man bis heute freilich nicht, was diese Störungen verursacht.

Auch für Feldenkrais steht der Vestibular-Apparat im Zentrum einer primären biologischen Reaktion auf Schock, die allgemein mit der Gravitations-Unsicherheit zu tun hat. Er beschreibt die Reaktion eines Neugeborenen auf ein plötzliches Fallengelassen-Werden: „Eine sofortige, gewaltsame Kontraktion aller Flexoren, gleichzeitig mit Atemanhalten ... gefolgt von Schreien, erhöhtem Puls und allgemeiner vasomotorischer Störung" (Feldenkrais 1970, S. 84).

Diese angeborene Reflexreihe sei die Reaktion des Körpers auf Fallen - so erklärt Feldenkrais -, die der Erwachsene als Angst vor dem Fallen interpretiere. Sie wird vom vestibulären Zweig des 8.Cranial-Nervs [Hirn-Nerv] vermittelt, der auf dem Weg über seine zentralen und autonomen Nervenverbindungen unsere Atmung blockiert: „Das Anhalten des Atems ist eine plötzliche Störung der Herz-Region. Diese Störung in der Zwerchfell- und Herz-Region wird als Angst gespürt. Manche Menschen beschreiben dies als Empfindung, daß das Herz herausfalle oder als Leere oder Kälte im Bereich direkt unter dem Brustbein" (Feldenkrais 1970, S. 85).

Feldenkrais glaubt, daß die reflexhaft sich zusammenziehende Reaktion überlebenswichtig für unsere auf den Bäumen lebenden

Vorfahren war, wenn sie von eben diesen herunterfielen. Wir haben diese Reaktion als unkonditionierten Reflex auf Streß geerbt, der uns mit einer Kernerfahrung passiver Sicherheit versorgt. Die unvermeidbaren emotionalen und körperlichen Aufregungen des Lebens, denen jedes Baby ausgesetzt ist, werden durch die primären Stell-Reflexe konditioniert. Die sich zusammenziehende Reaktion verallgemeinert sich sozusagen zu einer jedermann geläufigen Art, sich zu fürchten. Sie geht zentral vom inneren Gyroskop aus und befähigt uns höhere Tiere mit Hilfe der als Schrecken instrumentierten corticalen bzw. bewußten Kontrolle, diese automatische Tendenz des Körpers zu überlagern und uns in eine der Schwerkraft entsprechende Position zu bringen.

Wenn ein Baby seine Aufmerksamkeit primär auf seine Haltungs-Reaktionen richtet und sich in dieser Hinsicht zu sehr anstrengen muß, dann kann es die langsame Reifung der sub-corticalen Basis seiner Aktivitäten hemmen. Darin stimmen Feldenkrais, Ayres und ich überein.

Zusammenfassung

Unsere Fähigkeit, aufrecht auf der Erde zu stehen, ist das Ergebnis eines langen und komplizierten Entwicklungskampfes mit der Schwerkraft. Dieser Kampf wird vom Labyrinth des Innenohrs unterstützt, so daß die sehr feinen und komplexen Gleichgewichts-Mechanismen des Körpers, die die aufrechte Haltung erst möglich machen, keine bewußte Kontrolle brauchen. Das von Alexander Lowen so fundamental in die Bioenergetik eingebrachte Prinzip der Erdung findet also seine Voraussetzung in unserer Fähigkeit aufzustehen, uns von der Erde wegzubewegen und uns selbst auf zwei Füßen auszubalancieren.

Als geerdete Menschen sind wir demütig genug, unsere völlige Abhängigkeit von der Schwerkraft anzuerkennen. Die gleiche Kraft verursacht die Reise der Erde um die Sonne und die Bewegung der Sonne um die Milchstraße. Sie bewahrt alles und jeden davor, in den Raum hinauszuschweben. Diese universale Kraft findet sich tatsächlich auch in unseren Köpfen, wo sie durch das Labyrinth - das Organ der Schwerkraft, unser inneres Gyroskop - hindurch zu allen Systemen des Körpers vermittelt wird. Dadurch bleiben wir ausgeglichen und fallen nicht. Dadurch erhalten wir unsere Orientierung und wissen, wer wir sind. Ausbalanciert und mit Haltung werden wir tatsächlich durch unseren Kopf mit Hilfe der Schwerkraft im Rest unseres Körpers geerdet.

In diesem Modell hat das Gehirn bzw. das Labyrinth und der vestibuläre Zweig des 8.Cranial-Nervs über seine Verbindungen mit dem übrigen zentralen und dem autonomen Nervensystem eine bestimmende Rolle für das Gleichgewicht des Organismus. Reich verglich uns mit der Amöbe, die nur ein rudimentäres Nervensystem besitzt. Lowen stellte uns in die Schwerkraft hinein, wobei er die Pulsation der Amöbe für sein primäres Erklärungsmodell beibehielt.

Wenn wir geschockt sind, drehen und taumeln unsere Sinne. Taumeln heißt sich schwindelig fühlen. Eine lange Auto- oder Zugfahrt oder eine kurze, rauhe Wildwasserreise wird in vielen Menschen Gleichgewichtsstörungen von Übelkeit bis zu einem leichten Gefühl, daß die Erde sich unter ihnen bewegt, auslösen, auch wenn sie bereits wieder seit einigen Stunden auf festem Boden stehen. Es überrascht uns daher nicht, daß Patienten, die tausende Male geschockt worden sind, als ihr Organismus noch verletztlich jung war - wie wir dies bei den gefilmten Babies oder bei James und Sal sahen - daß diese Patienten in ihren Köpfen traumatische Empfindungen des Drehens, Fallens und Wirbelns haben. Wenn ihr Reifungsboden instabil ist, hören ihre Sinne niemals auf zu taumeln und ihr inneres Gyroskop registriert sofort stürmische Bedingungen, wenn es von irgendeinem Teil des traumatischen Komplexes, durch den sie geprägt sind, angeregt wird. Wenn wir Therapeuten ihren cephalen Schock vermindern können, dann kommen Himmel und Erde auch für sie wieder zusammen.

(Aus dem Englischen von Bernhard Maul)

Literatur

Ayres, A. J.: *Sensory Integration and the Child.* Los Angeles 1976.

Bellis, J. M.: *Clinical Applications of Bioenergetic Analysis in Post-Traumatic Stress Disorders*, in: *The Clinical Journal of the IIBA*, Bd.3, Nr.1, 1985.

Brody, S. & S. Axelrod: *Anxiety and Ego Formation,* in: *Early Infancy* (Film), 1962.

Feldenkrais, M.: *Body and mature behavior.* New York, 1970.

Ferenczi, S.: *Further Contributions to the Theory and Technique of Psychoanalysis.* London 1926.

Jacob, R.G.: *Dr. Jacobs and Assoc's reply. Letters to the Editor,* in: *American Journal of Psychiatry* 143,6, June 1986.

Lewis, R.: *The Psychosomatic Basis of Premature Ego Development,* in: *Comprehensive Psychotherapy*, Bd.3, 1981.

ders.: *Getting the Head to Really Sit on One's Shoulders: A First Step in Grounding the False Self*, in: *The Clinical Journal of the IIBA*, Bd.2, Nr.1, 1986.

Mullins, F. H.: *Problems of Development of the Infant of a Borderline Mother*, unveröffentlicht, 1976.

Reich, W.: *The Discovery of the Orgone - Vol.2: The Cancer Biopathy.* New York 1948.

Van der Kolk, B. A.: *Psychological Trauma.* Washington, D.C., 1987.

Vonnegut, K.: *Breakfast of Champions.* New York 1973.

Vom Sein zum Werden - bioenergetische Arbeiten an Übergängen

Hans Peter

Jedes neurotische Sicherheitssystem ist gegen die Möglichkeit von Veränderung gerichtet. In der Therapie suchen wir nach Wegen, die unseren Klienten diese Möglichkeit wieder erschließen und die für sie gangbar sind. Im reichen Repertoire der Körperpsychotherapie ist mir seit einiger Zeit eine Kategorie von allgemein gebräuchlichen Interventionstechniken aufgefallen, die mir dafür besonders geeignet erscheinen, und die ich als Übergangsübungen bezeichnen möchte.

Wir lassen eine Klientin herausfinden, welches für sie die richtige Distanz zu uns ist; wir fordern jemand auf, eine Gleichgewichtslage zwischen zwei extremen Körperhaltungen zu entdecken; wir schlagen einem daliegenden Patienten vor, beim langsamen Aufstehen auf alles zu achten, was dabei erlebbar wird; wir laden dazu ein, allmählich von einem entspannteren zu einem angespannten Zustand hinüber und wieder zurück zu wechseln. Körperinterventionen dieser Art, an sich bestens bekannt, sind mir in der Arbeit als bioenergetischer Therapeut als besonders wirksam aufgefallen und haben mich veranlaßt, mir darüber Gedanken zu machen. In meinen Ausführungen verwende ich abwechselnd männliche und weibliche Personenbezeichnungen, um auszudrücken, daß jedesmal beide Geschlechter gemeint sind.

Ein klinisches Beispiel:
Mit meinen laufenden Therapiegruppen verbringe ich jedes Jahr ein paar Tage in einem Workshop, wo gewöhnlich ein Problem aus dem aktuellen Gruppenprozeß thematisiert wird. Nun hatte sich eine Gruppe entschieden, nur an der Vertiefung von Körpererfahrungen zu arbeiten. Es wurden sehr einfache Übungen vorgeschlagen, in denen es für jede einzelne nur darum ging, während halber oder ganzer Stunden immer wieder den Übergang von einer zu einer anderen gegebenen Körperhaltung auszuprobieren. Das Ergebnis dieser Klausurarbeit war eindrücklicher und nachhaltiger, als ich es von Workshops mit thematisch gezielteren Interventionen her gewohnt war. Interessehalber wiederholte ich dieselbe Struktur mit einer weiteren, noch weniger fortgeschrittenen Gruppe in deren Workshop und sah wiederum überraschend viele Veränderungen.

Ein weiteres Beispiel:
Eine Patientin in bioenergetischer Analyse kommt sehr verändert aus den Ferien zurück. Ein erschreckendes Erlebnis hatte sie in Gefühle von

Ausgeliefertsein und Panik gestürzt, worauf sie in eine anorektische Krisenphase geriet. Sie wirkt anders als sonst, völlig distanziert, rational, kontrolliert. Ich bemühe mich, wieder mit ihr in Kontakt zu kommen und lade sie dann ein, sich aus einer passiven Rückenlage wieder zum Sitzen aufzurichten, diesen Vorgang mehrmals zu wiederholen und darauf zu achten, was sich jedesmal dabei verändert. Drei Viertelstunden später ist sie so wie früher, lebendig und offen. Sie habe Hunger und möchte jetzt gleich essen gehen. Die anorektische Symptomatik, die bereits Wochen dauerte, bleibt verschwunden.

Diese Beispiele wollen nichts beweisen, sondern in die Thematik einführen und allenfalls Neugier wecken. Ich lege keine wissenschaftliche Untersuchung vor, sondern bestimmte Erfahrungen und die damit verbundenen Fragen. Konkret möchte ich berichten,

- wie es dazu kam, daß „Übergangsübungen" für mich ein wichtiges Medium im Prozeß der bioenergetischen Analyse geworden sind,
- wie solche definiert oder vielmehr umschrieben werden könnten,
- wie sie konkret vor sich gehen,
- wofür sie gut sind.

Wenn ich dabei mehr Fragen als Antworten zu vermitteln habe, liegt das durchaus innerhalb der Zielsetzung einer vorläufigen Mitteilung, die anregen und zur Überprüfung veranlassen möchte.

Lange vor der bioenergetischen Phase meiner beruflichen Entwicklung lernte ich in Gestaltworkshops darüber staunen, was für eindrückliche seelische Reaktionen eine Person auf geringfügige Veränderungen ihrer Körperhaltung zeigen konnte. Das integrative Potential geschulter Körperwahrnehmung war mir aus Erfahrungen mit der Technik von F.M. Alexander und mit Sensory Awareness (Gindler) vertraut. Kelemans bohrende Frage nach dem WIE körperlicher Abläufe hat mich immer fasziniert; ich finde gute Fragestellungen motivierender als raffinierte Antworten.

Mehr als alles andere haben mich aber meine Klientinnen gelehrt, mit Übergängen zu arbeiten. Besonderen Dank schulde ich den Mitgliedern jener Übungsgruppen (Exercise Classes), die mir immer wieder mit Körpertechniken zu experimentieren erlauben. Was ich heute als Übergangsübungen bezeichne, stammt also nicht aus meiner eigenen Werkstatt. Persönliches Interesse spielt natürlich hinein, etwa in Form eines steten Bedürfnisses, innere Gegensätze miteinander zu verbinden. Auch suche ich nach Wegen, immer körperbezogener, aber noch weniger direktiv oder sogar manipulierend zu arbeiten. In meinem Selbstverständnis als Therapeut sind allmählich drei Aussagen bedeutungsvoll geworden:

1. Es ist der Behandelte und nicht der Behandelnde, der - zumindest in seinem körperlichen Wissen - den Gang seines Therapieprozesses kennt.
2. Sich ausschließende, mit dem Leben unvereinbare Alternativen („entweder/oder") sollten therapeutisch ersetzt werden durch wirkliche Wahlmöglichkeiten (meistens: „sowohl/als auch").
3. Echte Veränderungen betreffen immer die Seinsebene, die in der Erfahrung des eigenen Selbst verkörpert ist. Das Erlernen neuer Verhaltensmuster kann, aber muß nicht auf dieser Ebene wirksam werden; entscheidend ist, ob das geschieht oder nicht.

Vor diesem Hintergrund erscheint es naheliegend, zu fragen, wie Veränderungen überhaupt zustandekommen und wie Übergänge von einem bestehenden zu einem noch ungewissen Zustand geschehen können.

Was sind Übergangsübungen? Solche Übungen begrifflich scharf von allen übrigen Körperübungen abzugrenzen, scheint mir schwer möglich. Das Wesentliche daran ist wohl das betonte Wahrnehmen von Veränderung während einer Körperübung, die sich ihrer Art nach dafür eignet. Im Gegensatz zu anderen Körperinterventionen wird nicht nach dem Endergebnis oder nach dem Unterschied zwischen vorher und nachher gefragt, sondern nach dem kontinuierlichen Erfassen aller Sinnesqualitäten und Erlebnisnuancen einer Veränderung vom Beginn bis zum Ende derselben. In dieser Anweisung an die übende Person - und in deren versuchter Befolgung - liegt das Spezifische einer Übergangsübung. Die Aufmerksamkeit wird auf einen Prozeß der Wahrnehmung gerichtet, der einen bestimmten Ablauf im Körper begleitet, wie groß oder wie geringfügig dabei der motorische Anteil auch sein mag.

Selbstverständlich geschieht jede Übergangsübung so wie jegliche therapeutische Intervention stets innerhalb eines Beziehungssystems, aus dem Übertragung und Gegenübertragung, Arbeitsbündnis und Widerstand, Regression, innere und äußere Realität nicht wegzudenken sind. Indem ich mich hier auf die Darstellung einer bestimmten Interventionstechnik beschränke und diese heraushebe, vernachlässige ich diesen dynamischen Untergrund, so als wäre er nicht die tragende Hauptsache eines Therapieprozesses. Hier ein Beispiel vom Zusammenspiel einer Übergangsübung mit einer Widerstandssituation:

Eine Patientin ist während der Therapie in eine langanhaltende Depression geraten. Sie klagt: alles ist sinnlos, keinerlei Hoffnung, überhaupt nichts, was der Mühe wert wäre. Ausdruck und Körperhaltung unterstreichen die entwertende und negativistische Einstellung: vorgebeugt kniet sie da. Sie erklärt sich einverstanden, als ich ihr fragend vorschlage, sich langsam aufzurichten und nach hinten statt nach vorn sinken zu lassen (ein ihr vertrauter Ablauf). Während sie ihn ausführt, behält sie ihren abweisenden Ausdruck bei, und hinterher blickt sie mich mit schlechtverhülltem Triumph vorwurfsvoll an. Ich frage sie, ob sie lieber eine ihr weniger unangenehme Übung gemacht hätte oder eine, die ebenso unangenehm, aber dafür wirksam wäre. Augenblicklich entscheidet sie sich für die wirksame. Darauf schlage ich ihr genau dieselbe Übung vor, diesmal aber mit ihrem ausdrücklichen Einverständnis. Nunmehr wechselt ihr Ausdruck; nach der Übung sind ihre Augen weiter und weicher geworden, ihr Blick wirkt leicht traurig. Etwas Lebendigkeit strahlt aus ihrem Gesicht; die Atmung hat sich vertieft. Die Stimme tönt wieder klangvoller und weniger gepreßt. Von sich aus teilt sie mit, daß sie sich wieder vorhanden und in ihrem Körper fühlt. Ohne es zu bemerken, streichelt sie dazu mit der Hand über den Teppich.

Neben dem Beziehungs- und Widerstandsaspekt beleuchtet dieses Beispiel auch das wichtige Thema der Vertragsschließung oder des Aushandelns von Bereitschaft mit der Klientin: Bedingungen, die für das Gelingen und die Integration solcher Übungen in den Therapieprozeß unerläßlich sind.

Im Grunde kann jede Körperübung als Übergangsübung gebraucht werden, sofern sie Gelegenheit bietet, den Augenblick wahrzunehmen, wo sich etwas verändert. Ist die Aufmerksamkeit auf die Veränderung gerichtet, so gewinnen Anfang und Ende einer jeden Handlung, aber auch schon die Bereitstellung dazu, eine spezifische Bedeutung. Ich will beispielsweise meinen Arm hochheben: Was alles geht dieser Bewegung voraus, bevor sie beginnen kann? Bekanntlich erreichen wir eine tiefere Entspannung nach einer Anstrengung, wenn wir uns in Zwischenschritten progressiv aus der Anspannung entlassen. Veränderung wahrnehmen braucht Zeit. In einer Übergangsübung stelle ich meiner Klientin die nötige Zeit ausdrücklich zur Verfügung. Ich schaffe Raum, damit sie im eigenen Zeitmaß sich selber begegnen und dabei oft genug Unerwartetes antreffen kann. Obschon sie ihre innere Reise allein macht, braucht sie dafür gewöhnlich die geduldige Anwesenheit einer Therapeutenperson. Ohne einige Erfahrung ist es gar nicht so leicht, sich allein, außerhalb der Sitzungen, auf solche Experimente einzulassen.

Betrachten wir an einem frei angenommenen Beispiel, wie Übergangsübungen ganz allgemein klientenspezifische und nicht therapeutenorientierte Antworten auslösen: Sie lassen Ihren Patienten stehend an die Wand lehnen, die Füße etwas vorgestellt, und laden ihn ein, auf alles zu achten, was passiert, wenn er aus dieser Stellung zum freien Dastehen gelange, und wenn er nachher wieder zum Anlehnen zurückkehre. Es stehe dafür soviel Zeit zur Verfügung, wie er brauche, und er könne den Vorgang auch mehrmals ausprobieren. Wird er sich mit einem Ruck aufrichten oder zunächst sein Gleichgewicht verändern? Wird er die Hände brauchen oder nicht? Bleibt er gar mit erschreckter Miene an der Wand kleben? Die Vielfalt möglicher „Lösungen" hängt eng mit der jeweiligen Lebensgeschichte zusammen und ist kaum vorauszusagen. Der eine wird sich ängstlich an die Anweisung halten und alsbald fertig sein; ein anderer beginnt in immer neuen Varianten herauszufinden, was seine Schwierigkeit dabei ist, ein weiterer begnügt sich mit der Feststellung seines entdeckten Unvermögens, während noch ein anderer sich sogleich um dessen Überwindung bemüht. Das Experiment kann ein Erfolgserlebnis werden oder die Bestätigung einer erwarteten Niederlage, ein ernsthafter Lernprozeß, ein Spielen mit wiederentdeckter Funktionslust oder mit Ansätzen von Kreativität, vielleicht aber auch ein Horrorerlebnis oder eine Konfrontation mit dem Nichts. Selbstverständlich würden wir unserem Patienten in jeder Weise behilflich sein, die gemachten Erfahrungen für seinen Prozeß zu nutzen, ihre symbolische Bedeutung zu verstehen und Ansätze zu Alternativen mit ihm aufzunehmen. Mitunter unterbrechen wir ihn sogar beim Üben, um ihn zu unterstützen, wenn er an einem heiklen Punkt des Übergangs wiederholt in Abwehr gerät.

Das Beispiel mag genügen, um zu veranschaulichen, daß beliebig viele Arten von Übergangsübungen möglich sind. Manche sind, wie eingangs erwähnt, noch viel einfacher und auch gebräuchlicher. Weniger üblich mögen jene sein, wo es fast nur um sensorische Funktionen geht. Also etwa die Instruktion, beim Anschauen eines Gegenstandes oder einer Oberfläche zwischen aktivem Betrachten und passivem Aufnehmen hin und her zu wechseln. Oder die Anweisung, mit der inneren Körperwahrnehmung zwischen zwei bestimmten Zielpunkten hin und her zu wandern. Oder die Konzentration auf die geheimnisvollen Passagen zwischen Ein- und Ausatmen einerseits, Aus- und Einatmen andererseits zu richten.

Wir kommen der spezifischen Bedeutung von Übergangsübungen näher, wenn wir nach deren Anwendungsschwerpunkten fragen. Zwei Antworten liegen auf der Hand: Sie sind am wirksamsten, wenn Übergänge nötig wären und nicht gefunden werden, und wenn Veränderungen fällig wären und nicht stattfinden können. Beides ist im Verlauf von Therapien häufig. Beim Fehlen von Zwischenstufen befindet sich ein Klient immobilisiert zwischen unvereinbarten Extremen, etwa dem zwingenden Bedürfnis nach umfassender Kontrolle und dem drängenden Regressionswunsch nach tiefer, verantwortungsfreier Abhängigkeit. In einem solchen Zustand entwickelte die geschilderte Patientin mit dem Schreckerlebnis in den Ferien ihre anorektische Krise. Im zweiten Fall richtet sich die gesamte Abwehr gezielt gegen eine drohende oder fällige Veränderung, wie dies am anderen Beispiel mit der depressiven Verweigerung illustriert wurde. Hier wie dort wird Ausweglosigkeit erlebt: Es gibt keine gangbaren Ausweichlösungen. Entweder ist die vorstellbare Alternative undenkbar schlimm, oder es ist gar keine vorstellbar. Robert Hilton bezeichnet die Abwehrfantasie gegen die abgewiesene Tendenz als ILLUSION of RELEASE, eine aktiv aufrechterhaltene Katastrophenvorstellung von dem, was passieren müßte, falls jemand seine charaktertypischen Verspannungen losließe. Im bioenergetischen Menschenverständnis hat jede Person ein bestimmtes Ausmaß an entsprechenden Befürchtungen. Sie sind ichsynton, wesentliche Bestandteile der Selbstvorstellung und als solche tief in der Körperstruktur verankert. Daher sind sie verbaler Interpretation wenig zugänglich. Aber auch der direkte Zugriff durch Körperarbeit an den spezifischen Blockierungen ist nicht unproblematisch. Es passiert dabei leicht, daß sich der Widerstand verstärkt, oder daß er zusammenbricht und zumindest eine Angstkrise auslöst. Hier kann es sinnvoll sein, mit Übergangsübungen eine Patientin dazu anzuregen, aus eigener Kraft und mit ihren Ressourcen an Neugier und Kreativität nach Zwischenlösungen und nach Auswegen zu suchen. Das wird umso aussrichtsreicher sein, je deutlicher das bestehende Dilemma zuvor herausgearbeitet worden ist.

In einer solchen Situation geeignete Übungsanordnungen zu finden, ist grundsätzlich nicht schwer. Sie haben mit Ihrem Klienten zusammen festgestellt, wie er festgefahren oder zwischen unvereinbaren Lösungsansätzen blockiert ist; Sie wissen ungefähr, wo er in seiner Übertragung zu Ihnen steht; Sie realisieren seinen aktuellen Körperausdruck. Um seiner Suche nach Zwischenschritten Raum zu geben, können Sie ihn auffordern, seine gegenwärtige Körperstellung genau beizubehalten und wahrzunehmen, was dabei spürbar wird. Etwas später soll er sie - ganz gleich wie - zunächst unmerklich verändern, sodann etwas deutlicher, und wieder darauf achten, was geschieht. Und von dort aus wieder ebenso achtsam und behutsam in die ursprüngliche Haltung zurück. Sie brauchen überhaupt nicht zu bestimmen, in welcher Richtung sich etwas verändern sollte. Sie können auch von sich aus zwei Körperpositionen vorschlagen, die irgendwie die konflikthaften Alternativen zum Ausdruck bringen, und Ihrem Klienten klarmachen, daß er selber wird feststellen können, was alles ihm unterwegs von der einen zur anderen begegnen wird. - Bei der konkreten Anwendung des skizzierten Schemas sind der Kreativität der Therapeutin wie der Klientin keine Grenzen gesetzt.

Dazu nochmals zwei klinische Vignetten:
Über ein Jahr lang hat eine Analysandin immer wieder von ihrem peinlichen Unbehagen berichtet, das sie befällt, wenn sie sich den Blicken von Männern ausgesetzt fühlt. Zugleich erlebt sie sich so, als wäre sie überhaupt noch nie von jemandem wirklich gesehen worden. Sie spürt sich selber nie in ihrer wirklichen Statur - sie ist eine stattliche Frau -, sondern sehr viel dünner, wie wenn das Äußere ihres Körpers gar nicht zu ihr gehörte. In einer bestimmten Sitzung liegt sie nach einer recht anstrengenden Körperarbeit entspannt da. Als ich sie nach einer Weile anspreche, zieht sie das mir zugewandte Bein unvermittelt an, als müßte sie sich vor meinem Blick schützen. Sie bemerkt es selber und ist einverstanden mit dem Versuch, es ganz langsam wieder auszustrecken. Völlig verblüfft sagt sie darauf, sie fühle sich ganz anders in ihrem Körper; erstmals im Leben erlebe sie ihn wirklich vollständig und zu ihr gehörig. Sie hält es nicht bloß aus, von mir angeschaut zu werden, sondern findet es wohltuend, als sie selber, so wie sie ist, von mir gesehen und wahrgenommen zu werden.

Eine andere Patientin mit einer grauenhaften Vorgeschichte wiederholter Entwurzelung findet sich in einer Sitzung in einem ausweglosen Gemisch von Verlassenheitspanik und Resignation. Sie könne ja gut allein funktionieren, aber dann fühle sie sich wie leblos. Wenn sie aber mit irgendwem zusammen sei und ihre schutzbedürftige Seite angerührt werde, könne sie sich überhaupt nicht mehr vorstellen, allein weiterzuleben. Sie weiß um ihre Trennungsproblematik bestens Bescheid und sträubt sich meistens dagegen, sich darauf einzulassen. Nun deute ich ihr, zwischen ihrem Erleben von Verbundensein und dem Getrenntsein fehle ein Zwischenstück; niemand habe ihr seinerzeit helfen können, unerträgliche Beziehungsabbrüche erträglich zu machen und so allmählich zu lernen, wie man sich trennen und doch ganz bleiben kann. Würde sie sich getrauen, auszuprobieren, wie sie jetzt und hier aus einem Zustand von Verbundensein in einen von Getrenntsein gelangen könnte? Sie bejaht, und ich halte meine beiden Hände mit leichtem Druck nahe dem Boden an ihre linke Brustseite, während sie auf dem Rücken liegt. Nur ganz allmählich, mit minimalen Bewegungen von mir weg und zu mir zurück, löst sie sich schließlich aus meiner Berührung. Dabei wechselt ihr Ausdruck ständig: Sie kämpft mit sich. Dann sitzt sie auf und lächelt. Die jetzt empfundene Erleichterung war für sie vorher unvorstellbar. Es sei ihr wie ein Spiel vorgekommen, wo sie neue Wege im Umgang mit einem gefährlichen Gegenspieler herauszufinden hatte.

Was bewirkt nun eigentlich, daß überhaupt etwas in Bewegung kommt? Ist der Ursprung der Veränderung im psychischen Bereich zu suchen, wo inadäquate Vorstellungen hinterfragbar und dadurch neue Lösungsansätze denkbar geworden sind? Oder liegt er im Körperlichen, weil bisher vermiedene Wahrnehmungen zu veränderten Erfahrungen geführt haben? Das bioenergetische Axiom der psychophysischen Einheit sagt uns, daß es sich um eine Wechselwirkung handeln muß, deren Anteile nur künstlich herauszutrennen sind. Ein Wechselspiel zwischen Sinnenwelt und Vorstellungswelt, bei dem durch positive Rückkoppelung kurzfristig bedeutende Lernprozesse stattfinden können, die ihrerseits oftmals weitergehende psychosomatische Umstellungen nach sich ziehen. Dabei scheint es eine Rolle zu spielen, ob die allerersten Ansätze zur Veränderung fein genug sind, um nicht sogleich die gewohnten Abwehrvorgänge auszulösen. Energetisch betrachtet geht es darum, an den hochbesetzten Konfliktfronten vorbei geringe, aber wachsende Energiebeträge den konfliktfreien Ich-Anteilen mit ihren wachstumsorientierten und kreativen Potenzen zuzuführen, statt die Energien in die Suche nach kathartischen Abfuhrmöglichkeiten und deren unvermeidliche Bekämpfung zu investieren. Die vergleichsweise höhere Wirksamkeit solchen Vorgehens erklärt sich leicht aus der Tatsache, daß die neutralisierten, der Steuerung dienenden Anteile unserer Struktur mit viel geringeren Energien auskommen, und zwar physisch wie psychisch, als jene Strukturanteile, die im Dienste der Abwehr an der Triebfront gebunden sind. Der Stromverbrauch irgendeines elektronischen Steuergerätes im Verhältnis zu dem eines Tiefkühlaggregates könnte als Metapher dienen.

Bis jetzt haben wir Übergangsübungen als technische Hilfen vorgestellt, die in einigermaßen umschriebenen Widerstandssituationen einer Therapie erfolgreich anwendbar sind. Dabei fanden wir nichts Unerklärliches, auch wenn da und dort in den angeführten Beispielen das Ergebnis im Vergleich zum Aufwand überraschend groß erscheint. Nun kommt es aber vor, daß solche Übungen wirksam sind, ohne daß die skizzierten Zusammenhänge erkennbar werden.

Beispiel:

Einer meiner Patienten, gescheit und hochsensibel, kommt sichtlich verstört in die Übungsgruppe. Er befolgt meine Anweisungen automatenhaft ohne erkennbare persönliche Reaktion. Ich schlage der ganzen Gruppe als Übung vor, sie solle immerzu die gegenüberliegende Wand anschauen und dabei wiederholt zwischen genauem Hinsehen und passivem Aufnehmen wechseln. Nach der Übung, sie dauerte ungefähr 10 Minuten, sieht mein Patient wieder so lebendig aus wie sonst; der Augenkontakt und der differenzierte Körperausdruck während weiterer Übungen spielen wieder ungestört. Hinterher berichtet er mir, er habe während der Augenübung erlebt, wie er schrittweise wieder in seinen eigenen Körper gelangt sei.

Noch ein Beispiel:
Eine Klientin, die schon lange ihre Einzelanalyse beenden möchte, bekommt immer wieder Angstanfälle, die sie daran hindern. In den Sitzungen ist die Angst vor der Angst gegenwärtig, und sie verspannt sich dabei, obschon ihr die lebensgeschichtlichen Hintergründe der eigenen Befürchtungen längst bewußt sind. In einer solchen Anspannung willigt sie in ein Stück Körperarbeit ein, das ich ihr anbiete. Zuerst wärmt sie sich mit einigen anstrengenden Bewegungen auf und geht dann in den Liegestütz als Ausgangsstellung, Beine und Rumpf frei ausgestreckt. Jetzt läßt sie sich von den Beinen her sehr langsam gegen den Boden sinken, so daß zuerst die Knie, dann Becken, Bauch und Brust diesen berühren. Zuletzt liegt sie eine Weile entspannt da. Sie ist angstfrei und ruhig, auch über die Zeit der Sitzung hinaus.

In beiden Beispielen geht es darum, den Kontakt zwischen verschiedenen Anteilen einer Person wiederherzustellen, die unter dem Einfluß übergroßer Spannungen ihre Einheitlichkeit verloren hat. Der Mann in der Übungsgruppe schien mir fragmentiert, als sei er selber nicht mehr vorhanden, was mich an Spaltungsvorgänge und an ein beziehungsloses Nebeneinander denken ließ und zu jener Augenübung inspirierte, bei der beide Hirnhälften stimuliert werden, miteinander zu kommunizieren. Die Frau mit der Angst vor der Angst versuchte, ihre versagende Verdrängung durch eine zusätzliche Abwehrfront zu verstärken. Sie suggerierte mir Vorstellungen von übereinandergelagerten, gleichsam querlaufenden Schichtungen ihrer Abwehrstruktur und veranlaßte mich zum Vorschlag, sie könnte in der Längsrichtung mit ihrer Durchlässigkeit experimentieren. Ich weiß natürlich nicht, ob solche Überlegungen überhaupt etwas zu tun haben mit der offensichtlichen Wirkung der Übungen. Jedenfalls dienen sie mir als Hilfskonstruktionen für die Planung meiner Interventionen, und sie haben sich auch in anderen Fällen als nützlich erwiesen.

Noch immer bleibt offen, warum Übergangsübungen, die scheinbar nichts mit einer gegebenen therapeutischen Situation zu tun haben, nicht weniger leisten als solche, die genau auf diese Ausgangslage zugeschnitten sind. Und gerade das scheint nach meinen Erfahrungen, jedenfalls in Gruppen, eher die Regel als die Ausnahme zu sein.

Dazu nochmals eine klinische Illustration:
Die Patientin mit den Angstkrisen kommt eines Tages in akuter Panik zur Sitzung. Seit dem frühen Morgen befinde sie sich in diesem unaushaltbaren Zustand. Sie wagt kaum zu atmen; mit geweiteten Augen blickt sie unruhig umher. Keine Körperstellung ist erträglich genug, daß sie darin innehalten könnte. Als Notfallintervention, gleichsam um sie irgendwo festzuhalten und überhaupt zu erreichen, lade ich sie dazu ein, eine Hand intensiv zur Faust zu schließen und nach einer kleinen Weile ganz langsam und aufmerksam wieder zu öffnen. Im ersten Durchgang fühlt sie sich an vier verschiedenen Stellen behindert weiterzumachen. Sie ist einverstanden, diesen Stellen nochmals nachzugehen, um herauszufinden, was dort los sein könnte. Zu ihrer Verwunderung findet sie diese beim zweiten Versuch nicht wieder, und zugleich ist ihre Panik verschwunden. Sie fühlt sich ruhig und lebendig, links (wo sie mit der Hand gearbeitet hat) etwas mehr als rechts.

Wieder geht es um einen Zustand von Selbstverlust, von psychischer Desintegration. Die Bereitschaft, sich auf eine intensive, nicht voraussagbare Körpererfahrung zu konzentrieren, begrenzt die unbeherrschbare Fluchttendenz und erlaubt so wieder ein gewisses Ausmaß von Selbstwahrnehmung. Das konzeptuell atypische, nämlich unspezifische Beispiel ist geradezu typisch für die Mehrzahl der Übergangsübungen, mit denen ich bisher experimentiert und positive Erfahrungen gemacht habe. Wenn dem aber so ist, worin liegt dann das Prinzip ihrer Wirksamkeit?

Daß es ein solches Prinzip wirklich gäbe, ist nur ein Postulat. Bevor man daran gehen könnte, dafür Beweise zu suchen, brauchte man Hypothesen über seine Natur. Immerhin lassen klinische Erfahrungen von der Art der hier zitierten Beispiele es naheliegend erscheinen, nach spezifischen Wirkungsfaktoren zu fragen. Ich selber habe in meinen Therapiegruppen und Analysen darauf zu achten begonnen, wie oft bei Übergangsübungen und bei anderen bioenergetischen Interventionen Fehlschläge vorkommen. Auch ohne genaue Zahlen konstatierte ich, daß sich diese bei sonstigen Körperinterventionen in der mir bekannten Größenordnung hielten, während sie bei Übergangsübungen deutlich seltener waren. Steckt da nicht doch etwas dahinter, was nur dieser Art von Übungen eigen ist?

Bei der Suche nach Antworten stoße ich auf immer neue Fragen. Es kann doch sein, daß ich seltener danebengreife, wenn ich meine Klientin ihren Weg selber finden lasse, als wenn ich ihr eine Übung vorschlage, die möglicherweise mehr mit meinem eigenen als mit ihrem Körperleben zu tun hat. Bewirkt das den Unterschied? Oder ist es der behutsame Umgang mit ihren Widerständen, die ich dabei respektiere? Vielleicht spielt auch mein Interesse am Thema mit, wenn Übergangsübungen mehr ausrichten als andere. Vielleicht aber auch ein Interesse beim Klienten, das meine Aufforderung an ihn zu wecken vermag, er möge bei sich auf die Suche nach etwas noch Unbekanntem gehen, indem er eine nicht primär abschreckende Körpererfahrung zuhilfe nimmt. Schließlich kann für ihn ein Element von Hoffnung darin enthalten sein, wenn nicht gar etwas Raum für Neugier oder Kreativität. Überhaupt kann man davon ausgehen, daß eine Interventionstechnik wirksam sein müßte, die da noch anwendbar ist, wo andere zuviel Angst oder Widerstand auslösen.

Gibt es nicht noch spezifischere Faktoren zur Erklärung der Wirksamkeit? Ich denke an das Phänomen des Überganges als solches. Wenn ich im Laufe einer solchen Übung beginne, mich ganz auf das Wahrnehmen der Veränderung zu konzentrieren, trete ich aus dem gewohnten Rahmen meiner Selbstwahrnehmung ein wenig heraus. Was soeben am entstehen ist, wird für einen Augenblick wichtiger als das, was vorhanden ist. Indem ich meine Energie an den Punkt der Veränderung bringe, begebe ich mich für ganz kurze Zeit mit einem Stück meiner Form in Bewegung, die alsbald erneut zu Form wird (und nicht in erster Linie zu energetischer Entladung). Dieses Verständnis des Wandels hat Keleman tief ausgedeutet und zur Grundlage seiner Therapiemethode gemacht. Ich vermute, daß hier, in der genauen Erforschung der Vorgänge am Beginn einer Veränderung, erklärende Elemente für die Wirksamkeit von Übergangsübungen gefunden werden könnten.

Betrachten wir kurz das Erklärungsmodell der Psychoanalyse anhand des zitierten Beispiels meiner Analysandin, die anorektisch aus den Ferien zurückkam. Psychische Überforderung durch ein konfliktspezifisches Schrecktrauma während einer Therapieunterbrechung hatte ihre Abwehr mobilisiert, die sie schließlich in eine orale Regression zwang, die ihrerseits wieder unter Kontrolle gehalten werden mußte. In ihrer Übergangsübung zwischen liegender und sitzender Stellung konnte sie ihren Körper zunächst überhaupt nur sitzend wahrnehmen. Erst nach zusätzlicher Nackenarbeit im Liegen gelang es ihr auch dort. Aber sie erlebte sich völlig verschieden in der einen und in der anderen Position ohne mögliche Verbindung zwischen beiden. Vorübergehend waren in der Sitzung ganz real zwei verschiedene Personen anwesend, das hilfslos daliegende bedürftige Wesen und die erwachsene Frau, die dieses streng und gefühllos von sich wies. Daß die Analysandin schließlich wieder zu ihrer gewohnten Ausdrucksgestalt und Befindlichkeit zurückfand, ist analytisch betrachtet das Ergebnis übender Widerstandsarbeit, mit deren Hilfe die defensive Regression auf einen Fixierungspunkt der Triebentwicklung überwunden werden konnte. Ich meine, psychoanalytisches Konfliktverständnis sei hier, wie übrigens häufig, Voraussetzung für die erfolgreiche Intervention gewesen, gebe aber nicht eigentlich spezifische Erklärungen für deren Wirkungsweise her. Übende Verfahren gehören ja auch nicht explizit zum Instrumentarium der Analytiker.

Übergangsübungen sind bioenergetische Übungen. Sie geschehen über den Körper und sind als therapeutische Interventionstechnik auf ganzheitliche, psychosomatische Veränderungen hin ausgerichtet. Der primäre Bezugsrahmen ist die von Lowen ausgearbeitete Charakteranalyse. Aber sie scheinen seinem Grundsatz zu widersprechen, daß die therapeutische Arbeit an den blockierten Muskelsegmenten und am energetisch aufgeladenen Patienten an der Grenze zum Durchbruch zu geschehen habe. Lowen: „One can appreciate the reluctance of many therapists to bring patients to the breakthrough point because they fear the possible breakdown that may occur." Nun, Übergangsübungen sind ein wesentlich andersartiger Zugang bei identischer Problemstellung. Ihnen liegt nicht die Vermeidung, sondern eine etwas abweichende Auffassung energetischer Prozesse zugrunde. Interessanterweise geschieht es gar nicht selten, daß jemand am Ende einer Übergangsübung wohlig aufgeladen mit jenen Spontanbewegungen reagiert, die nach Lowen „vibrant health" bedeuten, einen Zustand von Wohlbefinden, der bei freiem Energiefluß zustandekomme. Dieser hypothetische Normalzustand eines Menschen ohne neurotische Panzerung ist eine Idealnorm. Ich persönlich kann mir nicht vorstellen, daß jemand über längere Zeit in einem Zustand hoher Ladung bei ungehindertem Energiefluß verbleiben kann, weil die Aufrechterhaltung der Homöostase nach außen und nach innen ununterbrochen Anpassungsleistungen erfordert. In meinem Verständnis hat ungestörte Normalität eher mit der Fähigkeit zu tun, andauernd zwischen verschiedenen Integrationsebenen und zwischen Form und Bewegung hin und her zu schwingen, um immer wieder, in weiten Grenzen, neues Gleichgewicht herstellen zu können. Hierbei scheint mir der Begriff der Übergänge von entscheidender Bedeutung. Bei blockierter Energie ist die Balance um eine mögliche Mittellage herum sehr eingeengt, und die Grenzen zum Unerträglichen sind bald erreicht. Das gilt im psychischen ebenso wie im physiologischen Bereich. Wird blockierte Energie freigesetzt, so können wieder in weiterem Umfang Veränderungen stattfinden, und Gleichgewicht - der dynamische Zustand alles Lebendigen - bedeutet dann eine viel größere Auswahl von Möglichkeiten, zwischen denen die

Zelle, der Organismus, die Person ohne Gefahr für das Wohlbefinden oszillieren kann. Je mehr an solchen Alternativen verfügbar ist, zwischen denen - stets innerhalb des Bereiches funktionierender Selbststeuerung - Übergänge möglich sind, desto anpassungsfähiger und vitaler ist ein lebendiger Organismus.

Möglicherweise sind die pulsierenden, wellenartigen und rhythmischen Erscheinungen, die zu aller lebenden Substanz gehören, sind die Schwingungen, die jedes Regelsystem charakterisieren, das sich selber steuern und somit Gleichgewicht herstellen kann, und sind die Übergänge zwischen verschiedenen Zuständen, von denen hier die Rede ist, Aspekte ein und desselben Phänomens, das wir Leben nennen und als solches doch nie ganz begreifen? Dann müßte es ein Kriterium von Lebendigkeit und von Gesundheit sein, zwischen vielen verschiedenen Entwicklungsniveaus, zwischen Bewußtseinszuständen und Graden von Aufmerksamkeit, zwischen unterschiedlichen körperlichen Befindlichkeiten wechseln oder gar wählen zu können.

Nur da, wo mehrere Möglichkeiten bestehen, gewinnen Begriffe wie Wahl, Entscheidung, Verantwortung, Freiheit oder Sinn ihre volle Bedeutung. Wenn wir mit dem Mittel erlebbarer Übergänge dazu beitragen können, daß ein Mensch fähiger wird, Veränderungen zuzulassen, so verhelfen wir ihm ganz direkt zu mehr Lebendigkeit. Die bioenergetische Analyse nimmt zu Recht für sich in Anspruch, daß sie über Körpererlebnisse tiefere und evidentere Einsichten zu vermitteln vermag, als dies durch verbale Deutungen allein möglich wäre. Dieser einleuchtende Qualitätssprung reicht nochmals weiter, wenn eine bisher fehlende Erkenntnis nicht von außen mitgeteilt, sondern auf dem Weg innerer Wahrnehmung bei sich selber entdeckt wird. Erinnern wir uns an das Staunen jener Analysandin, die sich auf einmal in einem nie gekannten Körpergefühl vorfand, nachdem sie das in Abwehr spontan angezogene Bein langsam gestreckt hatte. Solche Entdeckungen sind von unvergleichlicher Authentizität und daher nachhaltig wirksam; sie passen nicht mehr in den Kontext des Bisherigen und rufen ihrerseits nach weiterer Veränderung. Sie sind im Unterschied zu verbal übermittelten Einsichten gar nicht immer klar formulierbar - was gelegentlich ihre Aufarbeitung im therapeutischen Dialog erfordert -, scheinen aber unmittelbar das Selbstsystem zu beeinflussen. Vermutlich werden sie eher über die rechte Großhirnhemisphäre aufgenommen. Wenn wir, zum Beispiel im Verlauf einer Übergangsübung, in uns selber auf Erfahrungen treffen, die wir bis dahin ausklammern mußten oder für nicht möglich halten durften, so fühlen wir uns nie mehr ganz als dieselben wie zuvor: Das neue Element verlangt nach Einbezug durch

Veränderung unserer Vorstellung, wer wir sind. Akzeptierbar erlebte Veränderung hilft begreifen, daß die eigene, vielleicht mit Mühe aufrechterhaltene Selbstidentität nicht unwandelbar ist, und daß Lebendigsein andauernde Weiterentwicklung bedeutet.

Die Frage, ob etwas, und was allenfalls, an Übergangsübungen spezifisch wirksam ist, bleibt auch nach den angestellten Überlegungen offen. Andererseits kann man sich nach alledem wirklich fragen, wieso sie eigentlich nicht effizient sein sollten. Mein Anliegen war es, diesen interessanten Bereich technischer Möglichkeiten und die damit verbundenen Fragen vorzustellen und zu weiteren Erfahrungen damit anzuregen. Ganz zum Schluß eine simple Festellung: Aus dem fruchtbaren Boden des bioenergetischen Therapieansatzes werden natürlicherweise immer weitere Keime sprießen. Erst später wird sich erweisen, was davon eingeht, was sich vermehrt, was ausgetilgt wurde oder sich nicht mehr austilgen läßt. Was lebendig ist, wächst und verändert sich immerzu.

Literatur

Hilton, R.: *General Dynamics of Character Structure Development and the Therapeutic Process,* in: Cassius, J. et al.: *Horizons in Bioenergetics,* Memphis 1980, p. 190.

Lowen, A.: *Thoughts on Bioenergetic Analysis,* in: *„Current Psychotherapies"* by Raymond J. Corsini and Danny Wedding. Zit. aus: *The International Institute for Bioenergetic Analysis;* Newsletter Vol. 12 Nr. 2.

„Ich kann nicht glauben, daß mir das jemals geschehen ist.“
Das Erkennen und Durcharbeiten unaufgelöster Schock-Zustände

Sander Kirsch

Einführung

Meryls erster Besuch

Als Meryl zum erstenmal zu mir kam, wußte ich, daß dies eine schwierige Therapie werden würde. Aber ich fand ihre Lebhaftigkeit und ihre flüssige Konversation sympathisch und sehr interessant. Sie war weltgewandt, hatte an vielen Orten in Europa und den Vereinigten Staaten gelebt und gearbeitet und sprach fünf Sprachen - einige davon fließend. Sie war geschieden und lebte allein mit ihren beiden Kindern, die sich in der Pubertät befanden. Da war also ihre Arbeit, und da waren ihre Kinder: das war ihr Leben. Probleme gab es hier immer, und für etwas anderes war keine Zeit.

Körperlich war Meryl eher übergewichtig. Ihre Probleme schienen sich schwer auf sie gelegt zu haben. Sie sah älter aus als die 40 Jahre, die sie zählte. Ihre Stimme erschien mir voll. Ich fragte mich, wo in ihrem ausdruckslosen Körper diese Stimme wohl entstand. Sie war korrekt angezogen, sah aber gleichzeitig etwas vernachlässigt aus.

Von Anfang an gab es eine starke Angst vor Intimität. Sie hatte sehr umsichtig nach „ihrem“ Therapeuten für „Bioenergetik“ gesucht, mir nahestehende Kollegen gefragt und meinen ganzen beruflichen Stammbaum rekonstruiert, bevor sie mich überhaupt anrief. Als ich mich im Vorgespräch nach vorn beugte, verstärkte sich der Fluß ihrer Worte automatisch, so als ob sie mich damit wegdrücken wollte. Wenn ich ihr eine Frage stellte oder eine Interpretation machte, die ihr zu nahe kam, wechselte sie das Thema schneller als ich mit dem Auge blinzeln konnte.

Hätte ich sie fünf Jahre früher getroffen, wäre meine Diagnose falsch gewesen. Die Schwere, die Last, die Frage der Intimität deuteten sowohl in der körperlichen Präsentation als auch in der Art des Sich-Beziehens auf eine masochistische Struktur hin, aber das charakteristische Jammern fehlte in ihrer Stimme. Der Strom der Worte, das Wechseln von einem Thema zum anderen, der Mangel an Sorgfalt ihrer körperlichen Erscheinung gegenüber und eine Art panische Atmosphäre um sie herum verwiesen eher auf eine schizoide Struktur. Aber keine dieser ersten diagnostischen Hypothesen paßten auf das, was Meryl mir präsentierte. Ich entschied mich also weiterzusuchen.

Ich bat sie um eine detaillierte und systematische Entwicklungsgeschichte. Das war nicht einfach, weil ich sie führen und deshalb ihren beständigen „Wort-Ausfluß" einschränken mußte. Meryl hatte 40 Jahre Flucht hinter sich, Flucht vor einer Abfolge von sich ständig wiederholenden Katastrophen. Diese Katastrophen überrollten sie wie das sprichwörtliche Wasser den Schwanz einer Ente. Und ihre Geschichte überschwemmte auch mich. Mein Kopf drehte sich, dann verkrampften sich meine Eingeweide, und schließlich war ich nur noch dumpf. Endlich lachte ich mit Meryl, so unangemessen sie auch über all die Schreckensgeschichten scherzte, die sie überlebt hatte.

Durch diese angeleitete Erforschung ihrer persönlichen Geschichte konnte ich die mannigfaltige und überwältigende Anzahl von Elementen, die mir Meryl präsentierte, zu einer kohärenten diagnostischen Hypothese zusammenfügen, die zur wichtigsten Leitlinie unserer Arbeit wurde: Meryl befand sich in einem unaufgelösten Schock-Zustand - und das seit Jahren. Unsere Arbeit mußte also eine diffizile Rekonstruktion der vielen verschiedenen Schock-Ereignisse ihres Lebens sein, damit wir schließlich an das ursprüngliche Muster herankommen konnten, das die Struktur ihrer Persönlichkeit eingefroren hatte und ihr nicht erlaubte, ihr gegenwärtiges Leben frei zu leben.

Was ist Schock?[1]

Zunächst: Schock ist ein völlig natürliches Phänomen. Schock ist einer der schönen Wege der Natur, uns durch unmögliche Situationen in unserem Leben zu führen, die wir sonst niemals überlebt hätten. Wenn jemand einen Schock erleidet, unterliegt er[2] einem Ereignis oder einer Anhäufung von Ereignissen bzw. Streß-Situationen, die so stark sind, daß er mit ihnen nicht mit Hilfe der üblichen Freudianischen Abwehrmechanismen umgehen kann. Schock ist eine *physiologische*, keine *psychologische* Abwehr. Das Überleben selbst wurde bedroht. Obwohl die primitiven psychodynamischen Abwehrmechanismen der Spaltung und Verleugnung immer in Klienten mit unaufgelösten Schock-Zuständen gefunden werden, reichen die psychodynamischen Modelle nicht aus, um die Tiefe der Traumatisierung oder die notwendigen therapeutischen Prozesse für ihre Durcharbeitung zu erklären. Es ist sehr wichtig, diesen Unterschied zu betonen, weil unaufgelöste Schock-Zustände nicht auf die gleiche Art durchgearbeitet werden können, wie andere psychologische Traumata. Sie brauchen eine spezielle Form der *Schock-Zustands-Analyse*.

Die natürliche Geschichte eines Schock-Ereignisses

Bei der natürlichen Geschichte eines Schock-Ereignisses können wir drei Phasen feststellen:

- Einwirkung / Anprallen
- Rückstoß / Zurückprallen
- Erholung

Einwirkung / Anprallen

In der Anprall-Phase wird die Person zum ersten Mal von dem überwältigenden Ereignis „geschlagen" und überflutet. Sie verliert den Kontakt mit ihrem üblichen primären Abwehrsystem und fällt auf ein Überlebens-System zurück.

In dem theoretischen Modell, das ich für die Schockarbeit entwickelt habe, beginne ich mit der Hypothese, daß ein Mensch den Kontakt mit seinem höheren, mentalen Verarbeitungs-System, dem cerebralen Cortex (dem Großhirn, einem polarisierten neurologischen System), verloren hat und sich instinktiv auf ein primitiveres, animalisch-neurologisches Funktionieren zurückzieht. Es ähnelt einem unpolarisierten Netzwerk der Nerven, wie es in prävertebralen Spezies vorgefunden wird. In diesem Moment reagiert die Person ohne Denken, sie handelt - umgangssprachlich ausgedrückt - aus dem „Bauch". Diese Reaktionen laufen viel schneller ab, als es jemals möglich wäre, wenn die Person darüber nachdenken würde, was mit ihr geschieht. Die Geschwindigkeit ist wesentlich höher als bei irgendeiner bewußten, unterbewußten oder reflex-neurologischen Funktion. Die Reaktion wird nicht von subjektiven Gefühlen behindert.

Viele Menschen, die Unfälle oder Katastrophen durchlebt haben, beschreiben dies so: „Und dann passierte es. Ich war da, aber ich weiß nicht, wie es geschah; aber jetzt bin ich hier".[3] In dieser Phase findet ein Verlust der Aufmerksamkeit, der Erinnerung und der emotionalen Reaktion statt. Alle Kräfte der Person sind voll auf das Überleben gerichtet.

Rückstoß / Zurückprallen

In der Rückprall-Phase verfügt die Person über etwas mehr emotionalen Ausdruck. Eine gewisse Einsicht in das, was geschehen ist, kehrt zurück. Üblicherweise stellt sich allmählich ein Bewußtsein der Geschehnisse ein, und auch der Zusammenbruch der normalen Verhaltensmuster kann erinnert werden.

Stellen Sie sich vor, Sie befinden sich inmitten eines fürchterlichen Unfalls, zerfetzte und tote Menschen liegen um Sie herum. Wenn Sie realisierten, wie fürchterlich dieser Unfall ist, würden Sie wahrscheinlich von dem Gefühl überwältigt, daß Sie aus dieser Gefahr niemals fliehen können. Wenn Sie stattdessen keinen Kontakt mit dem um Sie herum bestehenden Horror haben, ist ihre Chance wesentlich größer davonzukommen. Sie sehen, warum Schock einer der erstaunlichsten Überlebensmechanismen der Natur ist.

Das Wort Rückstoß/Rückprall hat mit dem Abschießen eines Gewehrs zu tun. Die Kugel wird abgefeuert und schießt aus dem Lauf. Der Rückstoß läßt das Gewehr an Ihre Schulter zurückprallen. Die erste Aktion bewegt sich also auf die Außenwelt, der Rückschlag auf Sie selbst zu.

Erholung
In der dritten Phase, der Erholungs- oder posttraumatischen Phase, beginnt die Person zu integrieren, was geschehen ist. In der Erholungsphase tritt sie aktiv aus dem akuten Schock-Zustand heraus. Sie erinnert sich voll an das Ereignis und muß darüber sprechen können. Sie erlebt emotionale Reaktionen und muß das, was sie zur Zeit des Schocks nicht ausdrücken konnte, abreagieren dürfen. Es kommt vielleicht zu „hysterischen" Reaktionen, auch wenn die Person sich bis dahin extrem kontrolliert hat - gewöhnlich ist bis zu dieser Phase jeder Affekt-Ausdruck stark reduziert. Nun begreift der betroffene Mensch, was ihm geschehen ist und welche Gefahren er durchgestanden hat. Mit der Zeit und der Möglichkeit, die verschiedenen Stufen des traumatisierenden Ereignisses wiederzubeleben, darüber zu sprechen und sie zu integrieren, verblaßt allmählich die akute Schock-Reaktion, und die Person wird zu ihrem alltäglichen Leben mit wenigen oder gar keinen Narben zurückkehren können. Wenn dieser natürliche Prozeß nicht ablaufen kann, werden die akuten Schock-Zustände chronisch.

Was ist ein unaufgelöster Schock-Zustand?

Ist jedoch keine Auflösung des akuten Schock-Zustandes möglich, dann wird die Schock-Reaktion chronisch; chronisch auf ähnliche Weise, wie die Schulmedizin zwischen akuten und chronischen körperlichen Krankheiten unterscheidet: Die Person wird durch minder schwere Symptome belastet und in ihren Alltagsfunktionen behindert. Tatsächlich liegen fast immer unerklärliche kleinere physische Symptome vor, die auf einen chronischem Schock hinweisen.

In den meisten Fällen sind jedoch die psychologischen Manifestationen am ausgeprägtesten. Ihre Bearbeitung erfordert einen umfassenden und sehr spezifischen therapeutischen Prozeß. Das Schock-Ereignis bzw. die Schock-Ereignisse und ihre Auswirkungen wurden mit einer Intensität verleugnet und vergessen, die weit über die normale Verdrängung hinausgeht. Die Lebensgeschichte wird derart vom Geschehenen beeinflußt, daß es mir angemessen erscheint, die Diagnose „unaufgelöster Schock-Zustand"[4] zu nennen. Patienten, die sich vage darüber im klaren sind, was geschah, erzählen meist folgendes: „Alles war wunderbar, dann geschah etwas, und seitdem ist nichts mehr dasselbe."

Der Schock ist in der Medizin seit 1879 bekannt. Er wurde bei Operationen auf einen traumatischen Verlust von Körperflüssigkeiten bezogen, der zu einem Zusammenbruch des cardio-vasculären Systems führte.[5] Freud selbst führte Explosions-Schocks im Ersten Weltkrieg als Beweis für seine Theorie an, daß Lebensereignisse Neurosen erzeugen. Er postulierte jedoch keine spezifischen Behandlungs-Strategien.

Holmes (1967) und Selye (1976) zeigten, wie Streß und die Akkumulation von Streß verantwortlich für psychologische Dysfunktionen sein kann. Posttraumatische Streß-Störungen (PTSD) sind seit dem DSM III (*Diagnostisches und statistisches Manual für mentale Störungen*, 1980) eine diagnostische psychiatrische Kategorie. Absicht dieses Artikels ist es, das Schock-Syndrom, seine Diagnose und Durcharbeitung in einem analytischen psychotherapeutischen Kontext zu beschreiben, der auch körperliche Manifestationen berücksichtigt.

Meryls Symptome

Meryl hatte viele Symptome. Seit Jahren konsultierte sie Spezialisten, und einige von ihnen gehörten tatsächlich inzwischen zu ihren besten Freunden. Die körperlichen Symptome zeigten, daß irgend etwas nicht stimmte. Ihre Variabilität sowie das Fehlen einer eindeutig diagnostizierbaren Krankheit hatte jedoch die Schulmediziner ständig verwirrt. Die Symptome waren deutlich erkennbar, und Meryl litt tief: Ekzeme, heftige Eingeweidekrämpfe, Durchfall, Schlaflosigkeit, Übelkeit, schwache Knieligamente, Gelenkschmerzen, Fettleibigkeit.

Röntgenbild, Echographie, Bluttest usw. waren immer negativ oder zeigten normale Befunde. Sie litt an sogenannten „funktionellen Störungen"; organische Störungen konnten nicht entdeckt werden. Das Spektrum der Spezialisten war naturgemäß sehr umfangreich. Jeder verschrieb ihr eine Behandlung, die für kurze Zeit ein wenig half. Die einzige immer wieder auftauchende Diagnose war: „Zu viel Streß und zu viel Gewicht".

Im Hinblick auf ihren Lebensstil traten bestimmte Elemente in den Vordergrund. Sie hatte immer Partner ausgewählt, die sehr viel forderten, ihre mannigfaltigen Fähigkeiten bis zum letzten ausbeuteten und sie sowohl physisch als auch emotional mißbrauchten. Sie war ständig überarbeitet, sowohl von der Stundenzahl als auch von ihren ausufernden Verantwortlichkeiten her. Dennoch verfügte sie nie über genügend Geld und mußte sich ständig neu verschulden, um ihre alten Schulden zu begleichen.

Warum kommen heutzutage so viele Schock-Fälle vor?

Bei etwa einem Drittel meiner gegenwärtigen Klienten ist ein unaufgelöster Schock-Zustand die primäre Komponente ihrer Persönlichkeitsstörung. Ich beziehe diese hohe Zahl auf eine veränderte Kultursituation, in der Institutionen wichtiger geworden sind als Individuen.

Auf zwei Arten ist unsere Kultur eine Schock-Kultur geworden. Ihre höchst technologische Orientierung zwingt die Menschen, sich von Geburt an einer feindlichen Maschinen-ähnlichen Umgebung zu unterwerfen. Seit Einführung wissenschaftlicher Methoden der Kindererziehung und medizinischer Versorgung wurde das Bedürfnis nach einer grundlegenden Verbindung zwischen dem Kind und einer nährenden Umgebung immer mehr ignoriert. Die Vorstellung, daß das menschliche Säugetier-Kind in einen verletzlichen und höchst abhängigen Zustand hineingeboren wird, ist fast völlig verloren gegangen. Es muß eine lange Übergangsphase in einem extrauterinen Umfeld durchleben, nachdem die ursprüngliche intrauterine Umgebung nicht mehr angemessen die weitere kindliche Entwicklung unterstützen konnte. Zum Geburtsschmerz gesellt sich der Schock, zu schnell in einer Welt aufwachsen zu müssen, in der die Erwachsenen oft noch nicht reif genug sind, das Heranwachsen ihrer Kinder zu beschützen und zu fördern.

Viele unserer Klienten wurden als Kinder mit körperlichen und psychologischen Streßfaktoren überladen und zu wenig geschützt. Die gleiche Situation finden wir heute bei vielen Kindern, deren noch verdeckter Zusammenbruch in verwirrten Handlungen und ihrer Unfähigkeit, zu spielen und zu lernen, deutlich wird. Die Schock-Kultur packt unsere Kinder mit heftigen Stimulationsformen: Musik, Lärm, Gewalt, Fernsehen usw. Man sieht diese überwältigenden Stimulationen als „normal" an, weil Menschen in unaufgelösten Schock-Situationen von anderen Menschen erwarten, daß sie auf die selbe Art funktionieren wie sie selbst. Menschen in unaufgelösten Schock-Zuständen haben kaum Empathie, kaum Mitgefühl. Ihre Fähigkeit, zwischen sich selbst und anderen zu unterscheiden, ist stark herabgesetzt.[6]

Meryl konnte viele Stunden arbeiten. Sie stand manchmal vor 6 Uhr morgens auf, um irgendwo etwas abzuliefern, damit sie schneller war als die Post. Danach arbeitete sie den ganzen Tag, tat „hundert" verschiedene Dinge und fuhr dann in eine andere Stadt, um eine Verabredung am Abend einzuhalten. Sie ärgerte sich über ihre Kollegen und deren „lahme" Arbeitsweise, ihre Faulheit und Inkompetenz. Sie war unfähig zu erkennen, wie sehr sie selbst von einer dämonischen Kraft angetrieben wurde, die ihr keine Zeit ließ, einfach zu leben, zu entspannen, sich auszuruhen und Freude zu haben.

Wenn Sie Erfahrung darin haben, Zeichen eines Schock-Zustandes zu erkennen, werden Sie erstaunt über die Anzahl von Leuten sein - zu beobachten z.B. im Fernsehen -, die körperliche Zeichen eines unaufgelösten Schocks zeigen, seien dies nun Nachrichtensprecher, Talkmaster, Unterhalter oder Führungskräfte in der Regierung, in der Industrie oder im Sozialdienst.

Ein weiterer Grund für die Stimulation unaufgelöster Schock-Zustände in unserer Kultur ist mit der massiven Abwehr von Erholungsphasen gegeben. Ohne diese wichtige Phase der natürlichen Absorption eines Schock-Ereignisses kann dieses nicht erfolgreich aufgelöst werden. Unsere Kultur hat kaum Orte für die Durcharbeitung von emotionalen Ereignissen. Man erwartet von uns, katastrophale Erfahrungen rasch wegzustecken und uns ohne Folgen wieder ins „normale" Leben zu integrieren. Die Schock-Opfer sollen „lieber vergessen" und alle Erinnerungen an die schwierige Erfahrung blockieren, statt sie durchzuarbeiten und aufzulösen.

Hat jemand Schwierigkeiten, aus einem akuten Schock herauszukommen, behandelt man ihn medizinisch, zuerst mit Beruhigungsmitteln, dann mit Antidepressiva. In persönlichen und sogar in vielen therapeutischen Beziehungen gibt es nur wenig Raum und Zeit für Diskussion, für Erinnerung und begleitende intensive emotionale Abreaktion, die einem Menschen helfen kann zu verstehen, was ihm geschah, und ein Gefühl dafür zu finden, wie er sein Leben lebenswert weiterführen kann.

Es ist offensichtlich, daß Eltern, sonstige Familienmitglieder, Freunde und Therapeuten nicht fähig sind, andere zu begleiten, wenn sie selbst überladen sind und/oder sich selbst in unaufgelösten Schock-Zuständen befinden. Statt dessen werden mechanische Sprüche angeboten wie: „Es ist nun vorbei und du solltest es vergessen". „Du brauchst jetzt keine Angst mehr zu haben". „Hör' endlich auf damit, all die Dinge aufzuwärmen". „Du mußt jetzt nicht mehr weinen, es ist ja alles vorbei". „Reiß' dich zusammen". Kindern wird gesagt, sie sollten sich endlich „erwachsen" benehmen. Das „Wiederaufwärmen" ist jedoch gerade der Weg, wie Schock-Opfer das, was geschah, integrieren können. Nur halten die meisten Menschen in unserer Kultur es nicht aus zuzuhören, weil dies ihre eigenen unaufgelösten Schock-Zustände stimuliert.

Um eine psychologische Re-Integration zu erreichen, muß sich ein Schock-Opfer wieder mit seinen körperlichen Erfahrungen, Empfindungen und Emotionen, die es von seinen Gefühlen abgeschnitten hat, verbinden. In der Erholungsphase findet eine Integration der physiologischen und emotionalen Erfahrung mitsamt ihrer symbolischen Bedeutung statt. Diese Integration führt zu einer erneuten Ausbalancierung der Ausschüttungsspitzen der Adrenalin-Sekretion, die die Person befähigten, jene übermenschlichen Kräfte zu mobilisieren, die notwendig waren, um die Katastrophe zu überwinden. Ohne diese physiologische und psychologische Erholung verbleibt der Mensch in einer hormonellen Streß-Ökonomie, die sein weiteres Leben beeinflussen wird. Nur wenn der Schock-Zustands-Haushalt aufgelöst wird, kann die Person ihre emotionalen Schwierigkeiten auf die ihrer psychischen Struktur angemessene Art angehen.

Der Mangel an Unterstützung in der Erholungsphase ist genau das, was so vielen unserer Klienten widerfuhr, die traumatische Ereignisse, körperliche Gewalt, Überfälle, Vergewaltigungen oder andere fürchterliche Situationen erlitten haben, die nun in ihnen aufgestaut sind. Durch die Isolation lernten sie, niemandem zu trauen. Sie müssen deshalb immer wieder einen Aspekt des ursprünglichen Ereignisses wiederholen. Dies ist der verzweifelte Versuch, ihr gegenwärtiges Leben aus dem Zugriff des Schocks zu befreien. Auch Therapeuten befinden sich oft in unaufgelösten Schock-Zuständen

Wenn Sie in einer Kultur aufgewachsen sind, die das Bedürfnis von Menschen nicht anerkennt, ein Schock-Trauma durchzuarbeiten, um sich von ihm zu erholen, werden Sie höchstwahrscheinlich ein Therapeut sein, der sich seines eigenen unaufgelösten Schock-Zustandes nicht bewußt ist. Dementsprechend werden Sie diesen Teil eines therapeutischen Prozesses behindern. Der Mangel an Erkenntnis und Erfahrung ist zu einem extrem wichtigen professionellen Problem geworden. Der erste Schritt, um eine entsprechende Diagnose bei anderen stellen zu können, ist die schmerzhafte Sensibilisierung der Wahrnehmung der gefrorenen Zustände in Ihnen selbst. Deshalb geht es bei meinen Ausbildungen zu diesem Thema immer zuerst um die Entdeckung von Schock-Zuständen im Therapeuten-Selbst.

Die Diagnose eines unaufgelösten Schock-Zustandes

Bedeutung

Wenn ein Klient unter einem unaufgelösten Schock-Zustand leidet, ist dieser der dominierende strukturierende Ausgangspunkt für seine Persönlichkeit, und solange er nicht diagnostiziert und behandelt wird, behindert er jeden therapeutischen Fortschritt. Sie können natürlich viele therapeutische Interventionen anwenden, und es kann zu Ergebnissen kommen, die gut erscheinen, aber die Arbeit wird sich doch nur im Kreise drehen. Nur wenn der unaufgelöste Schock-Zustand bearbeitet wird, kann der therapeutische Prozeß wirklich vorankommen.

Ich betone diesen Punkt, denn ich habe Fälle gesehen, wo Klient und Therapeut jahrelang hart arbeiteten und dennoch kein wirklicher Fortschritt zustande kam. Zu diesem Klima gegenseitiger Entmutigung paßte oft die Schock-Diagnose. Als die Arbeit am Schock-Zustand anfing, begann auch der therapeutische Prozeß. Er wurde erlebt, das Arbeitsbündnis wurde klarer, Empfindungen und emotionaler Ausdruck offensichtlich, hochgeladene Bilder erschienen, Assoziationen und Träume fingen an. Der Klient arbeitete nun auch zwischen den Sitzungen weiter, anstatt die Kontinuität des Prozesses ständig abzuschneiden, und der Therapeut fühlte nicht länger, daß er allein die Therapie trug. Wenn ein Schock-Zustand offensichtlich wird, ist er fast immer das erste diagnostische Thema, das im therapeutischen Prozeß angesprochen werden muß. Es gibt einige Ausnahmen, die ich später erwähnen werde.

Wenn Schock-Zustände erst in einer späteren Therapiephase angegangen werden, liegt das meist daran, daß der Therapeut ihre Existenz nicht früher erkannt hat oder nicht fähig gewesen ist, mit ihnen umzugehen. Ein unerfahrener Therapeut wartet oft damit, den Schock-Zustand anzusprechen, weil er sich der therapeutischen Allianz unsicher ist. Er braucht viel Rückversicherung, bevor er sich fähig fühlt, den Schock-Zustand zu konfrontieren, der einer massiven unberührbaren Abwehrwand ähnelt. Er hat Angst vor den Attacken oder der scheinbaren Schwäche des Klienten, oder er fühlt sich durch unerklärbare Kräfte in der therapeutischen Beziehung paralysiert. Wenn Sie sicherer in der Diagnose unaufgelöster Schock-Zustände geworden sind, können Sie auch die entsprechende Durcharbeitung früh in der Therapie beginnen, indem sie den Sinn und die Prozeduren dieses Ansatzes erklären.

Heute stelle ich meine Hypothese bereits in den einführenden diagnostischen Sitzungen auf und diskutiere die therapeutischen Prozeduren sofort mit den Klienten. Diese unterscheiden sich von anderen: Das Arbeitsbündnis ist anders und die Arbeits-Intensität sehr hoch. Der Durcharbeitungs-Prozeß folgt anderen Phasen. Es ist erstaunlich, wie schnell das Material auftaucht und durchgearbeitet werden kann, wenn die Diagnose von Beginn an gelingt.

Diagnostische Schlüssel für unaufgelöste Schock-Zustände
Auf der physischen Ebene
Die Zeichen sind hauptsächlich Folgen übriggebliebener körperlicher Reaktionen aus der Anprall-Stufe. Menschen in unaufgelösten Schock-Zuständen scheinen „nicht da zu sein". Sie drücken kaum Affekte und Emotionen aus. Manche Personen machen jedoch eine Ausnahme, sie sind übermäßig ausdrucksstark und emotional, sozusagen „hysterisch".

Der Körper hat etwas Zurückgezogenes. Er kann kalt sein und eine weißliche oder leicht graue Hautfarbe mit einer gedämpften, gelblichen oder grünlichen Farbausstrahlung haben. Es gibt keinen spezifischen Schock-Körpertyp. Wir sollten jedoch verschiedene Körpersegmente auf charakteristische Indikationen eines unaufgelösten Schock-Zustandes prüfen.

Der Stirn fehlt jede Ausdruckskraft. Sie ist flach, ohne Bewegung und ohne Ausstrahlung. Die Augen sind ausdruckslos, es fehlt der Fokus. Der Blick ist distanziert und dumpf, leer, aber nicht hart, er ist nicht dissoziiert oder in Panik wie beim Schizoiden. Es ist nicht der erschreckte Blick. Diese Augen können einfach nicht herausfinden, was geschehen ist, sie können die Emotion nicht fassen. Sind die Augen fokussiert, scheint die Person über Ihre Schultern hinweg in die Ferne zu blicken. Dem Gesicht fehlt der Tonus, aber gleichzeitig ist der Kiefer in einer chronischen, fast nicht wahrnehmbaren, tiefen Anspannung verkrampft

Die Stimme ist flach, mit wenigen oder keinen affektiven Intonationen. Sie hat nur geringes Volumen. Oft ist sie schwer zu verstehen, weil die Diktion nicht klar ist. Oder, wenn die Person redegewandt ist, fehlen im Wortfluß die metalinguistischen Zeichen, so daß wir uns im Wortstrom verlieren und nicht unterscheiden können, was in all dem, was ausgedrückt wird, wichtig ist.

Die Kehl-Muskeln stehen unter Spannung. Die Atmung ist minimal, flach, unspontan, und sie verläuft oft mit langen Pausen. Weil der Atemrhythmus ein wichtiger metalinguistischer Kontakthinweis im Kommunikationsprozeß ist, kann die Mangel-Atmung des Klienten den Therapeuten unmerklich in eine sehr unangenehme Situation bringen. Stimmt er sich nämlich unbewußt auf den verlangsamten Atemrhythmus ein, dann gerät er in eine physiologische Depression, die sehr anstrengend werden kann.

Dem oberen Teil der Brust fehlt es genauso wie der Stirn an Ausdruck. Er sieht aus wie eine „schlaffe Platte".

Bauch und Becken zeigen hauptsächlich mechanische Bewegungen. Gewöhnlich ist die Person inaktiv. Ist sie jedoch aktiv, sind die Bewegungen nicht mit den beabsichtigten Handlungen verbunden. Sie sind hauptsächlich aufgabenorientiert. Die an Stirn und Brust beobachteten Abflachungen finden wir auch im Unterbauch. Diese äußerlichen Flachheiten korrespondieren mit dem Zustand von Zwerchfell und Beckenboden. Normalerweise sollten die Diaphragmen wie die Häute einer Trommel in korrespondierender Resonanz stehen. Bei Schock-Klienten ist die Bewegung gering und die Resonanz fehlt. Die Amplitude der Resonanz ist ein Zeichen für die physiologische Aktivität eines Menschen. Bei Menschen in unaufgelösten Schock-Zuständen ist sie eines der grundlegenden Signale im Bereich physiologischer Störungen.

Die mechanische Qualität der Beckenbewegungen setzt sich in den Beinen fort. Noch einmal: Der Klient kann athletisch oder schlaff sein; es kommt nicht darauf an, *ob* er sich bewegt, sondern *wie* er sich bewegt. Die *Art* seiner Bewegung zeigt einen unaufgelösten Schock-Zustand an.

Zur Person

Ein Klient mit einem unaufgelösten Schock-Zustand ist oft müde. Er hat eine schwache Gesundheit ohne wirkliche klinische Anzeichen. Er kann kaum mit Streß-Situationen umgehen, er vermeidet sie und kollabiert, wenn er ihnen ausgesetzt ist. Weil er jedoch in einem chronischen Wiederholungszwang verfangen ist, findet er sich ständig in streßbelasteten Situationen wieder, ohne zu wissen, wie er hineingekommen ist oder wie er herauskommen kann. Er ist kraftlos und hilflos. Gerät er in der Therapie in eine körperliche oder emotionale Streß-Situation, kollabiert er oder verfällt in Schock. Der Stoffwechsel und die psychologischen Funktionsebenen sind überanstrengt. Er verfügt über keine weiteren physiologischen oder emotionalen Hilfskräfte, um weitere Überforderung zu bewältigen. Wird er überflutet, fällt er in den Schock zurück. Das passiert sogar im therapeutischen Setting.

Zum therapeutischen Prozeß

Die Therapie mit einem Klienten in einem unaufgelösten Schock-Zustand dreht sich anscheinend ewig im Kreise. Wichtige Themen werden berührt und bearbeitet, aber später erscheinen sie wieder, als ob sie niemals angesprochen worden seien. Die Therapie scheint keine Richtung zu haben. Wenn Sie glauben, es hätte wesentliche Veränderungen gegeben, kehren alte Symptome und Klagen zurück. Ist das Gefühl dieses Sich-im-Kreise-Drehens nicht da, scheint die Therapie still zu stehen. Die einen sind an der Oberfläche sehr kooperativ, aber nie wirklich engagiert, die anderen verwickeln Sie in ständige Machtspiele: „Sie *wollen* sich nicht bewegen", „Sie tun *es* absichtlich".

Gegenübertragung
Es gibt einige Gegenübertragungs-Reaktionen, die oft erscheinen, wenn Sie mit einem Klienten arbeiten, der sich in einem unaufgelösten Schock-Zustand befindet. Wenn Sie mit ihm in der therapeutischen Beziehung Kontakt suchen, haben Sie das Gefühl, daß keine Verbindung zustande kommt. Es mag Ihnen scheinen, als ob kein Austausch stattfände. Sie neigen zu der Überzeugung, daß keine rechte Zusammenarbeit besteht. Vielleicht verwenden Sie viel Zeit darauf, sicher zu gehen, daß das Arbeitsbündnis gut ist. Ihre Anstrengungen werden jedoch mißlingen, weil sich die Person in einem unaufgelösten Schock-Zustand befindet. Bis dieser nicht einigermaßen gelöst ist, werden sich die Arbeitsbedingungen nicht verbessern.

Wenn der Klient nichts sagt und Sie das Schweigen irgendwann unterbrechen, ist er oft erstaunt, so als ob er aus dem Schlaf erwachte oder von weit her zurückkäme. Stoppen Sie andererseits seinen unablässigen Wortstrom, rutscht er oft in einen Schock und ist unfähig weiterzusprechen. Er findet nicht mehr den Faden seiner Worte oder ihre Bedeutung. Alle diese Reaktionen sind für Sie als Therapeut sehr frustrierend. Vielleicht werden Sie aggressiv, Sie beginnen die Ernsthaftigkeit des Klienten in Zweifel zu ziehen, Sie fühlen sich von ihm manipuliert.

Bei der Arbeit mit Schock Klienten baut sich in Ihnen mehr als die übliche psychologische Angst auf. Sie fühlen sich allmählich unwohl vor und gelähmt während der Sitzungen, ausgesogen, irgendwie weggewischt, ohne eindeutig zu wissen warum.

Welche Ereignisse können unaufgelöste Schock-Zustände erzeugen?

Es gibt drei Erfahrungsarten, die Schock-Zustände erzeugen können:
- Körperliche oder medizinische Traumata oder Krankheiten
- Emotionale Traumata
- Streß

Kann die Erholungsphase nach einer traumatischen Erfahrung nicht durchlebt werden, dann ist die Wahrscheinlichkeit groß, daß sich ein unaufgelöster Schock-Zustand entwickelt. Üblicherweise sind sich Klienten, die in die Therapie kommen, keiner Schock-Ereignisse bewußt. Gibt es dennoch eine gewisse Bewußtheit hinsichtlich eines traumatischen Ereignisses, dann wird fast immer geleugnet, daß dieses Ereignis Auswirkungen auf das eigene Leben hatte.

Körperliche oder medizinische Traumata oder Krankheiten
Sie können zu jeder Zeit in der persönlichen Geschichte des Klienten vorkommen.

- Während der Schwangerschaft.

Forschen Sie nach möglichen körperlichen oder emotionalen, von der Mutter während der Schwangerschaft erlebten Traumata! Krankheiten oder Unfälle der schwangeren Mutter haben direkte Auswirkungen auf den Fötus. Todesfälle in der Familie oder in der Verwandtschaft, Trennung der Eltern usw. haben ebenfalls ihren Einfluß. Früher erlebte Todesfälle oder Trennungen können durch die Schwangerschaft reaktiviert werden, wie z. B. der nicht verarbeitete Verlust eines früheren Kindes durch spontanen Abort, Totgeburt, Krankheit oder Unfall.

Ist die Schwangerschaft unerwünscht, gerät die Mutter in schweren emotionalen Streß, der auf den Fötus übertragen wird. Gab es einen Abtreibungsversuch, wird der Fötus überlebt haben, indem er sich durch einen Schock-Zustand schützte. Es kommt kaum vor, daß dieser Schock-Zustand gelöst oder auch nur erkannt wird, bevor die Person in Therapie kommt. Gewöhnlich werden diese Themen von den Eltern verschwiegen. Derartig frühe, vorgeburtliche Schock-Erfahrungen werden oft zu organisierenden Faktoren im Leben der Person. Sie sind aber angesichts der subtilen Einflüsse, die sie auf die betroffenen Menschen ausüben, nur äußerst schwer zu entziffern.

Schwierige Geburt
Bei einer schweren und langandauernden Geburt mit mechanischen Durchtrittsschwierigkeiten geht das Baby oft in einen Schock-Zustand, um den körperlichen Streß zu überstehen. Wenn die nachfolgende Behandlung des Neugeborenen diesen schwierigen Übergang nicht kompensiert und Zeit und Raum zur Erholung gibt, verbleibt das Kind in einem Schock-Zustand. Geburtsschwierigkeiten können unbewußte emotionale Einstellungen determinieren, die die Person in eine unwillentliche symbolische Wiederholung dieses Ursprungskonfliktes hineintreiben.

Frühgeburten
Frühgeburten befinden sich oft in unaufgelösten Schock-Zuständen. Sie haben nicht selten enorme Beziehungsschwierigkeiten, die nicht analysiert werden können, bis der Schock-Zustand verarbeitet ist. Es ist nicht die Frühgeburts-Erfahrung an sich, sondern eher ihre Handhabung, die darüber entscheidet, ob es zu einem unaufgelösten Schock-Zustand kommt oder nicht. Die Trennung von der Mutter, das Niveau der

medizinischen Behandlung und die Intensität des emotionalen Stresses kommen hier zum Tragen. Es muß betont werden, daß die Zahl der Frühgeborenen unter den Therapieklienten 30 bis 60 % höher ist als in der normalen Bevölkerung. Viele Menschen, die „medizinisch erfolgreich verlaufene Frühgeburten" waren, verbringen Jahre mit ihren Beziehungsproblemen in der Psychotherapie. Sie werden von den Folgen des physiologischen Schock-Zustandes geprägt, der die Konsequenz daraus ist, wie sie behandelt wurden.

Perinatale Schwierigkeiten
Aus der perinatalen Periode stammende Schock-Zustände schaffen eine Atmosphäre, die die ganze Therapie durchdringt. Es geht hier weniger um konkrete Elemente als um vage unbenennbare Kräfte, die Hilflosigkeit und Abhängigkeit beim Klienten und auch beim Therapeuten erzeugen: Ohnmacht, ohne daß sie auf ein Objekt bezogen werden könnte, Ohnmacht, die in keine Richtung weist, auf der eine therapeutische Hypothese aufgebaut werden könnte. Die wirklichen Ereignisse erscheinen oft erst nach langer, vorsichtiger und systematischer analytischer Forschung. Diese frühen grundlegenden Schocks beeinflussen das ganze Leben des Menschen, ohne ihm auch nur den geringsten Hinweis auf den Ursprung zu geben. Das zwingt den Therapeuten dazu, die gleiche Art Erfahrung mitzufühlen, wie sie der Klient während der Therapie ausstrahlt.

Schwierigkeiten in der Kindheit
Alle Unfälle, Krankheiten und Hospitalisierungen sind mögliche Quellen von Schock-Ereignissen für das Kind. Ihre Intensität, die Isolation, mit der sie durchlebt werden mußten, und die Unmöglichkeit einer Erholungsphase bestimmen, ob diese Ereignisse zu unaufgelösten Schock-Zuständen führten. Hier muß aber betont werden, daß der Unfall, die Krankheit oder die Hospitalisierung allein nicht als Ursache für den Zusammenbruch im Schock gewertet werden können, sondern daß sie nur einen Hinweis darauf geben, daß ein überwältigendes traumatisches Ereignis oder ein hoher Streßfaktor auf das Kind eingewirkt haben könnte.

Schwere Krankheiten wie Leukämie, Krebs, Immun-Störungen, Diphtherie, Tuberkulose, Lungenentzündung, rheumatisches Fieber, Mandelentzündungen usw. sind nur einige Beispiele. Wenn ein Klient erwähnt, er habe nur die typischen Kinderkrankheiten gehabt, vertiefen Sie Ihre Fragen. Unaufgelöste Schock-Zustände werden oft übersehen, weil frühe Krankheiten nicht als wichtig angesehen werden.

Erinnern Sie sich daran, daß bedeutsame Schock-Ereignisse zu jeder Zeit während der Kindheit eintreten können und nicht nur während der ersten sechs prägenden Jahre. Der unaufgelöste Schock-Zustand muß an erster Stelle jeder entwicklungsgeschichtlichen Diagnose stehen.

Emotionale Traumata

Körperlicher und sexueller Mißbrauch

Jeder Patient, der als Kind körperlich oder sexuell mißbraucht wurde, leidet nach meiner Erfahrung unter einem unaufgelösten Schock-Zustand. Die tiefen emotionalen Wunden und die Erinnerung an den körperlichen Schmerz werden oft verleugnet. Dennoch zeigen die gefrorene Körperhaltung und die beziehungsmäßige Isolation - oder manchmal auch das intensive Ausagieren - bleibende Anzeichen der Tiefe der Schwierigkeiten. Gewöhnlich liegt eine Unwilligkeit vor, das mitzuteilen, was bekannt ist. Vieles ist auch vergessen, und das Wichtigste versteckt sich oft hinter anderem, das freiwillig gegeben wird. Details gingen verloren, Symptome sollen Erinnerungen verdecken, die umfassende Verletzung des Selbst-Bildes und der Selbst-Wertschätzung wird verleugnet. Die klaren Grenzen scheinen im Umgang mit diesen Klienten in der therapeutischen Situation immer wieder verloren zu gehen.

Alkoholiker-Familien

Kinder, die mit einem oder gar zwei alkoholabhängigen Elternteilen aufwachsen mußten, entwickeln meist einen unaufgelösten Schock-Zustand, der durch den Dauerstreß einer ständig unvorhersehbaren, unsicheren, von Gewalt bedrohten Situation geprägt war. Ihre eigenen Fähigkeiten, damit umzugehen, mußten zusammenbrechen. Oft waren diese Kinder isoliert, auch wenn es noch andere Geschwister gab. Außerdem verloren sie ihre Kindheit, weil sie eine stabilisierende Elternrolle in der Familie spielen mußten. Auch hier bettet sich der Schock-Zustand in eine starke Verleugnung der Auswirkungen der Ursprungssituation ein. Und auch hier sind die Klienten unfähig, ihre Kindheitserfahrungen mit den Ereignissen und Beziehungen ihres gegenwärtigen Lebens zu verbinden.

Krieg

Die Schrecken des Krieges hinterlassen einen unleugbar bleibenden Schock-Zustand, auch wenn die inzwischen aufgewachsenen Kinder Beziehungen eingehen, Familien gründen und ein offensichtlich funktionierendes Leben führen können. Sie nehmen gewöhnlich an dem, was sie tun, nicht richtig teil, leiden unter unerklärlichen Ängsten, vor allem, was plötzliche und unvorhersehbare Ereignisse betrifft. Hinweise auf die Verleugnung liegen meistens vor, wenn jeglicher emotionaler Ausdruck fehlt.

Folter
Folteropfer „schneiden" diesen Teil aus ihrem Leben heraus und tun so, als ob es ihn niemals gegeben habe. Der Affektausdruck ist vermindert, der therapeutischen Beziehung fehlt die Intensität. Es sind nicht so sehr die Ereignisse, die vergessen wurden, sondern die Intensität der Unterwerfung und Demütigung durch die totale Beherrschung durch andere.

Streß
Das Leben besteht aus vielen schwierigen Übergängen und vielen schwer zu verarbeitenden Ereignissen. Einzelne Ereignisse und die Anhäufung von Streß-Zuständen können zu Schock-Zuständen führen. Holmes und Selyes betonen ausdrücklich, daß schwierige emotionale Situationen zu Schock-Zuständen führen können.

Tod von Familienmitgliedern: Die ganze Familie kann unter Schock geraten, besonders dann, wenn der Tod plötzlich erfolgt.

Schwere Krankheiten wirken schockfördernd, und dies vor allem, wenn andere Familienmitglieder betroffen sind, wie Eltern, Großeltern, Kinder.

Trennungen der Eltern, Trennung des Kindes von der Familie, auch aus wohlmeinenden oder notwendigen Gründen wie Schulbesuch, Internat, Kur-Aufenthalte, können Schock-Zustände bewirken.

Scheidungen sind immer ein großer Schock für Kinder und Eltern. Wenn die Scheidung auf eine Art abläuft, über die es keine Diskussion geben kann, begeben sich oft alle Familienmitglieder in einen unaufgelösten Schock-Zustand. Dies gilt sowohl für „gut" als auch für „schlecht" verlaufende Scheidungen. Mit „guten" Scheidungen meine ich jene, bei denen die Familie alles tut, damit die Kinder nicht traumatisiert werden. Die Kinder werden jedoch oft in eine Atmosphäre versetzt, in der sie nicht revoltieren oder darüber reden sollen, was geschieht; d. h. sie haben kein Recht auf ihre Gefühle, sondern müssen an einer „guten" Scheidung teilnehmen. Dies führt zu scheinbar unerklärlichen Wiederholungen von Beziehungsproblemen während ihres ganzen späteren Lebens. Bei „schlechten" Scheidungen gab es lange Streß-Disput-Kämpfe und sogar gewaltsame Perioden, die alle Diskussionen beängstigend werden ließen.

Umzüge: Die Bedeutung von Streß bei Umzügen wird oft übersehen und kann einen Schock in der ganzen Familie oder in den Kindern erzeugen, die darauf nicht vorbereitet sind. Die Kinder von Armeeangehörigen, Diplomatenkinder usw. befinden sich oft in chronischen Schock-Zuständen und haben Schwierigkeiten, Langzeit-Beziehungen herzustellen.

Geburt von Geschwistern: Auch hier kann es zu mehr als einem psychologischen Trauma kommen. Das Kind kann von diesem Ereignis oder von der Intensität seiner Gefühle so überwältigt werden, daß es in den Schock gehen muß, um damit fertig zu werden.

Finanzielle Probleme: Arbeitslosigkeit oder Bankrott kann eine ganze Familie in Schock versetzen. Bleibt dieser Zustand länger bestehen, vergrößert sich das Familiengefühl der Demütigung und wird zu einer Periode in der Familiengeschichte, über die nie mehr gesprochen wird.

Jede Akkumulation von Streßzuständen kann einen Schock-Zustand erzeugen.[7]

Weitere diagnostische Techniken

Eine medizinische Fallgeschichte

Machen Sie eine vollständige, systematische, medizinische Anamnese. Alle Krankheiten, Hospitalisierungen, Unfälle, gebrochene Knochen usw. können auf Schock-Ereignisse in der Vergangenheit hinweisen. Der Schock ist vielleicht eine Reaktion auf ein medizinisches Ereignis. Das medizinische Ereignis kann aber auch ein Zeichen dafür sein, daß etwas mit dem Klienten passierte, mit dem er nicht zurecht kam. Medizinische Ereignisse sind oft Hinweise auf versteckte Geschehnisse im Leben des Klienten und seiner Familie.

Schock-Ereignisse werden vergessen und fast hermetisch aus dem Bewußtsein des Klienten ausgeklammert. Dies gehört zur Natur des Schock-Zustandes. Der Therapeut muß also nach ihren Signalen Ausschau halten. Oft entdecke ich in meiner Praxis Ereignisse aufgrund von Fragen, die ich zu Narben am Körper der Klienten stelle. Schock-Ereignisse enthüllen sich normalerweise nicht durch die Technik der freien Assoziation. Erinnerungen daran werden von Mechanismen abgewehrt, die viel stärker sind als die Verdrängung.

Die Lebenslinie

Diese Technik wurde speziell für die Schock-Zustands-Analyse entwickelt. Sie soll in einem begrenzten Zeitraum (ca. eine bis drei Stunden) eine beschreibende Darstellung des gesamten Lebens der betroffenen Person liefern, so daß eine genauere Diagnose möglich wird. Alle Schock-Klienten haben eine grundlegende Störung der

Zeitstruktur. Sie können die Chronologie ihres Lebens nicht vollständig rekonstruieren. Die Lebenslinie bietet für die Klienten einen systematischen Weg, ihren Lebenslauf darzustellen, und dabei kann der Therapeut Löcher, vergessene Perioden und Verwechslungen aufspüren. Mit dieser Technik kann sowohl eine klare Schock-Zustands-Diagnose als auch eine Hypothese über den Zeitpunkt des ursprünglichen Schock-Ereignisses erstellt werden. Außerdem erleichtert sie die Differentialdiagnose anderer psychischer Störungen, die dem Schock ähneln.

Kurz gesagt, besteht die Technik zur Herstellung der Lebenslinie in einer Kombination von Körperbewegung, vom Erfassen strukturierender lebensgeschichtlicher Daten und vom Phantasie-Ausdruck mittels Zeichnen. Zuerst macht sich der Klient eine Endlos-Papier-Rolle so zurecht, daß sie in gleich große, numerierte Abschnitte eingeteilt ist - je ein Abschnitt für ein Lebensjahr. Dann wird er gebeten, gedanklich seine Lebensgeschichte zu rekonstruieren, und zwar so, daß er sie anschließend in einer Abfolge von Körperbewegungen darstellen kann. Er wird also mit diesen Körperbewegungen seinen ureigensten „Lebenstanz" tanzen. Dieser Tanz bereitet den dritten Schritt vor, der darin besteht, das vorbereitete Papier mit Linien, Zeichnungen, Farben etc. zu bedecken, die die wichtigen Momente des eigenen Lebens repräsentieren.

Danach wird der Therapeut zusammen mit dem Klienten die gezeichnete Lebenslinie anschauen und ihn bitten, alle besonderen Ereignisse einzuzeichnen, die einen Schock bewirkt haben könnten und die er vorher vielleicht vergessen hat. Diese Ereignisse werden explizit benannt: Geburt, Krankheiten, Unfälle, Umzüge, Trennungen, Todesfälle, finanzielle Schwierigkeiten.

Am Schluß wird die Lebenslinie nochmals auf wiederkehrende Muster überprüft, die im Blick auf die Differentialdiagnose des Schock-Zustandes fundamental wichtig sind. Die Grundlage der Lebenslinien-Deutung ist eher Muster- als Inhalts-Analyse, weil ein unaufgelöster Schock-Zustand sein Muster überall im Leben des Klienten hinterlassen wird.

Unaufgelöste Schock-Zustände und die therapeutische Beziehung

Die Analyse von Schock-Zuständen führt zu vielen Ausnahmen von Regeln der klassischen Psychoanalyse

Bislang wurde in diesem Artikel einiger Raum dafür verwandt, vielfältige und hochspezifische Anzeichen und Wege aufzuzeigen, mittels derer man zu einer Schock-Diagnose gelangt. Es wurde viel Gewicht auf die Notwendigkeit einer exakten Schock-Diagnose gelegt, weil sich in dem Moment, in dem diese Diagnose feststeht, die therapeutische Beziehung in vieler Hinsicht und in gravierender Weise verändert - sie unterscheidet sich radikal von der des klassischen analytischen Modells. Befindet sich jemand in einem unaufgelösten Schock-Zustand, dann können die wesentlichen Elemente seiner Geschichte nicht durch analytisches Vorgehen enthüllt werden. Mit der Diagnose des Schock-Zustands hat der Therapeut eine Basis für die notwendigen Veränderungen bei der Handhabung von Übertragung, Arbeitsbündnis und Setting.

Die Analyse der Übertragung ist nicht der Hauptfocus der therapeutischen Beziehung

In der analytischen Psychotherapie ist der Motor des therapeutischen Prozesses die Übertragung. Demgegenüber investiert im Fall eines unaufgelösten Schock-Zustandes der Klient entweder so wenig Energien in seine Therapie, daß Übertragungsphänomene gar nicht an die Oberfläche gelangen. Oder der Schock-Zustand ist durch die intensive Zweierbeziehung im geschlossenen Raum der Therapie in einem solchen Maß aktiviert, daß eine Differenzierung zwischen dem auslösenden Schock-Ereignis und der gegenwärtigen therapeutischen Situation gar nicht mehr möglich ist. Die Übertragungsneurose hat sich dann tatsächlich zu einer Übertragungspsychose gewandelt.

Im Falle eines unaufgelösten Schock-Zustandes taucht freilich hinter der Psychose nicht der Wahnsinn auf, sondern es ist der intensive, unfaßbare Schock, der beide, den Klienten und den Therapeuten, verrückt zu machen droht. Keiner von beiden versteht, was vorgeht, und beide sind von dem, was da geschieht, schockiert.

Das Arbeitsbündnis ist dazu da, aktive Strukturen herzustellen, die eine Brücke zwischen Realität und Emotionen schlagen

In der klassischen Psychoanalyse wird das Arbeitsbündnis dazu genutzt, die Entwicklung und Intensivierung der Übertragung zu begünstigen. Weil aber in der Schock-Zustands-Analyse das Hauptgewicht nicht auf der Übertragung liegt, wird das Arbeitsbündnis dazu genutzt, eine vertrauensvolle und sichere Beziehung aufzubauen, die als verbindendes, haltgebendes Tau in der aufgewühlten See der an die Oberfläche drängenden Schock-Ereignisse mit ihren Inhalten und emotionalen Eindrücken dient.

Um dies zu erreichen, muß der Therapeut im Vergleich zum Psychoanalytiker aktiver sein. Seine wirkliche, leibhafte Präsenz muß vom Klienten nicht nur internalisiert werden; er braucht sie vielmehr als lebensrettende Boje, an die er sich klammern kann.

Der Therapeut muß aktiv auf die therapeutische Distanz und den therapeutischen Rhythmus einwirken und ständig strukturieren, um dem Klienten zu helfen, sich bei und in seinem Schock-Material aufzuhalten, ohne zu erstarren. In der Schock-Sphäre darf der Therapeut weder sich selbst noch den Klienten zu lange in der Lähmung verharren lassen. Wenn es darum geht, die Schock-Ereignisse wiederzubeleben, kann deren lähmende Wirkung jeden therapeutischen Prozeß zum Erliegen bringen. Es ist dann Sache des Therapeuten, ihn trotz aller Schwierigkeiten in Bewegung zu halten.

Ein äußerst nützliches Mittel in der Analyse von Schock-Zuständen ist das Nachfragen. Die Fragen zielen auf die Klärung zeitlicher Abläufe, Ereignisse und Örtlichkeiten. Diese Fragen werden nicht nur innere Gefühle und Wahrnehmungen, sondern auch Bezugsebenen außerhalb der Therapie betreffen. Schock-Ereignisse sind keine Phantasien - sie waren einmal Wirklichkeit. Daher muß der Therapeut den Klienten auf die Realität hin befragen, in der er damals lebte. Beide, der Klient und der Therapeut, müssen diese Dinge herausfinden; sie können es bei ihrer Aufgabe, Ereignisse und verborgene Wunden aufzuspüren, nicht mit freier Assoziation bewenden lassen. Tun sie es doch, dann wird sich in der Therapie nichts bewegen. Um das Trauma zu überleben, hat es der betroffene Mensch von seinen Gefühlen abgespalten, und dabei wird es bleiben, bis der Schock in die Phase der Auflösung gelangt. Wenn emotionale Benommenheit und Erstarrung überhand nehmen, können Körperbewegungen und eine Veränderung der therapeutischen Distanz angezeigt sein, so daß der Klient sich wieder sicherer fühlt und mehr Konfrontation aushält.

Ein weiterer wichtiger Aspekt des Arbeitsbündnisses besteht auf Seiten des Therapeuten darin, kontinuierlich Verbindungen herzustellen und sich wiederholende Muster aufzuzeigen: von einer Sitzung zur nächsten, zwischen Sitzungen und Ereignissen im Alltag, zwischen Vergangenheit und Gegenwart.

Meryl konnte stundenlang reden. Zuerst ließ ich dies zu, weil ich meinte, ihr Ideenfluß würde sie in Kontakt mit wichtigem Material bringen. Aber sie redete und schien zwischendurch nicht einmal Atem zu holen. Am Ende der Stunde sah sie dann durcheinander und atemlos aus, und ich war gänzlich verloren und entmutigt. Dann lernte ich, daß ich im Rahmen unseres Arbeitsbündnisses ihren Redefluß stoppen und sie dazu bringen mußte, sich auf die Matratze zu legen, tief durchzuatmen und so in Kontakt zu kommen mit ihren tieferen Körperwahrnehmungen. Erst als dies geschehen konnte, kam tiefer liegendes Material an die Oberfläche, und sie konnte das unaufhörliche Alltagsgerede lassen.

Statt dessen tauchten Erinnerungen auf, die sie nicht erklären konnte. Diese Erinnerungen stellten sich in kleinen Teilen ein, und Elemente der zugehörigen Szenen mußten immer wieder erscheinen, bis sie sich den erschreckenden, lebensbedrohlichen Inhalten annähern konnte, die sie in Schock versetzt hatten.

Meryl war in dem Sinne eine ungewöhnliche Schock-Patientin, daß sie es wagte, Verbindungen zu ihrer Vergangenheit aufzunehmen. Sie hatte in ihrer Familie zahlreiche Schock-Erlebnisse erlitten, die teils durch Krieg, teils durch familiäre Streitigkeiten ausgelöst worden waren. Wenn ich sie aber nicht am Reden hinderte und wenn ich sie nicht zum Liegen und Atmen brachte, dann kam kein Kontakt zu ihrem Innern zustande, und es stellten sich keine Erinnerungen ein. Oft schien es mir, daß ich sie bedrängte oder sogar peinigte, damit die Verbindung zu jenen Ereignissen ihrer Vergangenheit entstehen könnte, die von emotionaler Bedeutung für sie waren.

Im Gegensatz zu den meisten Schock-Patienten, die innerlich gefroren sind, gehört Meryl dem labilen Typus an. Und trotzdem: Obgleich sie diese ungewöhnliche Verbindung zu ihrer Vergangenheit hatte, war ihre Fähigkeit eingefroren, eine Verbindung zu ihrem Alltagsleben und zu ihren sich wiederholenden emotionalen, finanziellen und beziehungsmäßigen Schwierigkeiten zu schaffen. Auf der Basis unseres Arbeitsbündnisses zeigte ich ihr permanent die Parallele zwischen ihrem heutigen Alltags-Desaster und dem Desaster ihrer Vergangenheit auf, von dem sie mir berichtet hatte. Sie konnte nicht glauben, daß es da irgendeine Verbindung gäbe, und sie glaubte auch nicht, daß die Ereignisse, von denen sie mir erzählte, tatsächlich eine Auswirkung auf sie gehabt hatten.

Das Bündnis mit der Vernunft

Es gibt noch einen weiteren einmaligen Aspekt beim Arbeitsbündnis in der Schock-Zustands-Analyse. Das Arbeitsbündnis wird eher dazu genutzt, eine Allianz mit den rationalen Persönlichkeitsanteilen einzugehen, als daß der Therapeut auf den Zeitpunkt wartet, zu dem das Unbewußte seine Informationen und Erfahrungen von sich aus preisgibt. Wenn ich bei einem Klienten während des diagnostischen Interviews einen chronischen Schock-Zustand finde, dann sage ich ihm das, und wir reden darüber. Ich werde ihm vom therapeutischen Prozess und den zu erwartenden Schwierigkeiten berichten. Ich werde ihm sagen, daß Körpersymptome auftauchen werden, daß Material ins Bewußtsein drängen wird, das er dort nicht haben will, daß er wütend auf mich werden wird und daß er aus der Therapie wird fliehen wollen. Dies

Sprechen mit den bewußten Selbstanteilen des Klienten hilft, ein Arbeitsbündnis in einer Therapie aufzubauen, deren Verlauf außerordentlich schwierig sein kann.

Einige Monate nach Therapiebeginn entwickelte Meryl eine Reihe schwerer Symptome - starke Bauchkrämpfe, wie sie sie seit vielen Jahren nicht mehr gehabt hatte, alte Infektionen, die wieder akut wurden, Schlafstörungen. Später sagte sie überraschenderweise, daß sie diese Symptome in ihrem therapeutischen Prozess nicht entmutigt, sondern ihr die Möglichkeit gegeben hätten, mir ein erstes bißchen Vertrauen zu schenken; denn ich hatte ihr gesagt, daß sich derartige Reaktionen zu Beginn unserer Arbeit einstellen könnten.

Gegenübertragungs-Reaktionen sind äußerst intensiv und unvorhersehbar

Angesichts eines Schock-Zustandes spielt es keine Rolle, zu welchem Zeitpunkt seiner Entwicklung der Klient sein Trauma erlitten hat. Er ist physisch, psychisch und emotional durch dies Ereignis gelähmt worden. Wenn er sich dem annähert, dann ist die Intensität und Durchschlagskraft der Gefühle so stark, daß Sie, der Therapeut, gänzlich überflutet und ebenso gelähmt werden können wie Ihr Klient, aufgelöst und unfähig, in das Ereignis einzudringen. Auch Sie werden fast im Schock verschwinden. Daher ist es verständlich, daß Schock-Zustands-Analyse tiefe negative Gegenübertragungs-Gefühle hervorruft. Dabei spielt es keine Rolle, wie sehr Sie sich durch Ihre eigenen Schocks durchgearbeitet haben - die Schock-Themen jedes neuen Klienten werden Sie erneut in Kontakt bringen mit Ihren eigenen entsprechenden Themen. Wie im Leben, so geschieht es auch in der Therapie: Wenn jemand in den Schock geht, dann wird seine Umgebung das auch tun.[8]

Eine der Gegenübertragungs-Reaktionen, die bei Schock-Zuständen auftauchen, ist eine Neigung des Therapeuten, aus der gegenwärtigen Therapiesituation wegzudriften. Nach der Sitzung haben Sie häufig das Gefühl, daß Sie vor irgend etwas ausweichen oder in bezug auf das, was gerade passiert ist, ein ziemliches Durcheinander haben - das betrifft vor allem Gefühle der Lähmung oder der Bodenlosigkeit, die sich in der Sitzung eingestellt haben. Sie haben den Eindruck, daß Sie die Achtung vor Ihrem Klienten verlieren, wenn Sie sich tiefer auf seinen Prozeß einlassen. Sie mögen sogar den Eindruck gewinnen, Sie seien sadistisch gewesen. Oder Sie meinen, der Klient befinde sich in einem Machtkampf mit Ihnen, der ihm hilft, seine Gefühle zu meiden, oder er versuche, Sie in einer Flut von Material zu ertränken.

Bei Meryl passierte mir dieses Wegdriften immer dann, wenn sie in tiefer Regression archetypische, kultartige Bilder sah. Diese Bilder schienen aus einer anderen Welt, einer anderen Zeit zu stammen. Ich überlegte mir schon, ob ich dabei wäre, ein Reinkarnations-Therapeut zu werden. Diese Sitzungen wiederholten sich mit einer gewissen Regelmäßigkeit. Durch die Analyse meiner Gegenübertragung wurde mir langsam klar, daß ich nicht eigentlich präsent war. Ich ließ sie mutterseelenalleine durch einen reichen Phantasie-Raum schweben. Ich war ein Outsider, der einem gleichsam heidnischen Ritual zuschaute. Als ich in derartigen regressiven Situationen präsenter wurde, gewann eine elterliche Figur in der Projektion auf mich Gestalt, und das Entsetzen, das durch das unmenschliche Verhalten dieser anstrengenden Familie hervorgerufen worden war, konnte weder von ihr noch von mir länger verleugnet werden.

Der Therapeut muß zum „Feind“ werden

Die Gegenübertragungs-Analyse zielt darauf hin, den Therapeuten auf seine zentrale Rolle in der Schock-Zustands-Analyse vorzubereiten. Zu diesem Zweck muß der Therapeut die „Schock-Zustands-Barriere“ durchschreiten, wie ich das nenne.

Diese Barriere entsteht durch die Heftigkeit der Verleugnungen, der Widerstände, der physiologischen Reaktionen und der Gefühlsausbrüche, die eine Folge der Schock-Abwehr sind. Immer wenn der Klient in den Bannkreis dieser Barriere kommt, verliert er die Fähigkeit, den Therapeuten als Therapeut und das Arbeitsbündnis als eine Unterstützung für seinen Wunsch nach Selbstbefreiung zu erkennen. Der Therapeut muß akzeptieren, daß er zum Repräsentanten des Angreifers, ja, sogar zum Repräsentanten des Schock-Ereignisses wird. Er wird zum „Feind“.

In der Schock-Zustands-Analyse nimmt das, was man in der klassischen Psychoanalyse als negative Übertragung bezeichnen würde, eine besondere Form an. Die negativen Affekte, die auf den Therapeuten projiziert werden, werden so heftig und so destruktiv, daß Sie, der Therapeut, sich in Ihrem Innern und im Blick auf den Klienten als schwach empfinden - Sie werden zu seinem „Feind“. Der Umgang mit dieser Phase ist Gegenstand des nächsten Kapitels.

Unaufgelöste Schock-Zustände und der therapeutische Prozess

Die schwierigste Hürde ist die Überwindung von Verleugnung und Unglauben

Der schwierigste Aspekt des therapeutischen Prozesses in unaufgelösten Schock-Zuständen ist die Verleugnung. Verleugnung kann auf einer oder zwei Ebenen stattfinden. Entweder wird verleugnet, daß reale

Ereignisse überhaupt geschahen, oder der Klient glaubt, wenn er tatsächlich eine Erinnerung an ein Ereignis hat, daß dieses keine bedeutsamen Auswirkungen auf ihn hatte.

Sie müssen dem Klienten dabei helfen, sich damit auseinanderzusetzen, daß er vergessene Ereignisse, die einen wichtigen oder gar entscheidenden Einfluß auf ihn hatten, tatsächlich erlebte. Die Flucht in den Schock war seine Art, diese lebensbedrohenden Fakten zu überleben. Und seitdem ist sein Verbleiben in einem unaufgelösten Schock-Zustand seine Art, damit umzugehen. Der therapeutische Prozeß muß sich darauf konzentrieren, die Wirklichkeit der Geschichte des Klienten zu erforschen. Alle Löcher in seiner Erinnerung müssen erkundet werden, um ein Bild herzustellen, das die Verleugnung überwinden kann. Der Therapeut muß mit dem Klienten daran arbeiten und ihn ständig ermutigen, Kontakt mit anderen aufzunehmen, die ihm bei der Rekonstruktion dessen, was damals geschehen ist, helfen könnten. Eine präzise Erforschung der Geschichte, die Befragung unabhängiger Menschen, die Zeugen des Ereignisses gewesen sein könnten, das Heranziehen von Fotos und die Aufstellung einer sorgfältigen Chronologie sowie das Studieren der medizinischen Krankengeschichte sind in dieser Periode des therapeutischen Prozesses nützliche Techniken.

Wenn es eine Blockade gegen die Aufdeckung von Schock-Ereignissen gibt, ist es nötig, die Muster zu untersuchen

Wenn die Abwehrmechanismen in dieser Periode der Therapie stark sind und der therapeutische Fortschritt unterbrochen wird oder lahmliegt, dann bleibt als einzige Möglichkeit, die direkten Interventionen, die zur Aufdeckung des Schock Ereignisses führen sollen, aufzugeben. In einem solchen Fall wird es nötig, den Klienten auf eine eher frei assoziierende Art arbeiten zu lassen, in der er in der Therapie fortgesetzt kaum mit dem inneren Prozeß verbundene Randereignisse und wöchentliche Berichte dessen einbringt, was alles in seinem Leben geschieht. Statt nach der Bedeutung der einzelnen Ereignisse zu suchen, sammelt der Therapeut das Material und sucht, indem er sorgfältige Notizen macht, nach Wiederholungsmustern. Der Sinn von Ereignissen und ihrer Verursachung kann nicht direkt bestimmt werden. Die Haupttechnik im therapeutischen Prozeß muß eher die Analyse von Mustern als die direkte Interpretation sein.

Meryls Vater war eine mythische Gestalt. Er schien so groß, so stark, so allwissend. Aber bei all den Hinweisen auf ihn und bei all den nahen Momenten, die Meryl mit ihm verbrachte und die stark mit den mit ihrer kalten und groben Mutter verbrachten kontrastierten, hatte ich oft das

Gefühl von Schrecken in mir, wenn sie über ihn sprach. Es gelang mir nicht, sie durch Interventionen und Interpretationen an die Beziehung mit ihrem Vater heranzubringen. Also wartete ich und sammelte Material, das aus ihren Träumen und ihren Beziehungen mit Männern aus ihrer Vergangenheit und ihrer Gegenwart stammte.

Nach mehreren Jahren Therapie und nur durch meine Konfrontationen, die die Ähnlichkeit zwischen den verschiedenen Männern aufzeigten, die in ihrem Leben eine Rolle gespielt hatten, und der offensichtlichen Wiederholung dessen, was ihr mit ihnen geschehen war, verleugnete sie nicht länger, daß sich ständig etwas wiederholte. Sie befand sich immer an der Schwelle, auf die eine oder andere Art mißbraucht zu werden.

Der Therapeut muß sich selbst und den Klienten davor bewahren, in den Schock zu geraten

Wenn die Enthüllung des Schock-Ereignisses näher rückt und der Schock selbst in der Therapie eine Rolle zu spielen beginnt, muß der Therapeut den Klienten davor bewahren, wieder in den Schock abzurutschen. Denn wenn dies geschieht, gibt es keine weitere Erforschung. Dasselbe gilt für den Therapeuten - auch er kann leicht in den Schock geraten. Der Therapeut muß die Distanz kontrollieren, die der Klient zum Schock-Ereignis hat. Der Klient muß sich immer von der Peripherie zum Zentrum des Ereignisses und wieder zurück zur Peripherie bewegen. Wenn die Schock-Reaktion in der Erinnerung zu stark wird, muß der Therapeut die Aufmerksamkeit des Klienten von dem Ereignis ab- und zu nebensächlicheren Aspekten hinwenden. Um es noch einmal zu sagen: Es gibt keine Integration des Schock-Ereignisses und keine Lösung des Schock-Zustandes, wenn der Klient in den Schock geht. Und auch der Therapeut darf sich nicht von der Intensität des Ereignisses lähmen lassen, so daß er sich eventuell nicht länger innerhalb der Schock-Situation bewegen kann. Schock-Ereignisse müssen wiederholt erforscht werden, damit sich ihre essentiellen Elemente enthüllen. Ein Klient kann auf keinen Fall mit kathartischen Reaktionen durch ein Schock-Ereignis „getrieben“ werden.

Meryls Mutter stand der Geburt ihrer Tochter völlig unvorbereitet gegenüber. Sie wußte nichts darüber, wie das Baby herauskommen und welche Geburtsschmerzen sie haben würde. Meryls Geburt war für Mutter und Kind der reinste Horror. Diese Erfahrung des Schmerzes wiederzuerleben, konnte ihr jetzt erwachsener Körper nicht ertragen. Sie konnte nicht bei ihren körperlichen Empfindungen und in der Geburtssituation bleiben, ohne gelähmt zu werden. Es war notwendig, sie darin zu unterstützen, diese Situation als dritte Person wiederzuerleben, so, als ob sie Zuschauerin ihrer eigenen Geburt sei - was sie auf irgendeine Art wahrscheinlich sowieso gewesen war. Dieses entscheidende Schock-Ereignis wurde während einiger Monate viele Male wiederbelebt, und jedesmal war es für sie unmöglich, die körperlichen Empfindungen zu tolerieren. Andere Schock-Ereignisse von geringerer Wichtigkeit und ihre emotionalen Inhalte konnten jedoch durchlebt werden. Außerdem war Meryl fähig, immer wieder zu dem Hauptereignis zurückzukehren.

Sie drehte und wand sich unter dem festen Kontakt meiner Hände, um jene Erfahrung wieder in Besitz zu nehmen, die fast ihr eigenes Leben und das ihrer Mutter gekostet hätte.

Mit dem „Feind" umgehen

Der „Feind" zu werden, ist wahrscheinlich einer der schwierigsten Momente des therapeutischen Prozesses in der Schock-Zustands-Analyse. Weiter oben diskutierte ich die Gegenübertragungs-Aspekte dieser Phase, und nun möchte ich sie bezüglich des therapeutischen Prozesses erörtern. Sitzungen, in denen der ganze Schrecken des Schocks auf den Therapeuten gerichtet wird, sind schwer erträglich. Es ist nach einer solch intensiven Erfahrung jeweils notwendig, die Realität der therapeutischen Situation wieder herzustellen. Ein Klient darf nicht am Ende einer derartigen Therapiesitzung mit den Schwierigkeiten einer kollabierten Schock-Barriere allein gelassen werden.

Die Rolle des Therapeuten in einer Schock-Zustands-Analyse ist es, die Realität der gegenwärtigen therapeutischen Situation deutlich vom vergangenen Schock-Ereignis, das gerade heftig wiedererlebt wurde, zu unterscheiden. Dies geschieht durch die klare Benennung dessen, was gerade geschah und durch die Diskussion mit dem rationalen beobachtenden Ich des Klienten. Ein Klient darf nicht in Verwirrung darüber zurückgelassen werden, wer sein Therapeut ist und was gerade geschah. Am Ende jeder Sitzung muß die Einsicht stehen, wer oder was der „Feind" war.

Der therapeutische Prozeß der Schock-Zustands-Analyse unterscheidet sich fundamental von dem der klassischen Analyse. Hier wird in einer Situation negativer Übertragung zugelassen, daß sich allmählich Störungen aufbauen, die nicht gedeutet werden, bis sie zum Widerstand für den therapeutischen Prozeß selbst werden.

Nach den körperlichen Spannungen, den emotionalen Erfahrungen und dem Schock-Inhalt muß auch die symbolische Bedeutung erforscht werden.

Der therapeutische Prozeß der Schock-Zustands-Analyse endet nicht mit der Entdeckung und Wiederbelebung des Schock-Ereignisses oder der Schock-Ereignisse. Die Wiederbelebung kathartischer Erfahrungen genügt nicht, um einem Menschen die Möglichkeit zu geben, sein gegenwärtiges Alltagsleben in Freiheit zu leben. Es ist für ihn vielmehr notwendig, auch die vielen verschiedenen Ereignisse seines früheren und jetzigen Lebens zu integrieren. Der Klient muß seine Wiederholungsmechanismen verstehen lernen, die entweder dazu dienten, das ursprüngliche Schock-Ereignis zu wiederholen und dadurch zu heilen oder es immer und immer wieder zu vermeiden.[9]

Die bewußten und unbewußten *realen* Handlungen des Klienten müssen letztlich im Sinne ihrer symbolische Bedeutung verstanden werden, damit er wirklich über eine wahrhaft befreiende therapeutische Erfahrung verfügt. Dies kann Jahre dauern. Bei der Aufdeckung eines jeden Schock-Ereignisses oder beim Auftauchen neuer Tiefen des einen Schock-Ereignisses müssen alle Aspekte des Lebens des Klienten und die symbolische Bedeutung - der „tiefere Sinn“ - als Teil des therapeutischen Prozesses betrachtet und untersucht werden. Das Schock-Ereignis oder die Schock-Ereignisse waren wie die Verknüpfungspunkte eines Netzes, von dessen Knoten aus das ganze Leben des Klienten gesponnen wurde.

Jedesmal, wenn sich Meryl dem, was zwischen ihrem Vater und ihr geschehen war, annäherte, konnte sie durch die neuen Einsichten und die neue emotionale Freiheit irgendeine ihrer nahen Beziehungen neu betrachten. Es brauchte viele Windungen in dieser Spirale, damit sie verstand, wie sie emotional und symbolisch eine Welt aufgebaut hatte, in der sie niemals gezwungen sein würde, etwas zu glauben, was sie für unglaubwürdig hielt.

Körperbezogene Betrachtungen zum Durcharbeitungsprozeß

Die richtige therapeutische Distanz finden.

In der Schock-Zustands-Analyse sind körperliche Interventionen für die Lösung von Schock-Traumata von großer Bedeutung. Die vom Therapeuten in der Beziehung zum Klienten eingenommene Distanz ist der erste Schritt, den Durcharbeitungsprozeß zu unterstützen. Die Bestimmung dieser Distanz ist Teil der Entwicklung des Arbeitsbündnisses. Sie bezieht sich auf den Raum zwischen Therapeut und Klient, aber auch auf die Plazierung von Therapeut und Klient: Hat der Therapeut seinen Platz vor dem Klienten, an seiner Seite, hinter ihm, in einem bestimmten Winkel?

Von Anfang an fühlte ich, daß ich nicht zu nahe bei Meryl sitzen sollte. Sobald ich näher kam, stießen mich ihre Worte weg, aber wenn ich zu weit entfernt war, verlor ich mich im Wald ihrer Worte und konnte nicht länger den Sinn dessen, was geschah, herausfinden. Schließlich fand ich die richtige Distanz und meinen Ort schräg zu ihrer Linken. Wenn sie sich mir näherte, kam es zu Schlüsselmomenten in der Therapie. Viel später begriff ich, daß ich, wenn ich mich ihr annäherte, sofort zu ihrem Vater wurde.

Körperliche Interventionen helfen, wenn der Prozeß stockt

Wenn kein neues Material in den therapeutischen Prozeß einfließt und keine neuen Assoziationen oder Phantasien entstehen, sind Körperinterventionen am produktivsten. Zuerst arbeiten wir dabei auf einer allgemeinen Ebene. Hier helfen diese Interventionen dem Klienten, seinen Kontakt mit körperlichen Wahrnehmungen und Empfindungen zu verbessern. Ein Klient in einem ungelösten Schock-Zustand hat den Kontakt zu seiner äußeren körperlichen Form und zu seinem inneren „Triebskelett" verloren. Er funktioniert zwar körperlich, aber nur in einem „Abwarte-Zustand". Er muß diese Wahrnehmungen verbessern, bevor er sich irgendeiner Erinnerung an die Schock-Ereignisse nähern kann. Entspannungs-Übungen verbessern den Kontakt des Klienten mit sich selbst allerdings *nicht,* und heftigere Übungsformen können eher erschreckend denn hilfreich sein.

Körperinterventionen sollen spontane Bewegungen ermutigen; sie richten sich auf tieferliegende Strukturen des motorischen Systems: auf die Bänder, die Sehnen und die Faszien. Zu den hilfreichsten Bewegungen während dieser Phase gehören Dehnungs- und Drehübungen. Die tiefen, nicht wahrgenommenen Spannungen des kontrahierten Schock-Organismus scheinen sowohl in den Gelenken als auch in den Muskeln in Spiralen angeordnet zu sein. Meine Interventionen wurden während dieser Phase von osteopathischen Techniken inspiriert. Ich folge dabei den feinen Atmungsmustern des Körpers in den primären cranio-sacralen Strömungen.[10] Ich suche nach Blockaden und Störungen, wenn der Klient sich streckt und entspannt. Die Arbeit dient nicht dazu, diese Blockaden zu überwinden, sondern sie in die Wahrnehmung des Klienten mit einzubringen. Ich bin daran interessiert, seine Wahrnehmung im Dienste seines Selbst zu entwickeln, und dazu gehört die Wahrnehmung, wen oder was ich für ihn repräsentiere.

Der wichtigste Körperprozeß ist das Wieder-in-Szene-Setzen

Die Schock-Zustands-Analyse ist eine analytische Körperpsychotherapie und keine Körpertherapie. Die Körperübungen dienen nicht der Korrektur und Entladung, sondern sollen in der therapeutischen Beziehung das zu rekonstruieren helfen, was dem Klienten geschah. Oft wird der Therapeut durch die körperlichen Interventionen zum Schauspieler im Schock-Drama des Klienten. Er hat die schwierige Aufgabe, das Drama zu wiederholen, ohne den Klienten erneut in Schock zu versetzen. Die Erinnerung des Schock-Ereignisses ist im Klienten blockiert, und sehr oft hat statt seiner der Therapeut Assoziationen, Bilder und Gefühle, die mit dem Schock-Ereignis des Klienten verbunden sind. Der Therapeut ist eher fähig, das Schock-Ereignis durch seine Resonanz zu erleben als der Klient.

Körperliche Interventionen, die das Wieder-in-Szene-Setzen fördern, öffnen die Schock-Zustands-Barrieren. In dieser Situation bringt der Therapeut sein körperliches Sein aktiv ein. Er wird allerdings in die *Inhalte* des Ereignisses kaum Einsicht bekommen, bevor diese nicht ausgedrückt sind.

In einem bestimmten Stadium des Prozesses rollte Meryl ständig auf der Matratze hin und her, offensichtlich in großer emotionaler Pein. Dann kam sie auf ihre Hände und Füsse und krabbelte im Raum herum. Auch ich ließ mich auf alle Viere nieder und begleitete sie. Als wir uns in der Mitte des Raumes trafen, entfuhr ihr ein durchdringender Schrei. Sie rief nach ihrem Lieblingsonkel, daß er sie retten solle.

Von Bewegungen zu Bildern

Weil es die Aufgabe des Therapeuten ist, darauf zu achten, daß der Klient nicht in den Schock abgleitet, muß er die Intensität seiner Interventionen modulieren. Dabei geht es nicht notwendigerweise um die körperliche oder emotionale Kraft der Intervention, sondern eher darum, was die Intervention repräsentiert. Wenn die körperliche Erfahrung für den Klienten zu stark wird, verhilft ihm der Therapeut zu einer anderen Möglichkeit der Erinnerungen oder der Bilder. Sind die Bilder zu stark, hilft der Therapeut dem Klienten, sich vom traumatisierenden Ereignis zu einem Ort, der eher peripher ist, zu bewegen. Ein Schock-Ereignis muß oft angegangen werden, bevor es gelöst ist.

Die Arbeit mit Segmenten

Eine andere hilfreiche vorbereitende Arbeit betrifft die einzelnen Körpersegmente. Ein Körpersegment, das bestimmte Haltemuster, Färbungen, Spannungen oder bestimmte Arten von Blockierungen repräsentiert, wird durch Kontakt, Massage, Atmung oder andere Techniken erforscht. Die gesteigerte Wahrnehmung löst Körper-

Reaktionen aus, die den Weg für Schock-Erinnerungen vorbereiten. Es ist nicht ungewöhnlich, daß die gefrorenen viszeralen Reaktionen auf die „Leben-oder-Tod-Ereignisse" spektakuläre Auswirkungen wie heftige Krämpfe, Erbrechen, Verlust der Schließmuskelkontrolle usw. hervorrufen.

Eines Tages, zu Beginn des therapeutischen Prozesses, schrie Meryl plötzlich: „Ich hasse dich, ich hasse dich!" Mit aller Kraft schlug sie ihre Fäuste auf die Matratze. Plötzlich sprühte Blut aus ihrer Nase. Alles, was ich tun konnte war, ein Handtuch zu holen und der Aktion weiter zu folgen. Es stellte sich heraus, daß Nasenbluten ein altes Symptom war, das sie seit ihrem sechsten Lebnsjahr kannte. Später wurde das Nasenbluten durch Bauchkrämpfe und Erbrechen abgelöst. Es brauchte noch lange Zeit, bevor Gefühle in ihren Unterbauch und ihre Genitalien zurückströmten.

Die Wiederkehr alter Symptome

Das obige Beispiel betont einen wichtigen Punkt in der Schock-Zustands-Analyse: Alte Symptome kehren zurück. Bei Schock-Patienten sind viele alte Symptome nicht geheilt, sie sind latent vorhanden. Während des Durcharbeitungs-Prozesses kehren sie oft mit einer Intensität zurück, die sowohl den Klienten als auch den Therapeuten erschreckt. Die Symptome horen gewöhnlich auf, wenn die zugrunde liegenden Ereignisse aufgeschlüsselt werden konnten. Ab und zu braucht man jedoch medizinische Unterstützung. Das führt uns zu der schwierigen Frage des Fall-Managements. Dieses Thema kann hier nicht im Detail diskutiert werden. Aber es weist auf die Notwendigkeit einer integrierten medizinischen Unterstützung bei der Arbeit mit Schock-Zustands-Patienten hin. Es ist wichtig, daß die Lösung des Schock-Zustandes das Ziel der Arbeit bleibt und daß der Therapeut sich durch die Symptome nicht in Verwirrung bringen läßt.

Wie der Therapeut seine körperliche Integrität schützt

Die Schock-Zustands-Analyse erfordert eine intensive Beteiligung des Therapeuten. Er nimmt aktiv an der Katastrophe teil. Es ist nötig, daß Sie Ihre sämtlichen Körperreaktionen mit einem Menschen teilen, der fragmentiert, abgeschnitten, abgespalten ist. Die Ganzheit Ihrer Körperreaktionen ist ständig gefragt. Es ist notwendig, mit den eigenen Körpergefühlen und -erfahrungen in Kontakt zu bleiben. Ich finde es sehr unterstützend, mit dem Boden unter mir, der Umgebung meines Büros um mich herum und mit meinem Rückgrat in mir in Kontakt zu bleiben, während sich die Schock-Ereignisse entfalten. Ich bleibe mir ebenso meiner Neigung bewußt, in meinen Bewegungen und Assoziationen statisch zu werden und zu gefrieren. Wenn die Situation festzustecken scheint, bewege ich mich, anstatt darauf zu warten, daß der Klient sich bewegt. Ich analysiere kontinuierlich meine Gegenübertragung auch bezüglich meiner Körperreaktionen und Gefühle. Dies schützt mich vor der Kollusion und davor, meinerseits in den Schock zu gehen.

Schock-Zustände und die klassischen bioenergetischen Interventionen

Viele Menschen, die sich von der Bioenergetischen Analyse und anderen Formen der Körpertherapie angezogen fühlen, befinden sich in Schock-Zuständen. Sie suchen nach stark wirkenden Techniken, die ihre blockierten Gefühle und Unzufriedenheiten auflösen sollen, aus denen heraus sie ihr Leben nicht wirklich leben können.

Die Schwierigkeit mit der klassischen Bioenergetischen Analyse ist, daß sie nicht zwischen dem psychologischen Abwehrsystem in der muskulären Panzerung und dem physiologischen Abwehrsystem in ungelösten Schock-Zuständen unterscheidet. Sowohl Reich als auch Lowen scheinen mit Schock-Zuständen gearbeitet zu haben, ohne daß sie ihre Ursprünge und ihre besondere Struktur erkannt hätten.

In der klassischen Bioenergetischen Analyse rufen körperliche Interventionen oft intensive Erfahrungen hervor. Die Schock-Zustands-Barriere wird nicht auf eine Weise respektiert, die zur Integration des Schock-Ereignisses führen könnte. Erfahrungen und Geschehnisse aus der Vergangenheit tauchen auf und produzieren „schockierende" Ereignisse, die durch somatische Erfahrungen und Symptome konsolidiert werden.

In der Schock-Zustands-Analyse führt die Bewegung von den physiologischen Abwehrmechanismen, die ein prä-freudianisches Unbewußtes repräsentieren, über das Unbewußte, wie es von der analytischen Beziehung und schließlich auch durch das Auftauchen von Phantasien und Träumen repräsentiert ist, zur Analyse der symbolischen Wiederholung des Schock-Ereignisses und letztlich zu einer bewußten Integration der Vergangenheit.

Die Schock-Zustands-Analyse in besonderen Situationen

Das ödipale Dreieck

Wenn das Schock-Ereignis zu einem Zeitpunkt stattfand, zu dem sich der Klient in der ödipalen Phase seiner Entwicklung befand, entsteht eine Verwirrung zwischen innerem Phantasie-Raum und Realität. Der Schutz des Phantasie-Raumes des Kindes, der so wichtig für seine psychologische

Reifung und für die Integration des Ödipus-Komplexes ist, wird verletzt. Der Mangel an Grenzen, die Verschmelzung von Wunsch und Realität fügen dem Leben-oder-Tod-Thema des Schock-Zustandes eine intensive Ebene der „Verrücktheit" hinzu. In diesem Fall ist der therapeutische Prozeß extrem schwierig und bedarf besonderer Überlegungen, die in diesem Artikel nicht diskutiert werden.

Narzißmus
Alle narzißtischen Klienten haben eine wichtige Schock-Komponente. Wegen des zentralen Demütigungs-Themas, mit dem diese Klienten belastet sind, ist es nicht möglich, sie auf die oben beschriebene Art zu konfrontieren. Für sie ist dieser Typus des Arbeitsbündnisses vielmehr eine demütigende Erfahrung. Dadurch verschließen sie sich umso mehr in ihren narzißtischen Abwehrformen. Als Ausnahme von der Regel muß deshalb beim narzißtischen Klienten die frühe Demütigung zuerst angegangen werden, bevor man sich der Schock-Zustands-Barriere annähert.

Familien und ihre Geheimnisse
Im Diagnose-Kapitel stellten wir fest, daß, wenn ein Familienmitglied in den Schock geht, unter Umständen die ganze Familie nachfolgt. Andererseits kann ein Kind auch in eine Familie hineingeboren werden, die sich bereits in einem Schock-Zustand befindet. Oft bezieht sich das Schock-Ereignis oder der familiäre Schock-Zustand auf ein von der Familie absolut gehütetes Geheimnis. Wenn ein Familienmitglied allerdings Einsicht in den Schock erhält, wird die ganze Familie gezwungen, sich mit dem Geheimnis zu befassen. Mit anderen Worten: Die Therapie muß sich nicht nur mit der Abwehr des Klienten befassen, sondern auch mit den Abwehrmechanismen der ganzen Familie und ihrer Mitglieder. Ist das unmöglich, hat der Klient keine andere Wahl, als sich von der Familie zu isolieren.

Geburtstraumata
Bezieht sich der ungelöste Schock-Zustand auf ein Geburtstrauma, dann ist das Leben des Klienten von außen besehen chaotisch. Sobald klar ist, wie das Geburtstrauma vom Klienten symbolisch integriert wurde, wird auch deutlich, daß er in seinem Leben offenbar nichts anderes tat, als immer wieder zu versuchen, damit zurecht zu kommen. Die Rolle des Therapeuten ist sehr schwierig, weil er Teil eines sehr primitiven Geschehens wird, in dem alle Objekte nur Teilobjekte sind.
Alkoholiker-Familien

Alkoholiker-Familien sind dysfunktionale Familien. Die Kinder dieser Familien leiden nicht nur unter dem durch ständig wiederholten Streß und Traumata auferlegten Schock-Zustand, sondern auch unter einem tiefen Demütigungsgefühl, das enthüllen zu sollen, was tatsächlich innerhalb der Mauern der Familie geschah. Die Demütigung verstärkt die Verleugnung der Schock-Situation und behindert den therapeutischen Fortschritt. Diese Klienten haben die ausgeprägte Tendenz, an Abhängigkeitsbeziehungen festzuhalten und diese vor ihrem Therapeuten zu verbergen.

Inzest

Bei Inzestopfern ergibt sich ein weiteres therapeutisches Problem. Weil es einen Mangel an klaren Grenzen in der ursprünglichen Familiensituation gab, testen sie die Grenzen in der therapeutischen Situation ständig und versuchen, sie auszuweiten. Das therapeutische Setting muß deshalb klar etabliert sein, bevor eine Arbeit am Schock-Zustand möglich ist.

Kindesmißbrauch

Opfer von Kindesmißbrauch verleugnen gewöhnlich heftig dessen Auswirkungen auf sich selbst. Sie sind sich gewöhnlich der Ereignisse bewußt, halten sie jedoch zurück, weil sie glauben, daß sie nicht wichtig sind. Sie verweisen auf andere Vorkommnisse, die wesentlicher sein sollen. Gleichzeitig stimuliert ihre Reaktion auf das Arbeitsbündnis und die hilfreichen Interventionen des Therapeuten viel Feindseligkeit. Sie haben die Tendenz, fast sofort nach Therapiebeginn die Mißbrauchs-Situation innerhalb des therapeutischen Kontextes zu reproduzieren. Es kann für den Therapeuten sehr schwierig sein, die notwendige Distanz für die Annäherung an das Szenarium und für seine Durcharbeitung herzustellen und aufrechtzuerhalten.

Gruppen

Befindet sich ein Mitglied einer Gruppe in einem unaufgelösten Schock-Zustand, steckt es damit oft die ganze Gruppe an. Das Phänomen ist ähnlich dem in Familien. Die ganze Gruppe kann paralysiert werden, jeder Teilnehmer für sich, isoliert vom anderen. An diesem Punkt hören alle Gruppenprozesse auf.

Wenn mehr als ein Mitglied einer Gruppe in einem unaufgelösten Schock-Zustand feststeckt, wird jedes von ihnen mit aktiven oder lähmenden Mitteln versuchen, die Gruppe zu kontrollieren und damit schwere Störungen des Gruppenprozesses hervorrufen. In dieser

Situation kommt dem Therapeuten eine komplexe Rolle zu, weil er den individuellen Schock-Zustand angehen und gleichzeitig als Puffer zwischen dem einzelnen und einem anderen Gruppenmitglied oder allen Mitgliedern handeln muß. Jede direkte Konfrontation vertieft nur die Schock-Reaktion.

Ermutigung

Das oben präsentierte Material war extrem schwierig und könnte Sie entmutigen. Ich möchte jedoch mit einer Ermutigung enden. Es ist schwierig, ein „Meister" der Schock-Zustands-Analyse zu werden. Es besteht hier immer noch ein Mangel an Informationen im Blick auf die Diagnose und die Techniken. Eines der schockierendsten Ereignisse beim Schock ist jedoch die Freude, die verfügbar wird, sobald er gelöst ist.

Auf dem langen und schwierigen Weg geschieht etwas Wundervolles in der entbehrungsreichen und verwirrten Existenz der Klienten. Sie beginnen zu leben und zu blühen. Man hat das Gefühl, sie seien erlöst. Während meiner Jahre als Therapeut, als Supervisor und Ausbilder habe ich viele Menschen aufblühen sehen. Meryl begann zu lächeln und Momente der Freude in ihrem Leben zu finden. Sie hörte auf, von Katastrophe zu Katastrophe zu leben. Ich möchte und muß jeden Therapeuten ermutigen, die Schock-Zustände in sich selbst aufzufinden. Gelingt ihm dies nicht, dann verharrt er selbst in Vermeidung, Lähmung oder Überaktivität, wenn er auf einen Klienten mit einem ungelösten Schock-Zustand trifft.

(Aus dem Englischen von Bernhard Maul)

LITERATUR

Berkman, Lisa F. & S. Smyne: *Social Networks, Host Resistance and Mortality: A Nine-Year Follow-Up of Alameda County Residents*, in: *American Journal of Epidemiology* 109, 2, 1979.

Brende, J.O. & R. Goldsmith: *Post-traumatic stress disorder in families*, in: *Journal of Contemporary Psychotherapy* 21, Nr.2, 1991.

Cannon, W.: *Voodoo Death*, in: *Psychosomatic Medicine*, 19, 3, 1957.

Dean, A. & N. Lin: *The Stress Buffering Role of Social Support*, in: *Journal of Nervous and Mental Disease*, 165, 6, 1977.

Engel, G. L.: *Sudden and Rapid Death during Psychological Stress: Folklore or Folkwisdom?*, in: *Ann. Inter. Medicine* 74, 1971.

Engel, G. L : *Psychological Development in Health and Disease.* Philadelphia 1962.

Engel, G. L.: *The Clinical Application of the Biopsychosocial Model*, in:

Am. Journ. Psychiatry 137, 5, 1980.
Evans, B.J.: *Hypnotisability in Post-Traumatic Stress Disorders: Implications for Hypnotic Interventions in Treatment*, in: *Australian Journal of Clinical & Experimental Hypnosis* 19, Nr.1, 1991.
Ferguson, T.: *Social Support Systems as Self-Care*, in: *Medical Self Care* 7, 1979/80.
Foa, E.B., Zinbard, R. & B.O.Rothbaum: *Uncontrollability and Unpredictability in Post-Traumatic Stress Disorder: An Animal Model*, in: *Psychological Bulletin* 112, Nr.2, 1992.
Gal, R.L.: *The Role of Activity in Anticipating and Confronting Stressful Situations*, in: *Journal of Human Stress* 1, 4, 1977.
Holmes, T.H. & R. H. Rohe: *The Social Readjustment Rating Scale*, in: *Journal of Psychosomatic Research* Nr.11, 1967.
Holmes, T.H. & M. Masuda: *Life Change and Illness Susceptibility*, in: *Separation and Depression*, AAAS Publication, Nr.94, 1973.
Holmes, T. H.: *Life Situations, Emotions and Disease*, in: *Psychosomatics* 19, Nr.6, 1978.
Horowitz, M.: *Life Event Questionnaires for Measuring Presumptive Stress*, in: *Psychosomatic Medicine* 39, Nr.6, 1977.
Houssiau, Bernard: *Soudaine Rue Neuve*. Belgien: Scaillet, 1987.
Janney, J., Masuda, M. & T. H. Holmes: *Impact of Natural Catastrophe on Life Events*, in: *Journal of Human Stress* 3, Nr.2, 1977.
Kanner, A., Kafry, D. & A. Pines: *Conspicuous in Its Absence: The Lack of Positive Conditions as a Source of Stress*, in: *Journal of Human Stress* 4, Nr.4, 1978.
Kentsmith, D. K.: *Principles of Battlefield Psychiatry*, in: *Military Medicine* 151, Nr.2, 1986.
Kinston, W. & R. Rosser: *Disaster: Effects of Mental and Physical State*, in: *Journal of Psychosomatic Res.* Nr.18, 1974.
Kirsch, Carl: *Shock States in Psychotherapy*, Austin, 1976 (unveröffentlicht).
Kiser, L. J., Heston, J. Millsap, P. A. & D. B. Pruitt: *Physical and Sexual Abuse in Childhood: Relationship with Post-Traumatic Stress Disorder*, in: *Journal of the American Academy of Child & Adolescent psychiatry* 30, Nr.5, 1991.
Kritsberg, W.: *Chronic Shock and Adult Children of Alcoholics*, in: *Health Communications*, Pompano Beach, Florida 1985.
Kritsberg, W.: *The Adult Children of Alcoholics Syndrome*, in: *Health Communications*, Pompano Beach, Florida 1986.
Litz, B.T.: *Emotional Numbing in Combat-Related Post-Traumatic Stress Disorder: A critical Review and Reformulation*, in: *Clinical Psychology*

Review 12, Nr.4, 1992.
Magouin, H. I.: *Osteopathy in the Cranial Field.* Kirksville 1966.
McLeer, S. V., Deblinger, E. B. Henry, D. & H.Orvaschel: *Sexually Abused Children at High Risk for Post-Traumatic Stress Disorder*, in: *Journal of the American Academy of Child & Adolescent psychiatry* 31, Nr.5, 1992.
McFarlane, A. C.: *Post-Traumatic Stress Disorder*, in: *International Review of Psychiatry* 3, Nr.2, 1991.
Mechanic, D.: *Stress, Illness and Illness Behavior*, in: *Journal of Human Stress* 2, Nr.2, 1976.
Medical Self Care, 5: Stress/Unstress. Inverness, Kalifornien.
Melgen, F. & J. Bowlby: *Types of Hopelessness in Psychopathological Process*, in: *Arch. Gen. Psychiat.* 1969.
Minter, R. & C.P.Kimball: *Life Events and Illness Onset: A Review*, in: *Psychosomatics* 19, Nr.6, 1978.
Monal & Lazarus: *Stress and Coping.* New York 1977.
O'Donohue, W. & A. Elliott: *The Current Status of Post-Traumatic Stress Disorder as a Diagnostic Category: Problems and Proposals* 5, Nr.3, 1992.
Poinso, Y. & M. C. Mouren: *Post Emotional Syndromes*, in: *Annales Medic Psychologiques* 1, Nr.2, 1976.
Prout, M. F. & R. A. Schwarz: *Post-Traumatic Stress Disorder, A Brief Integrated Approach*, in: *International Journal of Short-Term Psychotherapy* 6, Nr.2, 1991.
Rahe, R. & A. Ransome: *Life Change and Illness Studies: Past History and Future Directions*, in: *Journal of Human Stress* 4, Nr.1, 1978.
Rahe, R.: *Life Change Events and Mental Illness: an Overview*, in: *Journal of Human Stress* 5, Nr.3, 1979.
Richter, C.: *On the Phenomenon of Sudden Death in Animals and Man*, in: *Psychosomatic Medicine* 19, Nr.3, 1957.
Rosenfel, A., Nadelson, C. & M. Krieger: *Fantasy and Reality in Patients Reports of Incest*, in: *Journal of Clinical Psychiatry* .40, 1979.
Selye, H.: *Stress in Health and Disease.* Boston 1976.
Stone, A. M.: *The Role of Shame in Post-Traumatic Stress Disorders*, in: *American Journal of Orthopsychiatry* 62, Nr.1, 1992.
Suls, J. & Mullen: *Life Events, Perceived Control and Illness: The Role of Uncertainty*, in: *Journal of Human Stress* 7, Nr.2, 1981.
Upledger, J. E. & J. D. Vredevoogd: *Craniosacral Therapy.* Chicago 1983.
Van der Kolk, B., Greenberg M., Boyd, H. & J. Krystal: *Inescapable Shock, Neurotransmitters, and Addiction to Trauma: Towards a*

Psychobiology of Post-Traumatic Stress, in: *Biological Psychiatry* 20, Nr.3, 1985.
Williams, G. & J. Money: *Traumatic Abuse and Neglect of Children ot Home.* Baltimore 1980.

Anmerkungen

1. Diese Zitate stammen aus den Pionierarbeiten des Arztes Carl Kirsch (1976). Sie sind die Synthese einer Reihe unveröffentlichter Artikel und Workshop-Papiere über Schockzustände in der Psychotherapie.
2. In diesem Artikel werde ich aus Einfachheitsgründen das männliche Pronomen benutzen. Jedesmal beziehe ich mich jedoch auf Frauen wie Männer.
3. Es gibt viele anrührende Beispiele der Schock-Erfahrung in Houssiau (1987), *Soudaine Rue Neuve*, wo er die Auswirkungen des katastrophalen Feuers in einem großen Geschäftshaus in Brüssel beschreibt, bei dem 1967 über 300 Menschen starben.
4. Im Französischen wird dieser Zustand anschaulicher beschrieben als *„un état de choc fige“* - „erstarrter Schock-Zustand“.
5. Mapother, G.D., *„Shock: Its nature, duration and mode of treatment“*, *Brit. Med. J.*, Bd.2, 1879.
6. Heute werden die Probleme der Geburt, des ersten Übergangs ins Leben und der Bedürfnisse, die Mutter-Kind-Bindung zu unterstützen, immer mehr beachtet.
7. Für weitere Informationen verweise ich auf die Holmes-Skala (1967). Anhand dieser Skala können Sie auch herausfinden, inwieweit Sie sich in ihrem gegenwärtigen Leben unter Streß befinden.
8. Bei der Übertragung von Schockzuständen gibt es eine Analogie zu Kommunikationsgefäßen und den Gesetzen fließender Dynamik. Nach meiner Hypothese berührt der Schock eine osmotische Kommunikation, wie sie auf der zellulären Ebene gefunden wird.
9. Ich glaube, daß der Wiederholungszwang der klassischen Psychoanalyse, so wie er ursprünglich von Freud beschrieben wurde, tatsächlich die Symptome eines unaufgelösten Schock-Zustandes beschreibt.
10. Die Lungenatmung ist wahrscheinlich nicht das primäre Atmungssystem des Körpers, denn das cranial-sacrale Atmungssystem beginnt bereits während der intra-uterinen Phase. Es ist das Atmungssystem des Nervensystems. Es fördert diffundierende und osmotische Stoffwechselvorgänge. Es ist das Atmungssystem des Unbewußten. Weitere Informationen lesen Sie bei Sutherland (1939), Magoun (1966) Upledger & Vredevoegd (1983).

Das Trauma sexuellen Mißbrauchs: Wo Berührung mißhandelt hat und wie Berührung heilen kann

Angela Klopstech

Einleitung

„Das bekommt er nicht von mir, ich gebe meinem Mann nicht, daß ich seine Berührung mag." Meine Patientin Donna funkelt mich aus wütenden Augen an, ihr Körper ist gespannt und auf dem Sprung, als erwarte sie einen (seinen/meinen) Angriff. Als ich erwidere: „Welch ein schmerzliches Dilemma", bricht ihre Verteidigungshaltung zusammen und sie bricht in Schluchzen aus: „Aber ich mag doch, wenn er mich anfasst, und ich sehne mich sogar danach. Wenn ich aber merke, daß er bedürftig ist und etwas von mir will, dann ist mir seine Berührung zuwider." Für Erwachsene, die als Kind sexuell mißbraucht wurden, ist Berührung hochambivalent. Körperlicher Kontakt war bedrohlich und zerstörerisch, nicht respektvoll und unterstützend. Wo Grenzen hätten sein sollen, war stattdessen Übergriff; wo Bindung und Halt gebraucht wurden, waren häufig Leere oder Zurückweisung. Zuviel des Schlechten und zuwenig des Guten ist die Aschenputtelversion von sexuell mißbrauchten Kindern. Donna wurde als Kind sexuell mißbraucht, zunächst von ihrem Vater, später von einem Onkel; an eine Umarmung von ihrer Mutter kann sie sich nicht erinnern.

Sexueller Mißbrauch ist hochtraumatisch für Körper und Seele. Unangemessene, verwirrende und in vielen Fällen gewalttätige und zerstörerische Berührung ist wesentlicher Bestandteil des Traumas. Eine Bandbreite von Gründen spricht für Bioenergetische Analyse als Therapie der Wahl bei der Behandlung von sexuell mißbrauchten Menschen.[1] In diesem Beitrag widme ich mich vorwiegend Gründen, die mit Donnas Dilemma zu tun haben: der Bedeutung von Körperkontakt und Berührung auf dem Weg aus Schock und Trauma in die Heilung.

Das Trauma sexuellen Mißbrauchs

Ein Trauma ist ein Leiden der Machtlosen. Zur Zeit des traumatischen Geschehens ist das Opfer hoffnungslos einer überwältigenden Gefahr ausgeliefert, ohne Hilfe von außen. Akute Bedrohung und Gefahr lösen eine komplexe Mischung und Abfolge von Reflexen und Reaktionen aus, sowohl auf der körperlichen wie auf der gefühlsmäßigen und der gedanklichen Ebene. Diese Reflexe und Reaktionen dienen dazu, den menschlichen Organismus auf Kampf oder auf Flucht vorzubereiten.[2] Ein Mensch in Gefahr spürt einen Energieschub mit erhöhter Wachsamkeit, seine Aufmerksamkeit focussiert auf die Gefahrenquelle und auf Fluchtmöglichkeiten; Hunger, Schmerz, Müdigkeit werden ausgeschaltet; extreme Angst oder Ärger werden mobilisiert. Im Normalfall, je nach Einschätzung der Gefahrensituation, ergreift der Mensch entweder die Flucht oder nimmt den Kampf auf und leistet Widerstand.

Sexueller Angriff und Übergriff sind kein Normalfall. Sexueller Mißbrauch, sei es Kindesmißbrauch oder Vergewaltigung, ist gekennzeichnet durch Gefahr, die als lebensbedrohlich erlebt wird, die Handlung wie Verhandlung unmöglich macht und zum Opfer entmachtet. Wenn keine Handlung möglich ist, wenn Widerstand unter einer zu starken Kraft zusammenbricht, wenn es kein Entkommen gibt und niemand zu Hilfe kommt, dann sind Körper, Geist und Seele überwältigt, und der menschliche Organismus geht in einem Schockzustand als Überlebensstrategie: er „stellt sich tot" und dissoziiert von sich selbst und der Welt: er „verläßt" sozusagen den Tatort des Geschehens, sich selbst, und zieht sich aus der Welt des Menschen zurück. Diese Schock-Überlebensstrategie hält an, selbst wenn die traumatische Situation vorbei ist. Sie bleibt eingefleischt im Körper und wie eingebrannt in Geist und Seele: Opfer sexuellen Mißbrauchs erleben sich häufig als gebrandmarkt.

Judith Herman beschreibt das folgendermaßen: „Obwohl sie ihre Nützlichkeit verloren hat, neigt jede Komponente der normalen Reaktion auf Gefahr dazu, in veränderter und übertriebener Form weiterzubestehen, lange nachdem die akute Gefahr vorüber ist. Traumatische Ereignisse erzeugen tiefgreifende und bleibende Veränderungen bezüglich physiologischer Erregung, Emotion, Kognition und Gedächtnis. Darüber hinaus können traumatische Ereignisse diese normalerweise integrierten Funktionen auflösen und voneinander trennen. Eine traumatisierte Person mag intensive Gefühle erleben, aber keine klare Erinnerung an das Ereignis haben, oder sie mag alles bis ins kleinste Detail erinnern, aber ohne Gefühlsbeteiligung. Sie mag sich in einem ständigen Zustand von Wachsamkeit und Gereiztheit befinden, ohne zu wissen warum. Traumatische Symptome haben die Tendenz, sich von ihrem Ursprung abzutrennen und ein Eigenleben anzunehmen .... Traumatische Ereignisse stellen grundlegende menschliche Beziehungen in Frage. Sie brechen die Bindungen von Familie, Freundschaft, Liebe und Gemeinschaft."[3]

All dies trifft in besonders starken Maße auf die sexuelle Mißhandlung von Kindern zu. Sexueller Mißbrauch ist überwältigend genug für die ausgeformte Persönlichkeit und den ausgewachsenen Körper von Erwachsenen. Wie überwältigend und zerstörerisch muß Mißbrauch erst sein für Babys, Kleinkinder, Kinder, deren Selbst sich gerade erst formt in Reaktion auf die Menschen und die Welt um es herum! Die entwicklungsgemäßen, normalen Frustrationen des heranwachsenden Kindes werden verzerrt und überlagert vom Trauma der Mißhandlungen. Dazu sei noch einmal Herman zitiert: „Ein Kind, das in einer mißhandelnden Umgebung gefangen ist, wird mit riesigen Anpassungsaufgaben konfrontiert. Es muß einen Weg finden, Vertrauen in Menschen zu bewahren, die dieses Vertrauens nicht würdig sind, Sicherheit zu bewahren in einer unsicheren Situation, Kontrolle in einer erschreckend unberechenbaren Situation, Kraft in einer Situation von Hilflosigkeit. Während das Kind unfähig ist, für sich selbst Sorge zu tragen oder sich zu beschützen, muß es doch zugleich für das Versagen von erwachsener Sorge und erwachsenem Schutz kompensieren und dies mit den einzigen Mitteln, die ihm zur Verfügung stehen, einem unausgereiften System psychologischer Verteidigungsmechanismen."[4]

Obwohl klassische Traumatheorien sowohl physiologische wie kognitive und psychologische Schädigungen und Symptome benennen, betonen die verbalen Psychotherapien in der Behandlung des Mißbrauchstraumas doch überwiegend die psychologischen Aspekte. Selten wird der traumatisierte Körper explizit berücksichtigt. Zwar ist es auch in verbaler Form möglich, den Körper in die Therapie miteinzubeziehen, z.B. durch Träume, Symbole, Visualisierungen; das reicht jedoch häufig nicht aus für eine bleibende Heilung der traumatischen Dissoziation. Das zutiefst erschütterte Selbst wird nicht als Körper/Geist/Seele-Einheit begriffen, die unter der Wucht des traumatischen Geschehens auseinander gebrochen ist und die es zu heilen gilt. So bleibt die Kernproblematik des Wiederzusammenfügens aller Bestandteile dieser Einheit und das Verheilen zu einem ganzen Menschen mit Herz und Kopf und Körper oft unberührt, - im Wortsinn wie im übertragenen Sinn.

Was den sexuellen Mißbrauch von Kindern so traumatisch macht, ist eine Kombination von physischen, psychischen und interaktionellen Aspekten, die als absolut lebensbedrohlich erlebt wird:

1. *Angriff und Übergriff auf den Körper*; durch Gewalttätigkeit, die oft gewaltsame Verletzung von Körpergrenzen und Körperintegrität.
2. *Unentrinnbarkeit des Angriffs*; ein Baby kann weder Widerstand leisten noch weglaufen. Selbst ein älteres Kind ist noch gefangen in emotionaler Abhängigkeit. Es gibt kein reales Entkommen.
3. *Verrat und Herzensbruch*; durch den Täter, der häufig jemand ist, den das Kind nicht nur haßt, sondern auch sehr liebt; durch andere Familienmitglieder, die nicht wissen wollen und nicht Sorge tragen

oder beschützen; durch Erwachsene und die Vernachlässigung durch sie im allgemeinen.

4. *Heimlichkeit*; oft dem Kind vom Täter mit Drohungen aufgezwungen und gipfelnd in Schamgefühlen und seelischer Isolation von den anderen Familienmitgliedern.
5. *Im Stich gelassen werden*; zusätzlich zur aufgezwungenen Heimlichkeit kommt die Verlassenheit, wenn das Kind doch den Mund aufmachte und der Rest der Familie bzw. der Umwelt „wegsah", es nicht ernst nahm oder sogar beschämte und bestrafte.
6. *Desorientierung und Gefühlsverwirrung in und über Beziehungen*; bei frühem Mißbrauch, z.B. durch den Vater, wird dieser häufig als weiteres „bedürftiges Kind" oder als „Aufmerksamkeit spendende Mutter" erlebt, bei späteren Mißbrauch als Vater und „Liebhaber." Diese Verzerrungen lassen angemessene Objektbeziehungen und differenzierte Beziehungen entweder gar nicht erst entstehen oder sie werden zerstört. Was bleibt, ist tiefe Desorientierung und Verwirrung bezüglich Beziehungen.
7. *Entwicklungsmäßige Überforderung*; damit ist die Überstimulierung und Überflutung des kindlichen Organismus auf der energetischen Ebene gemeint. Ein kindlicher Organismus hat keine Fähigkeit, mit erwachsener Sexualität umzugehen und kann sie nur als verwirrend und bedrohlich erleben.[5]

Dissoziation, die Überlebenstrategie

Meine Patientinnen[6], die als Kinder sexuellem Mißbrauch ausgesetzt waren, haben ohne Ausnahme mehr oder weniger dissoziiert, um ihr Trauma zu „vergessen" oder in Schach zu halten. Je früher in der Entwicklung und je bedrohlicher das traumatische Erleben war, um so stärker und weitgreifender die Dissozation.

Die Definition des Konzeptes der Dissoziation ist nicht scharf umrissen und unterliegt im Zuge der Diskussion um den Standpunkt, den verschiedene Richtungen der Psychoanalyse zum Thema „Sexueller Mißbrauch" einnehmen, einigen Modifikationen.[7] Im allgemeinen wird Dissoziation verstanden als Bewußtseinszustand, bei dem traumatische Erlebnisse/Erinnerungen vom bewußten Erleben abgespalten werden. Zum Zeitpunkt des Trauma-Erlebnisses ist Dissoziation gekennzeichnet durch Betäubung bzw. Verzerrung der Wahrnehmung bei gleichzeitiger gefühlsmäßiger Losgelöstheit.[8] Dieser Bewußtseinszustand hält an und wird Bestandteil der intrapsychischen Struktur. Dissoziation ist der Schutzmechanismus, der zunächst das überwältigende Erlebnis, dann die überwältigende Erinnerung abwehrt.

Wenn ich im folgenden den Begriff Dissoziation verwende, dann meine ich nicht nur eine Veränderung des Bewußtseinszustandes, sondern umfassender eine Veränderung des Seinszustandes. Dissoziation ist ein psychischer *und* energetischer Abwehr- und Schutzmechanismus, bei dem innere Erlebniswelt und äußere Realität, traumatische Vergangenheit und heutiges bewußtes Erleben, Seele, Geist und Körper voneinander abgespalten werden. Der Geist „erhebt" sich als Retter über das Elend des Körpers und der Seele, häufig im wahren Sinne des Wortes: „ ... und dann bin ich aus meinem Körper ausgestiegen und habe auf dem Fenstersims gesessen und zugesehen, was er mit mir gemacht hat. Ich war ganz unbeteiligt, da war nur dieser Wahnsinnszug aus dem Fenster heraus ..." so berichtet eine Patientin. Eine andere Patientin beschreibt es so: „ ... Du sollst wissen, daß ich immer einen sicheren Platz hatte, nämlich hier (sie flüstert und zeigt mit einem heimlichen Lächeln auf ihren Kopf). Und ich hatte sogar einen Altar hier drinnen, mit weißen und purpurnen Blumen und niemand wußte davon, niemand konnte jemals dahin kommen. Und mein Körper ... war unwichtig." Oder auch meine Patientin Donna: „ ... mein Körper ist mein Feind, denn der hat das alles zugelassen. Aber mein Kopf ist mein Freund. Und daß mein Körper hilflos war, konnte ich ja nicht wissen ... und außderdem, wer ergreift schon Partei für die Hilflosen?" Wenn Donna heute in ihrem Alltag beginnt, sich wohl in ihrer Haut zu fühlen, insbesondere im sexuellen Zusammensein mit ihrem Mann, dann interveniert ihr Kopf; er übernimmt die Regie, während sie ihr Gefühl verliert und ihr Körper taub und fühllos wird: zwanghaft denkt sie an Alltagsdetails, wie z.B. die Einkaufsliste, an das Abendessen oder Termine für Handwerker. Als Überlebensstrategie identifiziert sich das mißbrauchte Kind und später das erwachsene mißbrauchte Kind mit seinem Kopf und dem Denken. Damit und dort fühlt es sich sicher und der eigenen Ohnmacht entronnen. In der Dissoziation geht gleichzeitig die Identifikation weg vom Körper, der hilflos war, „es geschehen ließ" und verletzt wurde.

Analog verläuft die Dissoziation von Erinnerungen in visuelle Erinnerungen und in Körpererinnerungen. Wenn Donna sagt: „Aber ich habe doch keinen ‚Beweis', ich erinnere mich nicht richtig. Wenn ich nur Bilder hätte oder flashbacks, dann könnte mir niemand sagen, daß ich mir das alles einbilde. Das macht mich ganz verrückt", dann folgt sie unserer gängigen Definition von Erinnerung, nämlich visueller Erinnerung, Bildern oder flashbacks. Und doch erinnert sich Donna, in ihrem Körper und mit ihren Gefühlen: Ihr Körper zuckt in einer autonomen Reaktion zusammen, wann immer ihr jemand ungefragt und unerwartet auf den Leib rückt. Sie bekommt eine Gänsehaut, wenn sie im alltäglichen Leben oder im Fernsehen eine Situation mit einem inzestuösen Unterton sieht, und sie möchte dem Täter an die Gurgel gehen.

Sexuell mißbrauchte Menschen erinnern sich an das Unvorstellbare ihres Mißbrauchs; die Erinnerung dessen, was ihnen widerfahren ist, hat der Körper aufbewahrt und demonstriert es in seinen Reaktionen: z.B. Donnas Gänsehaut; oder Arme und Schultern mögen sich wie festgehalten anfühlen, wenn sexuell mißbrauchte Patientinnen von ihrem Vater sprechen; oder ihre Lippen pressen sich aufeinander, sie beginnen zu husten und ihnen wird übel, wenn sie von Sexualität sprechen; oder ihnen versagen die Beine oder werden taub, wenn sie von Davonlaufen und Sich-in-Sicherheit-Bringen sprechen; oder sie haben das Empfinden von Schmerzen und vaginaler Penetration, wenn sie sich etwas Gutes gönnen; oder jegliche Berührung gleicht einem körperlichen Angriff. Und dennoch mißtrauen sexuell mißbrauchte Menschen diesen Körpererinnerungen. Weil ihr Körper so benutzt und verletzt wurde, haben sie die Verbindung zum ihm verloren und damit auch das Vertrauen in seine Reaktionen und Erinnerungen. Sie glauben eher an die Untrüglichkeit von visuellen Erinnerungen, an die Erinnerungen im Kopf.[9]

Letztendlich verstehe ich auch den Verlust des Vertrauens in andere Menschen und die innere Abtrennung oder Abwendung von der Welt der Menschen als eine Form der Dissoziation. So sind sexuell mißbrauchte Menschen im Beisammensein häufig nur als körperliche Hülle anwesend, mit ihrer Seele sind sie in ihrer eigenen Welt.

Heilung: Berührung in der Therapie sexuellen Mißbrauchs

In der Behandlung von Patienten, die als Kind sexuell mißbraucht wurden, neigen verbale Therapieformen dazu, die geistig/seelischen Aspekte zu betonen, ohne die zugrundeliegenden körperlich/energetischen Prozesse explizit zu berücksichtigen. Damit bleibt der Schock und die traumatische Dissoziation im Kern oft unberührt und ungelöst. Darüber hinaus wiederholt der verbal arbeitende Therapeut unbewußt Aspekte der ursprünglichen Mißbrauchssituation:

a) indem er sich nicht um das tatsächliche Opfer des Mißbrauchs, den mißhandelten Körper und das erschütterte Selbst kümmert, sondern sich mehr mit dem Geist verbündet. Das mag den Dissoziationsprozess eher zementieren, als daß es ihn auflöst,[10]
b) indem er die Botschaft vermittelt: „Dein Körper hat (Dir) eigentlich nichts zu sagen, er ist nicht wichtig und es ist nicht nötig, ihm Aufmerksamkeit zu schenken,“

c) indem er auf diese Weise ein weiterer Mensch im Leben des erwachsenen, sexuell mißbrauchten Kindes wird, der die Kontrolle und Macht ergreift, indem er entscheidet, was richtig oder falsch ist für seine Patientin, ein weiterer Mensch, der überhört und wegsieht, was die Patienten ihm auf ihre Weise, mit Worten *und* Körperreaktionen mitteilen möchten.

In der Gegenübertragung mögen Therapeutinnen ohne Wissen und Training in körperorientierter Psychotherapie in abgemilderter Form erleben, was ihre Patientinnen in ihrer Kindheit erfahren haben und wovon diese mehr oder weniger erfolgreich dissoziieren: sie mögen überwältigt und erschreckt sein von der Heftigkeit der Gefühle, die beim Hören und Sehen auf den und beim Arbeiten mit dem Körper freigesetzt werden können, der Überwältigung durch Angst, der Tiefe des Schmerzes, der Wucht des Hasses. Mein Anliegen ist hier, darauf hinzuweisen, daß die Entscheidung des Therapeuten für eine Form der Behandlung von sexuellem Mißbrauch, die den Körper nicht mit einbezieht, unbewußt ein Gegenübertragungsagieren darstellt.

Gilt dies für die Einbeziehung des Körpers und körpertherapeutischen Arbeitens allgemein, so gilt es für Berührung umso mehr. Verbale Therapien äußern meist ein eindeutiges „Nein“ zu jeglicher Form von Berührung mit der Begründung, Berührung sei Grenzverletzung und gerade das sei ja nun die Kernproblematik bei sexuellem Mißbrauch. Dazu kommt häufig die Warnung, daß Berührung die für Inzestopfer so notwendige Sicherheit der Therapiesituation gefährde, und unter Umständen erneutem (sexuellem) Mißbrauch durch den Therapeuten Vorschub leiste.

Das Tabu der Berührung in der Psychotherapie hat eine lange Tradition, angefangen mit Freuds Abstinenzregel. Sándor Ferenczi brach als erster mit diesem Tabu, angeregt durch seine Arbeit mit frühgestörten Patienten. Entgegen der herrschenden Lehrmeinung hielt er nicht sexuelle Phantasien für die Ursache vieler frühkindlicher Störungen, sondern tatsächlich stattgehabten sexuellen Mißbrauch. „Auch Kinder angesehener, vom puritanischen Geist beseelter Familien fallen viel öfter, als man es zu ahnen wagte, wirklichen Vergewaltigungen zum Opfer. Entweder sind es die Eltern selbst, die für ihre Unbefriedigtheit auf diese pathologische Art Ersatz suchen oder aber Vertrauenspersonen ...“[11] Auf der Suche nach „mütterlicher Freundlichkeit“[12], die er als Therapeuten-Haltung für notwenig zur Bearbeitung von frühen Kindheitstraumata hielt, bezog er Berührung in seine Behandlungen mit ein. Die Darlegung und Veröffentlichung seiner Sichtweise vom realen Mißbrauchstrauma und seiner Behandlungsmethoden war ein zweifacher Tabubruch, der zum Bruch mit Freud und zum Ausschluß aus der psychoanalytischen Gemeinschaft führte.[13] Winnicott und Kohut, die mit ihren Konzepten vom „Halten" und vom „Glanz im Auge der Mutter" die Interaktions-Aspekte von Ferenczis Arbeit aufgriffen, haben diese ebenfalls aus ihrer Arbeit mit frühgestörten Patienten entwickelt. Dies legt die Vermutung nahe - die hier nicht weiter verfolgt werden soll -, daß das Berührungstabu mehr ein patriarchalisches Gebot unserer patriarchalischen Kultur und Gesellschaft widerspiegelt, denn ein professionell notwendiges Gebot für therapeutische Be-Handlungen.[14] Es sind immer noch eher die Mütter, die mit Berührung Sicherheit und Vertrauen vermitteln, und es sind eher die Väter, die Berührung und Sexualität „verwechseln."

Die Vermittlung der „völlige(n) Sicherheit, ... daß der Therapeut *unzweideutig und absolut* als Sexualobjekt *nicht zur Verfügung steht*"[15], die Vermittlung von Kontrolle über den eigenen Körper und der Respekt der eigenen Grenzen sind absolute Voraussetzungen und ständige Begleiter des therapeutischen Prozesses allgemein, und insbesondere für das therapeutische Arbeiten mit sexuell mißbrauchten Klienten. So sehr ich diesen Konzepten beistimme, so stimme ich nicht damit überein, wie sie in nicht körperorientierter Psychotherapie gehandhabt - oder eben nicht ge-hand-habt - werden. Die Unterbindung oder Vermeidung von Berührung vermeidet eine angemessene Bearbeitung des Themas „Berührung" und damit auch der Themen Sicherheit, Respekt und Kontrolle.

Wenn Respekt vor Körper und Grenzen geregelt anstatt verhandelt wird, dann behält doch wieder der „Mächtigere", hier der Therapeut, die Kontrolle und erzeugt damit unbewußt wieder genau das, was er verhindern will. Und viele Mißbrauchsopfer haben ein doppeltes Trauma: zuviel an schlechter und zuwenig an guter Berührung, Übergriff von Vater, Großvater, Onkel und Vernachlässigung von der Mutter. In ihrem Bemühen, die Verletzung von Körpergrenzen nicht zu wiederholen, mag die Therapeutin die (häufig lebensgeschichtlich frühere) Wunde des Berührungsmangels mütterlicherseits nicht heilen lassen. Diese Vermeidung gaukelt der Patientin eine trügerische Sicherheit und Kontrolle vor, die einem Realitätstest von physischer Interaktion nicht standhält.

Sicherheit vor unerwünschter Berührung, Respekt von Körpergrenzen, Schmerzgrenzen und eigenem Raum, sowie Wiederbemächtigung des eigenen Körpers können nur wieder erworben und gelernt werden durch körperliche Interaktion. Dies gilt insbesondere für Mißbrauchsopfer mit ihrem Lebenshintergrund von unangemessener, verführerischer, übergreifender, häufig verletzender und gewalttätiger

Berührung und ihrem Defizit an nährender, schützender, unterstützender und bestätigender Berührung. Selbst-Erfahrung von Berührung und mit Berührung ist wesentlicher Bestandteil des Heilungsprozesses. In der Sicherheit der therapeutischen Situation lernen die Patientinnen, an Hand ihrer Körperreaktionen zu differenzieren, wie sich „gute“ und wie sich „schlechte“ Berührung anfühlt, welche Berührung sie abwehren / zurückweisen / tolerieren / annehmen / genießen / nachsuchen wollen und welche Haßgefühle / Ängste/ Sehnsüchte / Erinnerungen durch Berühren oder Berührt-Werden in ihnen ausgelöst werden. Das Wechselspiel vom Erleben, Erlernen und Ausüben von Eigenraum, sowie Abgrenzung und Kontrolle am eigenen Körper und mit dem eigenen Körper führt aus der Ohnmacht und einem Empfinden, Opfer zu sein, hin zu Selbstsicherheit und Selbstbestimmung.[16]

Indirekte therapeutische Arbeit mit Berührung: die Feinfühligkeit des Therapeuten

Die Aufmerksamkeit und Feinfühligkeit des Therapeuten für die Wirkung seiner Berührung ist eine reiche, indirekte Quelle für die Behandlung des Mißbrauchstraumas. Dies sei an einem Beispiel aus einer Therapiesituation mit meiner Patientin Donna verdeutlicht. In einer Wochenend-Therapiegruppe arbeite ich zum erstenmal mit Donna einzeltherapeutisch in der Gruppe. Donna ist mir unbekannt, abgesehen von der Vorstellungsrunde zu Beginn der Gruppe.

Als sie sich im Verlauf unserer Arbeit über die Schwere ihres Kopfes beklagt, gehe ich auf sie zu, um ihren Kopf zu halten. Kurz bevor ich sie berühre, zuckt Donna zusammen, sagt jedoch nichts. Ich nehme meine Hände herunter und sage „Verzeih', ich bin dir wohl zu schnell zu nahe gekommen?“ Bei diesen Worten bricht Donna in Tränen aus. Es ist unvorstellbar für sie, daß ich, die „Autorität“, einen Fehler machen, ihn zugeben und um Verzeihung bitten kann. Es ist ähnlich unfaßbar für sie, daß ich ihr Körpersignal wahrgenommen und respektiert habe, indem ich sie entgegen meinem ursprünglichen Ansinnen nicht angefaßt habe, daß ich sie „als Person“ wahrnehme und behandle. I

m Anschluß an dieses Gespräch bittet sie mich, jetzt doch ihren Kopf zu halten; sie glaube, das täte ihr gut und jetzt wisse sie, daß sie mir vertrauen könne. Diese Interaktion wurde der Ausgangspunkt einer langen Einzeltherapie, in der Donna vor allem sexuellen Mißbrauch durch ihren Vater und ihren Onkel bearbeitete.

In Donnas Fall hat mein Fehler *und* meine Aufmerksamkeit für Donnas Reaktion zugleich Anfangsvertrauen für sie geschaffen und das Mißbrauchsthema geöffnet. Aufmerksamkeit ist umso notwendiger, wenn die Patientin keine deutliche Reaktion zeigt, sondern der Berührung zuzustimmen scheint oder unberührt bleibt. Im ersten Fall mag es sein, daß die Berührung im Prinzip ängstigend oder schmerzlich ist, aber toleriert wird, um sich nicht vermeintlich die Gunst des Therapeuten zu verscherzen. „Gute Miene zum bösen Spiel machen“ ist eine typische Überlebensstrategie von Mißbrauchsopfern und Feinfühligkeit ist hier notwendig, um Mißbrauchswiederholung zu vermeiden und stattdessen aufzudecken. Wenn die Patientin unberührt bleibt, dann mag das dafür sprechen, daß sie von der Auswirkung der Berührung dissoziiert hat und das Warum und Wie der Dissoziationn kann dann zum Therapiethema werden.

Direkte Arbeit mit Berührung: Energetische „Wiederbelebung“
Aufmerksamkeit für die Auswirkung seiner Berührung ist eine Therapeutenvariable, die die Patientin zwar mit Berührung konfrontiert, dies jedoch in einer für sie reaktiven Weise. Verhandeln über Berührung fordert und fördert eine aktivere Beteiligung der Patientin und macht Berührung und Körperkontakt direkt zum Thema in der Therapie.

Sexuell mißbrauchte Menschen haben sich - mehr oder weniger - von ihrem Körper dissoziiert, sie sind „nach innen“ oder „in den Kopf“ verschwunden, sie haben sich taub gemacht oder sind eingefroren in Angst, so daß Berührung - gut wie böse - sie häufig innerlich nicht mehr berührt. Letztendliches Therapieziel ist, daß sie sich wieder berühren und anrühren lassen von Menschen und Ereignissen, daß sie sich lebendig fühlen und am Leben teilnehmen. Dies ist nur möglich im Besitz ihrer selbst, indem sie in ihrem Körper sind und wieder am und im eigenen Leibe spüren und fühlen, ohne Angst, attackiert zu werden.

In diesem Prozeß der Rückgewinnung des mißbrauchten und verlassenen Körpers ist ein wesentlicher Schritt, was ich „Energetische Wiederbelebung“ nenne. Energetische Wiederbelebung ist die Vorbereitung des mißhandelten Körpergewebes (Muskel, Haut) durch aktive, „ausgehandelte Berührung“ und Interaktion, nach und nach mehr Energie und damit mehr Fühlen zuzulassen.[17] Es ist ein Ziel jeglicher bioenergetischen Arbeit, die Toleranz für Energie zu erhöhen und damit mehr Tiefe und Bandbreite an Gefühl zu ermöglichen. Speziell zugeschnitten auf die Behandlung von sexuell mißbrauchten Menschen ist jedoch die Art und Weise, wie ich mich körperlich im Therapieprozeß dafür zur Verfügung stelle.

Ich biete zum Beispiel meine Hand an, an die die Patientinnen sich halten, an der sie sich festhalten, anklammern können, die sie zurückweisen oder zurückstoßen oder auch vorsichtig oder gierig erkunden mögen. In diesem Erkundungsprozeß mit meiner Hand beginnen sie, ihre eigene Hand zu spüren, z.B. Hände, die zu schwach sind, um zurückzuweisen oder Fingerspitzen, die sich zunächst taub anfühlen und nicht behalten und begreifen können. Eine weitere Stufe direkter und aktiver ist die Situation für meine Patientinnen, wenn wir im Stehen einander zugewandt unsere Fingerspitzen oder Handflächen aneinander setzen und sie an mir Druck und Loslassen ausprobieren, Weggehen und Zurückkommen, Kontakt und Grenzen, während sie sich spüren, indem sie mich spüren.

Meine Patientin Donna braucht eine stärkere körperliche Anwesenheit von mir. Zuweilen, wenn sie die Hoffnung verliert, sich jemals von ihrem Mißbrauch zu erholen, nimmt sie mich bei den Schultern so fest sie kann und schüttelt mich, so hart wie ich es tolerieren kann. Danach kann sie wieder atmen, hat ein deutliches Gefühl für ihre Hände und Arme, die sich dann auch angeschlossen fühlen an ihr Herz, und sie empfindet etwas, was sie „Herzgefühl" nennt. Sie hat wieder Hoffnung: „Vielleicht ist es doch nicht zu spät, vielleicht hält das Leben doch noch etwas für mich bereit und ich kann ein Leben haben."

Es ist, als ob durch das Spüren von mir und meinem Körper - wobei meine Patientinnen die Kontrolle über Beginn, Ende und Intensität haben - ihre eigene Energie in sie zurückfließen kann; in ihre Hände, Arme, Beine, Gesichter, in ihre Becken und ihre Herzen. Mit der Integration dieser Art von guter körperlicher Interaktion läßt energetische Wiederbelebung heilende Körper-Erinnerungen entstehen und sie nährt das wachsende Selbstgefühl und die Selbstbestimmung. Es kann passieren, daß im Verlauf dieser Arbeit auf einer Welle von Gefühl visuelle Erinnerungen hochgeschwemmt werden. Es ist nicht mehr zu grauenvoll, die Bild-Erinnerungen zu sehen und gleichzeitig zu fühlen, wie es damals war.

Wo Berührung zuviel ist und doch Berührung fehlt: Die abwe(i)sende Mutter

In Donnas Therapie tauchte das Zusammenzucken als autonome Körperreaktion immer dann auf, wenn sie verschlüsselt oder direkt von Übergriffen sprach oder Übergriffe meinerseits erwartete. In ihrem Alltag erlebte sie es zum Beispiel beim Fernsehen, wenn sie bedrohliche Szenen sah oder in der U-Bahn, wenn ihr ein Mann gegenüber saß, den sie als bedrohlich erlebte. Ihr Erleben kulminierte in dem Satz „Ich habe keine wirklich Haut. Meine Haut ist so dünn, daß jeder mir in den Körper greifen kann." Direkte Arbeit an ihrem Inzesttrauma brachte wesentliche Besserung, aber keine Auflösung.

Die Heilung trat erst ein, als Donna sich eine dickere Haut anschaffen konnte, indem sie mich für eine Übergangszeit als „Schutzhaut" nutzen konnte. Ihre Mutter war eine kompetente Geschäftsfrau und „ein kalter Fels", in deren Arme sie sich nie flüchten konnte. Tatsächlich kann sie sich an keine Umarmung ihrer Mutter erinnern. Als Donna selbst einmal als erwachsene Frau in Anwesenheit ihrer Mutter ihre eigene Tochter umarmte, glaubte sie im Blick ihrer Mutter „totale Ungläubigkeit und einen Schimmer von Neid zu sehen." In der Therapie spürt Donna schmerzlich, wie wenig Haut und Kontakt und Schutz sie von ihrer Mutter bekommen hat, und sie trauert um diesen unwiederbringlichen Verlust.

Gleichzeitig wächst ihr im Körperkontakt mit mir eine dickere Haut, indem sie sich an meine Hand klammert, in meine Arme flüchtet, mich vor sich hält und an sich preßt als Schutzschild, als „Herzschutz." Ihre Panik und das Zusammenzucken verschwindet, sie erlebt ihren Körper als zugehöriger und freundlicher, nicht mehr als Feind und gleichzeitig erlebt sie sich selbst als widerstandsfähiger und liebesfähiger: „Ich mußte eine Wand um mich herum schaffen, weil ich doch keine richtige Haut hatte und ich mich nicht anders schützen konnte. Aber alles was dabei heraus kam, war, daß es die Liebe fernhielt; den wirklichen Angreifer hielt es nicht ab."[18]

Inzest findet nicht im Vakuum statt, sondern im Kontext einer Familie, in der häufig eine schwache oder abwesende oder abweisende Mutter toleriert oder wegsieht oder nicht wahrnehmen kann oder will, was die mißbrauchenden Männer tun. Dies läßt ihre Töchter hungrig für Zuwendung und damit umso ausgesetzter für sexuellen Mißbrauch. Wenn ich mich als Therapeutin nicht getraue oder es mir nicht gestatte, in der Übertragung als anwesende, auch körperlich anwesende Mutter da zu sein und für meine Patientin Partei zu ergreifen, dann wiederhole ich Aspekte der ursprünglichen Mißbrauchssituation und verweigere mich damit für eine vollständigere Heilung.

Meine körperliche Anwesenheit angesichts des erlittenen Berührungsmangels von seiten ihrer Mutter war notwendig für Donnas Heilung. Das Zur-Verfügung-Stellen von fehlender mütterlicher Berührung kann für die Entdeckung von sexuellem Mißbrauch ebenso notwendig sein: Meine Patientin Sara, eine Lehrerin in der Erwachsenenbildung, hat eine lange Geschichte unglücklicher, manchmal in Gewalttätigkeit endender Beziehungen zu Männern, beginnend mit ihrer Adoleszenz. Sie hat sich immer benutzt gefühlt, meinte aber, sie hätte keine Rechte in Beziehungen, und wenn sie ihren Mund aufmachte und für sich spräche, dann würde sie „tot, verloren oder ganz verlassen" enden. Dementsprechend sind ihre Lippen wie versiegelt aufeinandergepreßt und sie hat ihre Zähne fest zusammengebissen.

Wenn sie von ihrem Vater spricht, wird ihr unweigerlich übel, sie beginnt zu würgen und zu husten, und sie beißt die Zähne umso fester zusammen. Während einer Therapiesitzung berichtet Sara von ihren Phantasien, in denen einer ihrer Studenten, der in der Realität einen sexuellen Annäherungsversuch gemacht hat, sie vergewaltigt und ermordet. Sie sagt: „Weißt du, so sind Männer eben, sie können im Handumdrehen gewalttätig zu dir werden." Auf meine Frage, ob jener Student sie an andere Männer in ihrem Leben erinnere, erwidert sie, fast unbeteiligt, daß er sie an ihren Vater erinnere.

Plötzlich ist es totenstill zwischen uns. Für mich hängt in diesem Moment spürbar Inzest in der Luft, Sara selbst, wie sie mir in einer späteren Sitzung mitteilt, wagt in jenem Moment weder irgend etwas zu denken noch zu fühlen. Als die Sitzung beendet ist, fällt Sara der Abschied schwer. Sie braucht lange, um all ihre Sachen zusammenzusuchen. An der Tür frage ich sie, ob ich sie heute zum Abschied umarmen könne.[19] Sie bringt kein Wort heraus, sie nickt nur. Ich nehme sie in meine Arme und sie bricht zusammen. Als ob ein Damm gebrochen ist, weint sie zutiefst, zeitweilig unterbrochen von Sätzen „Ich hoffe, daß es nicht wahr ist ... Ich werde verrückt ... Wo war meine Mutter ... Ich bin so froh, daß Du da bist ... Lieber Gott, ich werde verrückt." Am selben Abend finde ich eine Nachricht von ihr auf meinem Anrufbeantworter „Es geht mir nicht aus dem Sinn. Es stimmt, aber kann es denn wirklich wahr sein?" Während Sara in den nächsten Sitzungen mit der „unglaublichen" Erinnerung an Inzest durch ihren Vater ringt, wird gleichzeitig klar, daß ihre Mutter „nicht würde wissen wollen." Für ihre Mutter, eine ängstliche und verhuschte Frau, hatte immer alles gut zu sein, gut auszusehen. Insbesondere ihr Mann, Saras Vater, war immer ein „guter Mann." Um dieses Bild aufrechtzuerhalten, war die Mutter idealisierend auf ihren Mann konzentriert, blind für seine Verfehlungen und taub und unzugänglich für die Bedürfnisse und die Not ihrer Tochter. Im Schutz meiner Arme konnte sich Sara von der Sichtweise ihrer Mutter lösen und mit ihren eigenen Augen sehen und sich daran erinnern, daß vieles nicht „gut" war und daß vor allem ihr Vater ihr mitnichten gutgetan, sondern sie sexuell mißhandelt hatte.

Die heilende Kraft von Berührung ist so alt wie die Menschheitsgeschichte und findet ihren Weg, wenn man sie nur zuläßt.

Anmerkungen

1. Für eine ausführliche Diskussion der Anwendung Bioenergetischer Analyse in der Therapie von sexuellem Mißbrauch vgl. Lyn Mayo, *The abused child grows up and walks into your office*, in: *The Journal of the International Institute for Bioenergetic Analysis* 3, 2 (1988/90) und Angela Klopstech, *The body remembers even when the mind does not*, in: *The Journal of the International Institute for Bioenergetic Analysis* 6, 1 (1993).
2. Vgl. Peter Levine, *Transforming trauma*, in: M. Sheets-Johnstone (ed.), *Giving this body its due*, New York 1991.
3. Vgl. Judith Hermann, *Trauma and recovery*, New York 1992, 34 und 51; Übersetzung von AK. Hermans Buch ist die derzeit umfassendste Veröffentlichung zur Theorie und Therapie von Traumata.
4. op. cit., 96; Übersetzung von AK.
5. Meine besondere Wertschätzung geht hier an Dr. Alexander Lowen. Sein Verständnis der fundamentalen Auswirkung von Übererregung auf den sich entwickelnden kindlichen Organismus hat mir sehr geholfen, die spätere Beziehung der mißbrauchten Erwachsenen zu ihrem Körper und ihrer Seele zu verstehen (mündliche Kommunikation).
6. Zurückgreifend auf die Statistik, wähle ich im folgenden weibliche Pronome und Beziehungswörter für die Mißbrauchsopfer, da die überwiegende Mehrheit der sexuell mißbrauchten Kinder weiblichen Geschlechts ist; ich wähle männliche Pronome und Beziehungswörter für die Täter, da die überwiegende Mehrheit männlichen Geschlechts ist. Die Worte „Therapeut" und „Therapeutin" werden abwechselnd benutzt.
7. Vgl. hierzu *Psychoanalytic Dialogues, A Journal of Relational Perspectives* 2, 1 (1992): *Symposium on survivers of childhood sexual abuse*, insb. 8-17.
8. Vgl. Herman, op. cit., 43.
9. Vgl. Klopstech, op. cit., 39.
10. In der Bioenergetischen Analyse ist das Selbst im wesentlichen ein körperliches, fühlendes Selbst, und es umfaßt das Ich als den bewußten Aspekt des Selbst. Für eine ausführliche Darstellung vgl. Alexander Lowen, *Narzißmus*, München 1983, 41-46.
11. Sándor Ferenczi, *Sprachverwirrung zwischen dem Erwachsenen und dem Kind*, in: *Schriften zur Psychoanalyse*, Frankfurt 1972, 307.
12. Vgl. Johannes Cremerius, *Sandor Ferenczis Bedeutung für Theorie und Praxis der Psychoanalyse*, in: *Psyche* 37, 11 (1983) 995.
13. Von Freuds Zeitgenossen und Schülern war es jedoch Wilhelm

Reich, der am konsequentesten den Körper in psychoanalytische Theorie und Behandlung mit einbezog und sich dadurch von der klassischen Psychoanalyse wegentwickelte. Reichs Buch *Charakteranalyse* (1933) und sein Konzept von der „funktionalen Identität" von Körper und Geist/Seele wurden wiederum zum Grundbaustein der von Alexander Lowen weiterentwickelten Bioenergetischen Analyse.

14. Für eine ausführliche Diskussion dieses Gedankenganges vgl. Anita Green, *Giving the body its due*, in: *Quadrant* 17 (1984) 9-24.

15. Virginia Wink Hilton, *Die Arbeit mit der sexuellen Übertragung*, in: *Verführung in Kindheit und Psychotherapie*, Oldenburg 1992, 87 (Körper & Seele 3).

16. Das deutsche Wort Selbstbestimmung greift kürzer als das entsprechende englische Wort *self possession*, das die Aneignung von Körper und Selbst mehr betont.

17. Die Begriffsschöpfung „ausgehandelte Berührung" ist hier bewußt gewählt wegen der alltäglichen Benutzung und der ethymologischen Bedeutung des Wortes „aushandeln." Aushandeln meint hier sowohl „vorher besprochen" wie auch „mit Händen ausprobiert."

18. Im Grimm'schen Volksmärchen *Allerleirauh* entflieht eine Tochter nach dem Tod ihrer Mutter dem sexuellen Übergriff ihres Vaters mit Hilfe eines Mantels aus Allerleirauh. einer Schutzhaut aus allerlei Pelz, um ihre eigene Haut zu retten. Das Märchen läßt sich leicht als Heilungsgeschichte von sexuellem Mißbrauch verstehen, alle dafür notwendigen Akteure sind vorhanden: die abwesende Mutter, der übergriffige Vater, Männer als Jäger mit der Tochter als Beute, und eine Tochter, die die Opferrolle nicht annimmt, sondern ihr Leben in die Hand nimmt, mit Hilfe ihrer Schutzhaut entflieht und sich ihren eigenen Mann bewußt wählt.

19. Aus vorausgehenden Therapiesitzungen wußte ich, wie sehr Saras Mutter ihr gefehlt hatte, wann immer sie Trost oder Schutz suchte; sie hatte sich an keine Begebenheit in ihrer Kindheit erinnern können, wo sie sich in die Arme ihrer Mutter geflüchtet hätte. Mein Angebot einer Umarmung in diesem Therapiemoment war deshalb gemeint 1. als Angebot von Schutz und Sicherheit, um das Auftauchen der Erinnerung an die mißbräuchlichen Berührungen zu erleichtern und 2. als Angebot von Schutz und Sicherheit angesichts des Schreckens, verbunden mit der aufkeimenden Erinnerung an den Mißbrauch.

Die leere Stimme im leeren Selbst
Über das Verhältnis von seelischem Schock und Künstlichkeit

Tilmann Moser

Über den siebten Sinn des Körpertherapeuten

Trotz vieler Texte über das Funktionieren von Einfühlung, Empathie, Identifizierung und all die anderen Varianten unserer Fähigkeit, uns (neben der Introspektion, also dem Einblick in uns selbst) in die Seelenzustände anderer Menschen zu versetzen, bin ich noch nicht auf plausible Erklärungen gestoßen, wie sie funktionieren. Während die Erforschung der Sinnesleistungen ein unübersehbar großer Bereich mehrerer Disziplinen geworden ist, scheint es noch immer reichlich dunkel, auf welchen Kanälen wir Informationen über innere Regungen von Menschen erhalten. Die Säuglingsforschung wird uns hier ohne Zweifel weiterbringen, weil das Training dieser Fähigkeiten in den vielfältigen Vorgängen zwischen Mutter und Kind in frühester Zeit beginnt. Sicher scheint, daß es sich um eine Kombination von Sinnesleistungen handelt, ohne daß die Summe der Funktionen schon das Ganze erklärt. Trotzdem kann ich mich mit zunehmender Berufserfahrung auf das Funktionieren der Einfühlung in den meisten Fällen verlassen, und oft gelingt es auch, die „Störfaktoren" im Falle von Fehlwahrnehmungen zu ermitteln. Konflikte und Widerstände, Ermüdung und Ablenkung spielen auch hier eine Rolle.

Auch als ich noch als klassischer Analytiker arbeitete, staunte ich über die Varianzbreite der „Datenübertragung". Konkordante und komplementäre Identifizierungen führen uns in Szenen, deren Drehbuch und begleitende Affekte uns nahezu unbewußt in kleingedruckten Regieanweisungen erreichen. Möglicherweise spielen auch hier schon minimale Probeidentifikationen, die auf Probe-Imitationen beruhen können, die in rascher Geschwindigkeit ablaufen, eine wichtige Rolle. Auch das Gehör des Analytikers ist einer langen Schulung unterworfen: die Stimme zeigt uns, über die Veränderung ihrer Farbe und Schwingung, die Affekte an und erlaubt uns, sie zu entziffern und nachzuerleben.

Durch die körpertherapeutische Erweiterung unseres Repertoires der Wahrnehmung über die Einbeziehung der Körpersprache erhalten diese Vorgänge der Nutzung der eigenen Sinne wie der von noch nicht genau erfaßten Kanälen der Einfühlung ein noch größeres Gewicht, werden in ihren Wirkungen aber auch immer rätselhafter. Wenn ein geschulter Atemtherapeut erfahrenen, aber mit ihrem Tastsinnen unkundigen Psychotherapeuten die Quelle seiner diagnostischen Wahrnehmung praktisch erklären will, so spürt man als Anfänger bald, daß ein bestimmtes zusammengesetztes Sensorium bei einem selbst nicht ausgebildet ist, das aber beim Fachmann oder beim sensitiven Laien sicher zu funktionieren scheint.

In vielen Behandlungsstunden teile ich, ohne mir über deren Herkunft den Kopf zu zerbrechen, nur noch meine begleitenden Bilder zu den affektiven Vorgängen mit, und oft genug enthalten sie einen brauchbaren Kommentar, ja, einen weiterführenden Hinweis über den Gang der Dinge. Trotzdem bleibt die Herausforderung, über die benennbaren Mittel der Datenerfassung für die Einfühlung mehr zu wissen.

Wie in so vielen Fällen bleiben uns zur Erhellung seelischer Vorgänge oder ihrer genauen Beschreibung zunächst einmal die Dichter, von denen zu lernen sich auch Freud nicht gescheut hat. Im Gegenteil, seine Achtung vor der Tiefe der Intuition der Künstler ist immer wieder beflügelnd bei vielen Formen des Kunstgenusses. Lernt man den inneren Stimmen zu trauen, so erschließt Kunst Seele, und Seele erschließt Kunst: scheinbar eine Banalität, und trotzdem ein sich langsam erweiternder Kreis wechselseitiger Anreicherung.

Um so größer das Erstaunen, schließlich aber auch die Aussagekraft der Wahrnehmung, daß bei der Documenta 1992 in Kassel kaum etwas Inneres in Schwingung kam. Das Phänomen der psychischen wie der historischen Leere der Riesenschau ist von vielen Kunstkritikern in ihrer Terminologie diagnostiziert worden. Beim Psychotherapeuten hinterließ der Gang durch die Hallen ein Gefühl des Tot-Seins, einer beunruhigenden Echolosigkeit des inneren Raumes. Es schien sich um eine Anhäufung von Kunst zu handeln, die eben die Kommunikationskanäle auszublenden scheint, auf denen affektiver Kontakt, Introspektion, Einfühlung, Beziehung, kurz, seelische Inhalte, beruhen. Ausblendung oder Ausklammerung wären wohl die plausibelsten Katagorien für diesen Schwund an menschlichen Schwingungen.

Vielleicht ist die Ausblendung gewollt und also solche ein Diagnostikum der Epoche, vielleicht auch eine instinktive Reaktion der Künstler auf das Phänomen Fernsehen: denn dessen Techniker, Benutzer und Usurpatoren sind inzwischen Profis der erzwungenen Einfühlung und Identifizierung, der Unentrinnbarkeit von Kommunikation und Mitschwingen, wenn man sich den Bildern nur aussetzt. Generationen von Regisseuren und Kameraleuten haben sich die Überwältigung des Zuschauers zum Ziel gesetzt, seine Auslieferung wie seine Versetzung in Zustände, über deren Herstellung der Regisseur mehr oder weniger souverän gebieten will oder gebietet. Wie sich die Mittel inzwischen verfeinert haben, merkt man, wenn man expressionistische Stummfilme sieht mit ihren schematisch-plakativen Gesten und pantomimischen Posen; später die hochwirksamen, wenn auch schon wieder schlicht wirkenden Mittel des frühen Hitchcock, bis hin zu den osmotisch oder überschwemmend wirkenden Techniken neuerer Filme, die Formen der Affektkommunikation und -verarbeitung von Kindern reproduzieren, um sich unserer Gefühle ganz zu bemächtigen. Ich halte es deshalb für denkbar, daß Fortschritte in der Affekttheorie dadurch zustande kommen, daß moderne Filme einer Mikroanalyse unterzogen werden, so wie die Säuglings- und die Affektforschungen mit der verlangsamten Videoaufnahme arbeiten. Es wäre verwunderlich, wenn Künstler, die sich einige Jahrzehnte einem neuen Medium widmen, nicht Funde machen würden, mit denen die Wissenschaft nur langsam gleichziehen kann.

Zurück zur Differenz zwischen meinem Zutrauen in meine körpertherapeutische Einfühlung und der genauen Beschreibbarkeit ihrer Faktoren: ich bin auf eine Passage bei einer Schriftstellerin, Monika Maron, gestoßen, die mir zeigte, daß sie die Vorgänge, die in dem folgenden Fallbericht eine Rolle spielen, kennt und beschreiben kann. Von daher das dankbare Evidenzgefühl beim Wiedererkennen des Gemeinten. Beschreibt sie doch das unwillkürliche körperliche Gepacktsein von Affekten in einer anderen Person, und zwar Affekten, die uns zu beschädigen drohen, weil sie sich im Anderen, nicht „im Ich", also in einer geordneten zwischenmenschlichen Form, befinden. Körper und Seele des „Empfängers" scheinen wehrlos, und er muß zurückgreifen auf die Methoden des Kindes, das unwillkürlich imitiert, was es nicht von sich weghalten oder rasch wieder ausscheiden kann.

Die Autorin schreibt in dem Roman „Stille Zeile Sechs" (S. 16/17), den ich jedem, der sich über psychische Prozesse in der früheren DDR ein Bild machen will, empfehle:

„In einer vollen Straßenbahn zeterte ein alter Mann mit seiner alten Frau, die er für die strapaziöse Fahrt verantwortlich machte ... Ich stand hinter dem Mann und spürte deutlich, wie sein vor Wut vibrierender Körper die Luft zwischen uns in Schwingungen versetzte, die zuerst meine Haut, dann mein Fleisch durchdrangen, bis sie mein Herz erreichten, das in plötzlicher Empörung die Anzahl der Schläge verdoppelte, das Blut aufschäumte und durch die Adern jagte, so daß ich hören konnte, wie es hinter meinem Trommelfell brodelte. Und, wie die fremde Wut in mich eingedrungen war, drängte sie nun als die fremde quengelige Stimme des Mannes aus mir heraus. Hab's doch gleich gewußt, hab's doch gleich gewußt, wiederholte ich papageienhaft den letzten Satz, erschrak über die eigene fremde Stimme und versteckte, als der Mann und die Frau sich ungläubig nach mir umsahen, die eben gesprochenen Worte hinter einem krächzenden Husten."

Einleitung zur Fallgeschichte

Es gibt eine Fülle von Ereignissen im Leben von Familien, die dazu führen können, daß mindestens *ein* Kind seine Möglichkeiten verliert, mit einem lebendigen Selbst zu überleben. Dabei kann es durchaus sein, daß die Traumatisierung durch den Schock direkt erfolgt und die Fähigkeiten zur Bewältigung wie zur schützenden Abwehr überfordert. Es kann aber auch sein, daß ein solcher Schock eingebettet ist in die Bewältigungsform, die die Familie für das Ereignis findet. Dann würde es sich um eine zusätzliche Traumatisierung durch Ansteckung, Mißbrauch für die Bewältigung, stützende Rollenzuschreibung usw. handeln. Auf jeden Fall kann das „Opfer des lebendigen Selbst" sowohl ein Akt der Überlebensnotwehr wie der höchsten Loyalität sein: nämlich sich dem bedrohten Familiensystem empathisch oder rollenspielend zur Verfügung zu stellen, selbst wenn die Konfusion der schlagartig veränderten Erwartungen gravierende Widersprüche in sich enthalten kann. Es mag sogar problematisch sein - obwohl die Fallgeschichte dies nehelegt - von einem leeren Selbst zu sprechen.

In der Regel füllen ja Fragmente eines falschen Selbst den Raum des verlorenen lebendigen Selbst. Dieses behält eine diffuse Erinnerung an den Schmerz des Verlusts, die Vergewaltigung bzw. Selbstvergewaltigung, und die Angst vor diesem Schmerz kann als Angst vor dem nächsten Schritte in der Therapie erscheinen, oder, konventioneller gesprochen, als Widerstand. Der Ausdruck „leeres Selbst" ist idealtypisch, ein Konstrukt. Er bedeutet die Vorstellung von einem Ort, an dem die Inhalte durch seelische Gewalt wechseln, ausgetauscht werden. Er läßt sich aber auch mit Balints Begriff des Neubeginns in Verbindung bringen: in besonders geschützten Situationen und bei gewachsenem Zutrauen in den Therapeuten sowie in eine inzwischen erfolgte Stärkung der Hoffnung auf ein Wiederfinden von Teilen des lebendigen Selbst kann eine Regression stattfinden, die hinter die falschen Selbstfragmente zurückführt, die aber noch nicht automatisch das Wiederfinden oder das erneute Wachstum des lebendigen Selbst mit sich bringt. In östlichen Weisheitslehren wie in manchen neueren Therapieformen bedeutet das Hineingehen in die „Leere" ein Betreten der Schwelle oder eines Zwischenreiches, das sich ohne Halt und Führung bedrohlich, ja unheimlich anfühlt, als eine namenlose seelische Armut, die mit großer Scham verbunden ist.

Bei der in diesem Text beschriebenen Patientin erfolgte der Schock ohne Zweifel auf der Basis eines bereits durch Familienspannungen geschwächten Selbst, durch den plötzlichen Tod des Vaters im Alter von sechs Jahren. Da er eine Person des öffentlichen Lebens in führender Wirtschaftsposition war, spürte die Patientin früh, wie sehr es darum ging, „Haltung" zu zeigen, die Mutter als „würdige Witwe" zu stützen, „repräsentativ" zu wirken, Verantwortung für die jüngeren Geschwister zu übernehmen, alle Ambivalenzen, Trauer, Verzweiflung, Protest, Fragen, Ausgelassenheit usw. zu unterdrücken. Auf eine symbolische Weise drückte sich dies auch im Verlust einer authentischen Stimme aus. Danach war die Patientin gleichsam ohne Widerstand gegen die Identifizierung mit fremden, bedeutungsvollen Stimmen, etwa der Stimme der Mutter in verschiedenen Gefühlslagen, oder dem Stimmenkonzert in der Familie.

Ein therapeutisches Problem bei der Behandlung solcher Störungen ist die Tatsache, daß das „wahre Selbst" oft zuerst in Gefühlen der Verzweiflung wiedergefunden wird, bei Lauten des Klagens, ja des Wimmerns, schließlich eines Schreiens, das immer die Angst vor dem Wahnsinn enthält, mindestens vor dem Zerfall, der früher durch die Preisgabe des lebendigen Selbst abgewehrt wurde. Die Grundfrage ist also: welche Hilfe braucht es, wenn der Patient sich dem Erleben des Traumas oder seiner Folgen wieder annähert. Durch Albert Pessos Arbeit ist mir immer wieder deutlich geworden, wie wichtig konkreter wie symbolischer HALT ist, als eine Sicherung gegen Fragmentierung, Zerspringen, Kontrollverlust und oft namenlose Angst und Scham. Da es, angesichts des durch die Familienbelastung noch verstärkten Empathiemangels, keine Einfühlung in das Erleben des Kindes gab, kommt eine Einsamkeit hinzu, die man ohne Übertreibung als fürchterlich bezeichnen darf. Nicht zuletzt deshalb hat Pesso der Figur des Zeugen in seiner Gruppentherapie eine so große Rolle zugemessen: er stellt eine Figur dar, die die vergangenen inneren Zustände des Patienten erkennt, sie ihm spiegelt und ihm notfalls Beistand verspricht, falls diese Rolle nicht zusätzlich von einer anderen Figur übernommen wird.

Geht man in der Rekonstruktion des seelischen Zustandes nach einem nicht verarbeitbaren Schock tief genug, so stößt man oft auf eine versunkene Gottesvorstellung: die Qual, von den Angehörigen nicht gesehen zu werden, führt zu einer einsamen Beziehung zu einem Gott, der die Qual sieht, würdigt, Abhilfe verspricht, oder späte Entlohnung oder Berufung zu Höherem. Der alles sehende Gott ist natürlich bei der parallel dazu verlaufenden Gewissensbildung *auch* eine Bedrohung, die oft nicht durch „Gespräche über Gott" von einer Elternperson gemildert wird. Der Patient entwickelt also ein fragmentiertes Gottesbild, das verdrängt oder abgespalten werden muß. Soll es in die Therapie (Übertragung oder Rollenspiel) eingeführt werden, muß es empathisch vermutet oder plausibel angeboten werden, damit es aus der Versenkung der Scham hervorgeholt werden kann. Oft ist eine elementare Enttäuschung damit verbunden, weil der „göttliche Zeuge" nicht geantwortet und auch nicht eingegriffen hat. Deshalb muß der Therapeut vorbereitet sein, in der Übertragung sehr verdeckt und abgespalten vorübergehend eine gottgleiche Rolle angeboten zu erhalten, bei fast gleichzeitiger Mobilisierung einer Schicht von zynischer Enttäuschung oder Enttäuschbarkeit.

Wenn der Therapeut gelassen überzeugt ist, daß der Durchgang durch die Leere nicht das Ende der lebendigen Seelentätigkeit ist, wie die Patienten es manchmal befürchten, dann ist auch der Weg zur Anerkennung des Schocks nicht mehr weit. Denn da ist noch einmal eine tiefe Kränkung: zum Beispiel die, seit dem Verlust einer wichtigen Person, die sogar vorwiegend gehaßt worden sein kann, ein „abgeleitetes", unauthentisches Leben geführt zu haben. Einer fragmentierten geheimen Liebe stand so viel Wut und Enttäuschung gegenüber, daß der Tod, was nie zugegeben werden durfte, auch als Erleichterung empfunden wurde. Für die Verdrängung der Schuldgefühle darüber, inmitten des würdigen „Trauer"-Spiels der Familie, der sehr konkret sozialer Abstieg drohte, ist ein zusätzlicher, das lebendige Selbst schwächender Kraftaufwand nötig. Konkret: die Kränkung beruht darauf, daß eine verschwundene und ungeliebte Person das weitere Leben dominiert und in die Unauthentizität führt.

In dem vorliegenden Fall wie in anderen hat es sich für mich als hilfreich erwiesen zu fragen: Was könnte die Aufgabe sein, die Ihnen durch diese Ereignisse und Verarbeitungsformen zugewachsen ist? Die Frage kann zunächst die ganze Bitterkeit des bisherigen Lebens zutage bringen, einen Haß auf die Sinnsuche, weil der Patient im Ringen mit ihr unterlegen sein kann und mit der Niederlage der Resignation seit langem lebt.

Auf der Körperebene kennen viele Körpertherapeuten den Schock als partielle Erstarrung der Leiblichkeit, H. Petzold spricht sogar von der *Dekarnation* des Leibes. Es kann auch sein, daß nur bestimmte Bereiche fühllos und ausdruckslos geworden sind. *Interaktion in der Regression* hat sich für mich als die hilfreichste Form der Zuwendung herausgestellt, die oft der symbolisch-sprachlichen Ebene vorausgehen muß.

Die Patientin

Es handelt sich um eine knapp 30-jährige Studentin der Volkswirtschaft,

Victoria, die grosse Mühe hat, Examen zu machen. Als älteste von drei Geschwistern hat sie noch keinen Abschluss. Sie hat den Vater, einen dynamischen, lauten, expansiven und in der Familie oft auch groben Manager durch einen Unfall verloren, kurz nachdem sie in die Schule kam. Er hatte ebenfalls Volkswirtschaft studiert. Sie leidet darunter, daß das Studium ihr als ein Männerstudium vorkommt, sie kann also im Grunde keine Frau werden, wenn sie erfolgreich studiert. Dies ist aber nicht der einzige Grund, warum sie vorläufig steckenbleiben muss: eine nicht aufgelöste Symbiose mit der Mutter, die sie zum Ersatzpartner machte, droht verloren zu gehen. Sie kann sich von der Mutter noch kaum abgrenzen und ist jedesmal ein paar Tage aus dem Gleichgewicht, wenn die Mutter am Studienort auftaucht, oder einige Stunden, wenn sie, was oft geschieht, anruft und ihr ihre Sorgen und neuerdings Erfolge in der Frauenvereinsarbeit erzählt. Da Victoria sich auch für die jüngeren Geschwister verantwortlich fühlte, hat sie lange Zeit gar nicht gemerkt, dass sie selbst nicht recht wusste, wer sie ist, so sehr ging sie in der Anteilnahme und Fürsorglichkeit für die Familie auf. Erst in jüngster Zeit kann sie ihre Wut auf ihren Bruder äussern, der, nachdem er ihre Hilfe im Studium bis zum Examen „ausgenutzt" hat, sich in eine andere Stadt absetzte und nicht daran denkt, nun auch ihr zu helfen; ebenso die Wut auf die Mutter, die die Patientin zum Sorgenkind gewählt hat und bei Victorias Professoren, ihren Freunden anruft, anfangs auch bei mir, um das Schicksal ihres „sensiblen" Kindes aus der Ferne zu lenken. Die letzte Entwicklung scheint nach einigen ersten Krächen zwischen Mutter und Tochter die zu sein, daß die Mutter Victorias wachsende Eigenständigkeit respektiert, diese Haltung aber auch wieder überfallartig durchbricht, wie um ihre schwindende Macht ab und zu erproben.

Die Übertragungslage und ihr bisheriger Verlauf in Kürze (bis zur 35. Stunde)

Der plötzliche Tod des Vaters überschattet noch immer vollkommen Victorias Leben, obwohl sie das lange nicht wahrhaben wollte: zu sehr bildeten seine Strenge und seine Grobheit, auch seine gelegentlichen Grausamkeiten in der Erinnerung die oberste bewusste und vorbewusste Schicht. Noch relativ bewusstseinsnah sind aber auch Szenen, bei denen sie wie eine Prinzessin im grossen Wagen morgens von ihm in die Schule gefahren wurde, oder wo er sie zu Kundenbesuchen mitnahm und sie bei Freunden vorzeigte. Eine sehr zähe Prinzessinnen-Phantasie, nach der ihr alles anstrengungslos zufallen müsste, begleitete sie während des ersten halben Jahres der Therapie, die jetzt etwa 1 1/4 Jahre einstündig dauert. Die Verwaisung scheint im Lauf der Jahre das Anspruchsdenken erhöht zu haben, so daß sie lange von einer feierlichen Wiedereinsetzung in ihre frühen Sonder- oder Standesrechte träumte. Der Vater ist also nicht so sehr erinnerte und verinnerlichte Beziehungsperson, sondern Garant einer elitären Stellung im Leben und Urbild eines Macho-Grobians, dessen mächtige Pranke sie immer wieder leibhaftig und real im Nacken strafend und drohend spürt.

Victoria ist mit Teilen ihrer Person sehr kindlich geblieben, gibt sich als fürsorglich-pflegeleichtes Goldkind und kann negative Gefühle nur als überraschend ausbrechende „Biestigkeit" leben, und als schneidende Verachtung, wenn jemand einen schlechten Geschmack hat oder nicht klug ist. Auch mich hat diese Verachtung gelegentlich völlig überraschend so getroffen, dass ich zunächst zusammenzuckte und mich schlecht fühlte. Wirklich offen wütend konnte sie nur sein bei allem, was sich nach grobem Übergriff durch einen Mann anfühlte; dafür genügten auch kleinere Fehler von mir, die eine Mischung von zischender Wut und beissender Verachtung zur Folge hatten.

Dies führt zu einer weiteren zentralen Person, die ihr Weltbild bestimmt, was die Psychologie der „Männer" betrifft: Ein Nachbar, der zur Mutter nicht allzu lange nach dem Tod eine kaum verhüllte und in der Wohnung aufdringlich gelebte sexuelle Beziehung aufnahm, während der er die Kinder abwechselnd bedrohte und umschmeichelte, in einer Atmosphäre, die die Patientin „schlüpfrig und ekelerregend" nennt. Von der überquellenden Erregung wurde sie auch gegen ihren Willen in Bann gehalten, wenn sie durch die dünne Wand vom Kinderzimmer aus die unverständlichen und bedrohlichen Laute der Sexualität hörte.

Jede Form von Berührung mit einem Mann wird seither sofort sexualisiert, und zwar so, dass die Frau immer das Opfer der rücksichtslosen Gier eines unbeherrschten Mannes ist. Diese Version der Dinge diente wohl auch dazu, das Bild der Mutter, das sonst allzu stark gewankt hätte, zu erhalten.

Anfangs verschwand ich manchmal für lange Zeit ganz in dem Bild eines schlüpfrigen Auflauerers, der es doch nur auf sie abgesehen habe. Die Angst, mir zum Opfer zu fallen, wenn ihre Zuneigung zunähme, liess sie gelegentlich ganz starr werden. Völlig abgespalten von diesem älteren übersexualisierten Zuschauer-Kind wurde aber auch das anlehnungsbedürftige, zutrauliche Kind aus der Zeit vor dem Tod des Vaters sichtbar, das allerdings immer auf der Hut sein musste vor dem Schmerz seines uneinfühlsamen Zupackens und den enormen seelischen Schmerzen eines lachenden Blossgestellt-Werdens, wenn sie seine Erwartungen nicht erfüllte.

Sehr früh auch, nämlich mit zwei Jahren, war sie als Kronprinzessin durch den nachfolgenden Bruder ersetzt worden, der sich mit dem Grobian-Bild des Vaters leichter identifizieren konnte, und den sie bis heute als unerträglich „robust" und uneinfühlsam schildert.

Nach einem dreiviertel Jahr Einzeltherapie mit einer Wochenstunde hatte ich sie zusätzlich in eine meiner Pesso-Therapie-Gruppen eingeladen (vgl. Al Pesso, *Dramaturgie des Unbewußten*; also intensives frühes Rollenspiel und Psychodrama), wo sie sich anfangs sehr isoliert und unbeholfen vorkam, sich aber nach einigen Monaten gut integrierte und jetzt stolz ist auf die neue „Familie". Sie hatte anfangs einige Schwierigkeiten, mit meiner doppelten „Erscheinungsform" umzugehen: nur ihr zugewandter Einzeltherapeut, und Regisseur in einer Gruppe.

Entsprechend schwierig, aber natürlich sehr lohnend, wenn wieder ein kleiner Schritt gelungen war, gestaltete sich die Arbeit mit dem Körper. Die erste Berührung fand so statt, daß wir Rücken an Rücken auf dem Teppich saßen und ich sie einlud, sich selbst einmal anzulehnen, statt die Familie zu stützen und zu tragen. Dies war längere Zeit vorausphantasiert worden. Schliesslich wollte sie es ausprobieren. Obwohl ich mich gerade hielt, hatte sie, und dies später wiederholt, die starke körperliche Empfindung, daß ich mich rücksichtslos auf sie drauflehnte und sie zu meiner Stützung mißbrauche. Erst als wir das Arrangement vor dem Spiegel an der Wand wiederholten, konnte sie sich überzeugen, dass eine seelische Situation aus der Kindheit und Jugend zu einer tiefen körperlichen Wahrnehmungsverzerrung geführt hatte. Erst eine Reihe von heil überstandenen körperlichen Interaktionen hatte sie allmählich davon überzeugt, daß es wirklich mein Ziel war, ihren enteigneten oder ihr entfremdeten Körper ihr selbst zurückzugeben.

Kommentar:
Eine solche Konstellation einer narzißtisch mißbrauchten, stark parentifizierten und sexuell überstimulierten Patientin macht Körperpsychotherapie mit einem Mann natürlich immer wieder zu einer Gratwanderung, obwohl sie gerade auch bei diesem schwierigen Problem besonders deutliche Fortschritte bringen kann. Denn die erarbeiteten Alternativen prägen sich quasi phyiologisch ein und führen zu einem elementareren Umlernen, weil die durchgestandene Angst v o r der Interaktion durch eine bis dahin nicht gekannte Befriedigung durch Geborgenheit, Ruhe und Anlehnung abgelöst wird. Der Therapeut riskiert aber, daß er immer wieder verdächtigt und auch bei minimalen Ungeschicklichkeiten massiv angegriffen wird. Er begibt sich tatsächlich partiell in die Rolle des Verführers, aber zu Berührungen, die das alte,

dominant internalisierte Erwartungsmuster aufheben und in der Regression durch eine neue Form der Väterlichkeit oder Mütterlichkeit ersetzen. Es ist unvermeidlich, daß beide, Patient und Therapeut, gelegentlich in unerwartete Löcher fallen, weil bei den Körperengrammen vollkommen unvorhersehbar Muster abgerufen werden, bei denen an sich harmlose Berührungen an bisher nicht berührten Stellen plötzliche Ängste und Erinnerungen wecken.

Die Körperpsychotherapie gewinnt auch dadurch gelegentlich an Dramatik, dass intensive Berührungen oder Interaktionen schlagartig zu einer Übertragungsveränderung führen können, mit einem Regressions- (oder Progressions-)Schub, der einer raschen Fahrt auf dem Fahrstuhl der Lebensgeschichte in ein anderes Altersstockwerk gleicht. Ebenso rasch kann eine im ganzen positive Übertragung umschlagen, und zwar manchmal mit Schreck und Panik, in die eines Unholds, Kinderverderbers oder grausamen Tyrannen. Übertrieben gesagt, wird also die Therapie dieser jungen Frau durchaus zu einer kontinuierlichen Geschichte vorsichtiger oder vorausbedachter, oft auch nur der Intuition folgender „Übergriffe" mit dem Ziel, sie in ihrem Verlauf nicht mehr als die befürchteten Übergriffe, sondern als Beginn neuer und fast unbekannter Interaktionsformen erscheinen zu lassen. Sie führen schliesslich zu einer neuen „Landkarte der Erwartungen".

Victorias 35. Stunde: Stimmübungen

Die Patientin kommt und zeigt besonders stark ihren „watschelnden" Gang, wie eine Ente, für mich ein Zeichen, daß sie besonders weit von sich entfernt ist und für imaginäre Zuschauer etwas völlig kindlich unbewusst Drolliges tut, für das sie vermutlich mit spöttischer oder gönnerhafter Anerkennung belohnt wurde. Gleichzeitig strahlt sie dabei etwas aus wie: ich bin noch gar keine Frau, sondern eine watschelnde Ente. Der kurze Gang von der Tür zum Sessel enthält aber sehr deutlich, wenn auch sehr unbewußt, eine schlüpfrige Note, weil sie, und sei es in einem deformierten Zustand, doch auf ihre Weiblichkeit aufmerksam macht, und zwar auf eine sexuell reduzierte: ihr plötzlich leicht obszön agierender Unterkörper erscheint als völlig verselbständigt; auf ihn ist etwas ganz Anderes, Fremdes draufgesetzt, ein fast vorpubertärer Knabenkörper mit einem Jungmädchenkopf, auf dem sich weibliche Locken mit Knabenanmut streiten. Also eine massive Spaltung: Es sieht aus, wie wenn ein Kind ein einziges (sexuelles) Attribut eines Erwachsenen nachahmt, vom dem es annimmt, daß es interessant ist und Aufmerksamkeit erregt. Ganz oben sitzt der Kopf mit einer entfremdeten neutralen Stimme. Der kurze Gang vermittelt eine intensive

Mischung aus Anzüglichkeit und vollkommener kindlicher Unschuld. Früher schon auf den Knaben in ihr angesprochen, berichtete sie, dass sie damals, im Alter von acht, eine intensive Freundschaft mit einem über die Massen bewunderten Nachbarsjungen lebte, der so etwas wie ein Idol war. Sie erinnert sich auch noch an spätere Zeiten, wo sie ein Junge sein wollte, teils um die Mutter als kindliches Familienoberhaupt besser beschützen zu können, teils, weil sie überzeugt ist, daß sie früher beim Vater mehr Chancen gehabt hätte.

Ihr lebendiges Selbst scheint in dieser Stunde so weit entfernt, daß in mir Bilder aufsteigen, durch welche Formen des Haltens, der Bewegung, des Schutzes oder der Interaktion das Selbst oder wenigstens Fragmente des lebendigen Selbst eine Chance hätten, sich zu regen und zu zeigen. Daneben stehen mehr gedankliche Überlegungen über den Stand der Übertragung und mögliche Deutungen. Ich schwanke zwischen zwei Prozessen: dem Vertrauen auf meine Bilder, verbunden mit dem Wunsch, eine massive Interaktion und damit ein starkes Erleben anzubieten, und einer klassisch-analytischen Gewissensregung: die Therapie nur verbal und mit einem Versuch der verbalen Einfühlung und einer sich daran anschliessenden Deutung voranzutreiben. Warum sich ein analytisches Überich-Fragment gerade in dieser Stunde meldet, ist mir zuerst nur zum Teil klar: die Patientin versucht, besonders „gesittet" zu erscheinen in dieser Stunde, wohlerzogen, und mit einer gewissen Ausstrahlung: „Wir wollen doch die Formen wahren", obwohl oder gerade weil sich ganz andere Fragmente in ihr so ungeniert, wenn auch unbewußt melden. Ich bin aber auch überzeugt, daß ich ein Stück Angst der Patientin aufgenommen habe vor der Intensität der zu erwartenden Körper- oder Stimmprozesse, so daß ein Überich-Fragment mich schützend zur Ordnung rufen will.

Ich beschließe aber, meinen kleinen orthodoxen Schwächenanfall zu überwinden und mich wieder mehr dem Dialog von Körpersprache und in mir aufsteigenden Gefühlen und Bildern und Handlungsimpulsen zu überlassen.

Meine klarsten Bilder sind die: ich sehe sie tanzen auf dem großen bunten Teppich im Zentrum des Raumes und schaue ermunternd dabei zu. Dann spüre ich, daß dies eine weit vorausliegende Utopie ist, eine Art Wunschphantasie von mir für die Realisierung ihrer wartenden weiblichen Anmut. Die ist so zerbrechlich, daß ihre Inszenierung nur Sinn machen würde, wenn ich sie dabei seitlich hielte, um die Befangenheit zu mildern. Aber das geht sicher noch nicht, es geriete ins Fahrwasser oder den Verdacht der Erotisierung bei ihr, oder der „Vorführung" der Prinzessin durch den eitlen Vater.

Während ich den Bildern eines lebendigen Mädchens nachhänge, das sich hinter so dissoziierten Identitätsfragmenten verborgen hält, spricht sie hastig und tonlos weiter, über Studium, Familie, Freundin, Erinnerungen an einen früheren Freund, vom dem sie gelegentlich noch träumt. Ich mache sie vorsichtig auf den entfremdeten Klang ihrer Stimme aufmerksam; sie missversteht sofort und meint, ich wolle ihr deutlich machen, wie häßlich ihre Stimme sei. Nein, sage ich, und bin ein wenig erschroken über die Intensität des Tadels, den sie befürchtet, eine Blosstellung, die mir grausam vorkommt, und die mich schlagartig in einem sadistischen Licht erscheinen läßt. Deshalb betone ich: ich meinte es gar nicht kritisch, eher besorgt, denn sie spüre vielleicht selbst, daß ihr die Stimme abhanden gekommen sei, oder überfremdet, und daß wir ja schon manchmal gesehen hätten, daß sie mit der Stimme der Mutter oder des Bruders spreche. Ja, sagt sie erleichtert und das ganze ins Positive wendend, wie um von der plötzlichen Scham wegzukommen: sie könne gut Stimmen nachmachen, aber manchmal bleibe sie bei einer solchen imitierten Stimme hängen und komme nicht mehr davon los.

Da ich nach einer anstrengenden einwöchigen Reise selbst mit der Stimme nicht ganz bei mir bin, scheine ich besonders sensibel und spüre, vielleicht durch Identifikation, das Ausmaß ihres Verlustes einer lebendigen Stimme. Als ich sage, meine Stimme habe sich auch von mir entfernt, deshalb sei ich vielleicht besonders aufmerksam, sagt sie, sehr wach, fast scharf, aber nicht liebslos: „Ja, sonst ist Deine Stimme meistens voller und frecher, heute ist es wie Zeitunglesen, wenn ich Dir zuhöre". Sie ist befriedigt, daß sie es gemerkt hat und so gut ausdrücken konnte, und daß wir jetzt das gleiche Problem haben, sie also mit der versickerten Stimme nicht so allein ist. Denn sie hat schon oft böse oder kritische oder hämische Kommentare einstecken müssen, vor allem von ihrem langjährigen, kritisch-pädagogischen Freund, der immer an ihr herumnörgelte. Ich höre also auf zwei Ebenen, der inhaltlichen wie der „musikalischen" zu und weiß deshalb nicht mehr ganz genau, ob die folgende inhaltliche Mitteilung von ihr vor oder nach der Thematisierung der Stimme kam:

Sie sei oft so weich und pflegeleicht, daß sie für andere Dinge tue - nur um beliebt zu bleiben - die sie gar nicht wolle. Und sie könne sich ganz schlecht von ihrer Mutter abgrenzen, wenn sie telefoniere. Im Grunde helfe nur Kontaktvermeidung. Dann sagt sie: Heute, und schon öfter, habe sie geträumt, sie wisse im Traum erstaunt und unsicher, daß sie sich, ohne es zu wollen, früher zu etwas verpflichtet habe, z.B. mit einem Mann zu schlafen, und der stehe dann vor der Tür und betone seinen sicheren Anspruch, hereingelassen zu werden, um seinen unabweislichen Tribut einzufordern. Morgens sei sie manchmal ganz unsicher, ob er nicht wirklich unten stehe. Sie sei dann so unglücklich über sich, weil sie sich nicht erinnere an die Zusage, aber sie traue sich solche Versprechungen zu, vielleicht gebe sie ihr Wort in manchen schwierigen Situationen für eine Zukunft, um sich in der Gegenwart freizukaufen. Oft, wenn das Sebstwertgefühl gering ist, glaubt sie überhaupt nur durch sexuelle Reize für Männer interessant zu sein.

Ich prüfe im Stillen die Deutung, ob nicht ein Teil von ihr auch die Vereinigung aufgrund eines nicht mehr zurückzunehmenden Versprechens, das sie ja auch entlastet, wolle. Aber selbst wenn sie partiell stimmte, passt sie gar nicht in das Klima dieser Stunde; Victoria scheint mir so sehr Kleinkind, daß es mir vorkommt, es handle sich nicht wirklich um eine erotische Sehnsucht oder Angst, sondern um etwas Früheres, das in das Bild des Beischlafs eingekleidet wird, also entweder um heftiges Schmusen mit der Mutter, oder Körperpflege, oder zärtlichen oder Raufkontakt mit dem Vater, den sie mit knapp sieben Jahren verloren hat. Aber auch diese Sehnsucht ist überlagert von Befürchtungen, vermutlich weil der Vater, der sehr unregelmässig zuhause war, sie ganz nach seinen Launen an sich riss, um sie mit kurzen groben Zärtlichkeiten zu überschütten, während die Mutter körperlich fast unzugänglich blieb. Das macht es ihr bis heute schwer, einer Frau gegenüber Zärtlichkeit zu zeigen oder zuzulassen.

Sie spürt Widerwillen, sich mit der Stimme zu beschäftigen, bei gleichzeitigen klaren Zeichen, daß ich auf der richtigen Spur bin: indem sie wimmert und ähnliche Probelaute von sich gibt, klagend in dem Sinne: „Wie kannst Du Dich nur mit diesem kläglichen Rest von Stimme beschäftigen?“, und anderen leisen Bestätigungen des Themas. Daneben hat sie noch eine Ausstrahlung, die averbal mitteilt: wie kannst du etwas so Grausames tun und meine Stimme auch nur bemerken, das kann doch nur in einer Art Folter enden!

Erklärung

Um die brüchige Situation zu stabiliseren und ihr etwas Boden unter die Füsse zu geben, schildere ich ihr meine Haltung: Sie, Victoria, habe, vielleicht auch aufgrund der einwöchigen Pause, etwas Wertvolles verloren, was ihr nie sicher gehörte: die eigene Stimme, und ich wolle ihr helfen, nach ihr zu suchen; das sei mühsam und manchmal peinlich, weil es eben vielleicht beim Wimmern wieder anfangen müsse, und dabei könne es sein, daß ich sie halte, damit sie sich nicht verliere und sich nicht zu sehr schäme.

Sie setzt sich spontan vom Stuhl auf den Boden. Die eindeutige

Regression gibt mir das Gefühl: sie will mitgehen, braucht aber schützende Führung und immer wieder Erklärungen, wo wir uns befinden und was der nächste Schritt sein könnte. Sie kommt immer wieder ins Erzählen, spricht von ihrer Mutter, aber die Stimme ändert sich nicht; die Patientin ist gleichsam seelisch nicht präsent, sondern spricht tonlos über sich wie über etwas Drittes, darunter auch über Erlebnisse mit ihrer Stimme, die ihr manchmal auch ganz wegbleiben könne.

Deshalb sage ich: die Zusammenhänge könnten wir vielleicht später klären, wenn sie sich gestärkt habe. Ich berichte ihr von meinen Bildern: ich sähe sie seitlich auf der Couch liegen, und mich mit meinem Rücken an ihrem sitzen, was sie schon lange kennt. Oder: ich halte ihren Kopf, während sie Laute erprobt; oder, da sie mich zunächst nicht sehen will: sie sitze seitlich von meinem Stuhl, schaue in entgegengesetzter Richtung aus dem Fenster, und lege dabei ihre Hand auf meinen Arm, um den Kontakt zu spüren.

Kommentar

Der Sinn des Bilderangebots ist mehrschichtig: sie kann sich einhören und einphantasieren in meine Bilder und Angebote und hat Zeit dafür, sie zu sichten und auf sich wirken zu lassen; sie kann meine Stimmung und meine Gelassenheit überprüfen und mit rapide auftauchenden Übertragungsängsten umgehen, bevor sie sich auf eine konkrete Interaktion einläßt.

Sie wählt schließlich ohne längeres Zögern das Liegen, fragt aber immer wieder quengelnd-vorwurfsvoll-resigniert - hilflos: „Wie soll ich es denn machen?“

Sobald sie mit dem Gesicht zur Wand auf der Couch liegt und ich mich zu ihr gesetzt habe, fängt sie ganz gepresst an zu keifen und aggressiv zu wimmern und stößt mich mit ihrem Rücken heftig an, dann boxt sie mich, macht quiekende Töne wie ein Kind, das seine Wut nur gepreßt und verhalten zeigen darf oder kann; ich nenne es für mich „zerquetschte Wut“. Ich frage, ob sie spüre, wie stark die Notbremse angezogen sei. Sie versteht mich erst nicht, deshalb mache ich es vor, und sie versteht. Es gelingt ihr aber kein einziger kraftvoll-natürlicher Ton, im Gegenteil, sie gerät immer tiefer in eine Wut, die in einer Konservendose zusammengepresst scheint und die nur durch eine winzige Düse mit hohem sirrenden Ton herauskann. Der ganze Kiefer scheint angespannt. Ich frage, wo sie die gefangene Stimme spüre, und ob sie den Teil, wo sie sie spüre, mit mir in Kontakt bringen könne, weil er ganz mit Spannung überladen sein muss. Sie sagt: „Nur im Kopf, der ist zum Zerspringen.“

Ich schlage ihr vor, ihren Kopf zu halten, sie stimmt zwar zu, zuckt aber heftig zusammen, als drohe ihr eine große Gefahr. Ich sage deshalb, es wirke „pantomimisch“, weil wir die Ängste beim Kopfhalten schon verschiedene Male hatten, und weil diesmal ihr Zucken wie eine Mahnung wirkt: „Du weisst ja, wie schreckhaft ich da bin.“ Deshalb kündige ich an, dass ich aufstehe und ihren Kopf von meinem normalen Stuhl hinter der Couch aus halte. Ich lege eine Hand auf das Kopfkissen und sage, sie könne den Kopf hineinlegen. Da beginnt sie sofort mit ihrem Kopf auf meine Hand einzuschlagen und beklagt sich, daß es nicht mir weh tue, sondern ihr. „Deine Wurstfinger“, schimpft sie, „tun weh, Du berührst mein Gesicht!“ Sie hat die Haare tief in die Stirn und über die Wangen gezogen, so daß ich nur einen dichten Vorgang von Haaren berühre. Als sie durch eine Bewegung einen meiner Finger direkt auf der Nase spürt, fährt sie drohend wie eine Katze die Krallen aus und kratzt mich an der Hand, als warnenden „Denkzettel“.

Sie reibt sich danach heftig die Stirn und die Augen. Als ich anbiete, ihre Stirn zu halten, muss sie wieder die Haare so ausbreiten, daß kein Hautkontakt stattfindet. Dann kämpft sie gegen meine Hand wie ein Stier, gibt aber weiter kindlich gequetschte, hohe Töne von sich, die mich an Oskar Matzerath denken lassen. Als ich frage, ob sie auch tiefere Laute machen könne, sagt sie traurig: „Ich kann doch niemanden erschrecken, ich bin doch ein Mickerling, den alle auslachen!“ Aber sie bittet mich, ihr tiefere Töne vorzumachen. Das ist ein Fortschritt, denn bei bisherigen Lautübungen musste ich ganz still sein. Jeder Laut von mir schien sie zu stören oder kam ihr wie ein Nachäffen vor, nicht wie eine ermutigende Antwort oder wie ein ermunterndes Vormachen.

Ihre Stimme weckt Mitleid in mir und Unwillen: sie ist so eingesperrt, dünn, ätzend und hilflos, aber auch erbarmaungslos aggressiv. Ich frage, ob sie mich durch ihre Lautstärke erschrecken könne; da kommt ein langgezogener, gepresster, hoher, auch verängstigter Laut. Ich erwähne Oskar Matzerath. Sie lacht einverständig und sagt: „Ja, das hätte ich gerne gekonnt, Glas zersingen!“ Danach schweigt sie, und ich frage, wie sie den Schrei erlebt habe. Es sei jetzt sehr unangenehm: wie Nebel oder Rauch im Kopf, der Kopf sei ganz angespannt, „es war auch nur Stimme aus dem Kopfinnern, fast ohne jede Beteiligung des Körpers.“

Dieser Schrei kam übrigens, als ich noch bei ihr sass, und das Schwindelgefühl, das ihm folgte, führte zu ihrer Erlaubnis, ihren Kopf wirklich zu halten. Das beruhigte sie etwas.

Die Stimme wird, als ich den Kopf dann länger halte und sie gegen die Hand kämpft, etwas kräftiger; noch mehr, als ich ihr vorschlage, die Stimme mit Bewegungen des ganzen Körpers zu begleiten. Sie krümmt und windet sich etwas, und die Stimme kommt in einen gewissen Kontakt zu den Bewegungen. Vorher hatte ich ihr schon erklärt, es gehe wohl darum, den Zusammenhang zwischen Stimme, Gefühl, Szene, Bewegung und Körper wiederzufinden. Das leuchtet ihr ein, sie sagt etwas über das Auseinanderfallen der verschiedenen Aspekte.

Nach dieser begrenzten Bewegung mit einer wie probeweise den Krümmungen angepassten Stimme scheint sie aber zu erschrecken und zieht sich plötzlich, wie wenn sie Schläge fürchtete, ganz in sich zurück, indem sie die Arme um sich verknotet. Sie sieht wie ein zusammengeschnürtes Bündel aus. Ich spiegele ihr das, sie wimmert, und ich frage sie, ob ich einmal ihre einschnürend-schützenden Hände und Arme durch meine ersetzen könne.

Kommentar
Der amerikanische Körpertherapeut Al Pesso, bei dem ich einige Jahre in Ausbildung war, arbeitet konsequent damit, daß die Patienten durch ihre Körpersprache sehr oft signalisieren, was sie an Halt, Berührung, Widerstand oder passender Interaktion brauchen, indem sie es sich konkret oder symbolisch zukommen lassen. Deshalb bietet er Szenen an, in denen er ideale Elternfiguren die haltenden, tröstenden, eingrenzenden oder konturierenden Gebärden machen lässt. Das Prinzip bewährt sich sehr und gibt dem Patienten, dessen Geste aufgegriffen wird, nicht nur das Gefühl, er werde einfühlsam beobachtet, sondern auch ein Gefühl für seinen unbewussten nützlichen Beitrag bei der therapeutischen Kooperation.

Da sie in dieser Stunde schon sehr viel riskiert hat und sich offenbar gehalten fühlt, stimmt sie zu. Ich setze mich wieder neben sie, die zur Wand gedreht liegt, umklammere sie mit den Armen und frage, da ich immer noch mit der eingeschnürten Stimme beschäftigt bin, ob sie sich befreien und dabei Töne machen könne. Sie sagt aber, ihre Lage sei angenehm, sie wolle gar nicht heraus aus der Enge. Ich schlage ihr deshalb vor, es erst einmal zu genießen, obwohl der Ring um ihre Brust ziemlich eng ist. Nach einer Weile sage ich: der Ring komme mir vor wie ein Symbol; sie bezahle Wärme und Nähe durch grosse Enge, Druck und Einschränkung von Atem und Stimme. Dem stimmt sie erstaunt zu. Ich drücke eine Spur fester, und jetzt wendet sie viel Kraft auf, um wenigstens einen Arm aus der Umklammerung zu befreien. Die Stimme wird kräftiger, wütender, aber bleibt hoch und wütend-hilflos. Es ist „liebevolle Gewaltsamkeit", die aber von mir ausgeht, wie wenn man ein Kind vorübergehend in seinen Armen fängt und einengt, um ihm Gegenwehr zu entlocken oder „Entkommen" zu spielen. Die Szene schafft grosse

Nähe. Ihre Stimme schwankt beim Entwindungskampf zwischen Schrekken und Spass. Beim Ausruhen fallen ihr viele Bilder ein, Erinnerungen an den Vater, der so laut war und erschreckend grob. Sie habe ihn deshalb verachtet, könne vielleicht auch darum nicht wirklich laut sein. Ihr Gesicht sieht jetzt ganz anders aus: einerseits gröber, sie ist nicht mehr der pflegeleichte hübsche Mädchen-Knabe, sondern ein grobes Kind, das aber kräftig und lebendig aussieht. Übrigens hatte ich zuvor, als sie keinen tiefen Ton zustande brachte, noch gesagt, sie möge auch versuchen, hässliche oder böse Laute zu machen. Und das kann sie sofort und leichter: keifend, spuckend, mit verzogenem Mund, sie kommt in Fahrt, will sich aber verstecken dabei, weil sie sich geniert, hält den Kopf halb unter die Decke, die neben ihr liegt.

Kommentar: Ein kurzer Abgrund der drohenden Erotisierung
Zu Beginn der intensiven Halte- und Umklammerungsinteraktion, als ich meine Arme um ihren Oberkörper schlinge, dreht sie sich in einem bestimmten Moment so mit meinem Arm mit, daß ich nicht ihren linken Ellbogen auf der anderen Seite des Körpers zu fassen bekomme, sondern ihren linken Busen. Einen Augenblick lang scheinen wir beide erschrocken, sind aber wohl beide unsicher, wie der andere reagieren wird. Da ich meine Hand sofort löse und sie zum Ellbogen weiterschiebe, geht der Moment der Gefahr vorüber, in die ich sie gebracht habe: sie hat sich noch nie so weit vorgewagt, und einen Augenblick lang fürchte ich, mein kleines Missgeschick könne zu einem Absturz führen. Ich bin aber froh, daß sie nicht abstürzt. Wir schweigen hinterher über den Gefahrenmoment, aber ich bin sicher, daß wir ein paar Wochen später darüber sprechen werden. Meine Phantasie ist, sie wird sagen: „Wehe, wenn Du Deine Hand auch nur den Bruchteil einer Sekunde dort gelassen hättest, wäre ich aufgesprungen und gegangen.“

Als sie wieder ruhig liegt, sagt sie, immer noch mit dem Rücken zu mir: so gekrümmt liege sie jeden Morgen nach dem Aufwachen im Bett, wie ein Fötus. Aber seit längerer Zeit beruhige sie das nicht mehr, sondern es tue ihr alles weh. Jetzt fühle sie sich leer wie eine durchsichtige Qualle. Es berührt mich, weil sie wirklich ein abwesend anwesender Mensch ist, eine Hülle ohne Mitte, traurig und quasi substanzlos, aber dennoch fühlend, daß jetzt alle schützenden Schichten, auch die Zufluchten des falschen Selbst weggefallen sind.

Ich denke: so klar habe ich die Leere der Stimme noch nie als Gesamtbild von Körper und Seele gespiegelt erhalten. Sie scheint verzweifelt, als ob sie ganz irreal geworden sei und ihren Inhalt, ihren Halt an sich selbst verloren habe.

Das Ergebnis der starken, haltenden Interaktion scheint paradox: Es sieht aus, als habe sie ihr lebendiges Selbst noch viel tiefer verloren. Meiner Meinung nach hat aber das Erlebnis des sicheren Haltes und der Entdeckung, daß es möglich ist, Teile der Stimme wie des Selbst wiederzufinden, ihr erlaubt, noch tiefer und auf eine radikalere Schicht des Selbstverlustes zu regredieren: nämlich dorthin, wo Bewegung und Kampf auch nicht mehr helfen, sondern nur noch das Tanken von Seinserfahrung an einem anderen Körper.

Deshalb schlage ich ihr vor und habe im Sinn, daß sie Berührungs- und Konturierungsnahrung braucht, um etwas Substanz in sich aufnehmen zu können: sie möge sich umdrehen und sich liegend um mich herumwinden. Sie fragt, obwohl wir es schon öfter gemacht haben, klagend „wie", bis ich es ihr wieder erkläre. Dann umringt sie mich mit dem Körper, kommt wieder ins Wimmern, aber es klingt „essend", aufnehmend, immer ruhiger, so, als ob sie etwas bekäme; die Laute werden langsam zufriedener. Ich hatte ihr gesagt, sie könne mich wie eine Qualle in sich aufnehmen oder wie eine Krake umklammern. Während sie „tankt", spricht sie über Zustände der Leere, und wie sehr sie fürchte, daß sie in solchen Zuständen alles tue, was man von ihr verlange, vor allem für Männer, um so zu sein, wie sie gewünscht werde, weil sie an sich selbst keinerlei Halt mehr habe. Dann fragt sie fast begeistert: „Und ich kann lernen zu sagen: ‚Nein, das geht jetzt nicht!'?" Als ich nicke, beginnt sie zu üben und faucht einen imaginären Mann an: „Laß mich in Ruhe, du siehst doch, daß ich das jetzt nicht will, das muß genügen, ich habe lange genug gebraucht, das zu spüren und mich zu trauen!"

Sie fragt am Ende noch einmal, wie ich heute gerade so intensiv auf die Stimme gekommen sei, und ich wiederhole, sie sei mir heute besonders aufgefallen, vielleicht weil es mir so ähnlich ging. Das erleichtert sie, weil sie nicht allein mit ihrer Störung ist, über die sie sich oft so schämt.

Und dann sage ich: „Es gehört Mut dazu, manchmal auch ein Stück Frechheit, wie es eben in Deiner Stimme gelegen hat, um wirklich nein zu sagen zu jemand, den man nicht verlieren möchte, oder auch nur, ihn zu enttäuschen oder ärgerlich zu machen", und sie sagt: „Bisher, wenn ich nein sage, dann mache ich eine so sanfte Stimme, daß es fast wie ja klingt und keiner beleidigt ist. Aber mancher hört das Nein dann überhaupt nicht und tut so, als hätte ich gar nichts gesagt." Ich schlage ihr vor, sie möge mit der Stimme das Nein üben und habe dabei Bilder von nein-sagenden oder -schreienden Kindern vor Augen, die vielleicht sogar mit dem Fuss stampfen, aber sie sagt: „Das geht jetzt nicht, ich möchte meine Neins dem andern wütend ins Auge *spucken*, es soll ihn ja treffen."

Es wird deutlich, daß es eine aufgestaute Wut gibt über so viele nicht gesagte Neins, und die damit verbundenen Demütigungen über den Selbstverlust, daß sie fürchtet und hofft, ihre zukünftigen Neins seien wie Geschosse, die etwas von der Demütigung zurückschleudern, die sich in ihr gesammelt hat. „Daran müssen wir aber weiterarbeiten", meint sie am Schluß, und gibt mir noch im Gehen einen aufmunternden Schlag auf die Schulter.

Ich bleibe erleichtert, auch beschenkt zurück, fühle mich selbst sehr viel präsenter und mehr in mir ruhend, und habe keine Sorge mehr, in den noch folgenden drei Therapie-Stunden des Nachmittags könne ich selbst leer und zur Qualle werden.

Eine mögliche Nachwirkung der Stunde

Im ganzen scheint die Stunde kräftigend und ermutigend gewirkt zu haben. Es wird in der folgenden Stunde unter anderem zum Thema, daß sie ihrer besten Freundin noch nicht gestanden habe, daß sie in Therapie sei, weil sie Kritik und Verachtung fürchte. Wir untersuchen, welche inneren und früheren Stimmen die Freundin repräsentiert, von ihrer möglichen realen Reaktion einmal abgesehen. In der Gruppe ist sie in den folgenden Sitzungen deutlich mutiger. Dann geschieht etwas, was ich weiter oben als Übertragungsintensivierung oder -verdichtung bezeichnet habe. Sie ruft drei Tage später an und sagt, sie könne zur Stunde in vier Tagen nicht kommen, sie erhalte Besuch. Ich spüre einen feinen Ärger, fühle mich etwa wie der Hauslehrer in einem großbürgerlichen oder adligen Haus, und das Fräulein teilt mit, daß sie heute verhindert sei durch den Besuch einer Freundin. Es ist der Tonfall, der zu diesen Empfindungen führt, zu denen mir erst später die Bilder einfallen. Ich schlage ihr einen anderen Termin vor, den sie aber ausschlägt, weil sie da fürs Examen lernen müsse. Etwas ärgerlich, aber nicht unfreundlich sage ich: „Du wirst nicht gleich durchfallen, wenn Du Deinen Vormittag am Schreibtisch unterbrichst". „Also gut", sagt sie, „wenn Du Dich so stur stellst!", und legt auf.

Am andern Morgen finde ich einen wütenden Brief in der Post, in dem sie sich äußerst indigniert zeigt darüber, daß ich Dickhäuter einfach nicht kapieren wollte, daß sie keine Lust hatte zu kommen und wegen der Stunde ihre Examensvorbereitungen zu unterbrechen.

In der darauf folgenden Stunde ist sie sehr erschöpft durch die selbst auferlegte Pause, aber nachdem sie sich durch Halten gestärkt hat, finden wir heraus, daß sie ihre Absage am Telefon stimmlich so verkleidet hatte, daß ich ihr Nein nicht wirklich ernst nahm, sie weiter bedrängte und wir in einen undurchschauten kleinen Machtkampf gerieten. Sie hatte sich und mir aber auch deutlich gemacht durch den Ausfall einer Stunde, wie hoch der Preis war, den sie für ein nicht ganz eindeutiges Nein zahlen zu müssen glaubte, das jetzt in der Übertragung auftauchte. Ihr Zutrauen war also in der kämpferischen Abgrenzung wie im „Tanken" so gewachsen, daß sie das Nein in der Beziehung zu mir erprobte. Sehr beiläufig, fast halbbewußt, ermahnte sie mich in einem Nebensatz, daß ich beim Berühren vorsichtig zu sein hätte, weil bestimmte Körperteile nicht berührt werden dürften.

Komentar

In dieser Stunde hatte ich einige Unsicherheiten zu überwinden, weil mir in der Fülle der sprachlichen, stimmlichen, körpersprachlichen und atmosphärischen Botschaften nicht klar war, welcher Linie ich folgen sollte: die Persönlichkeitsfragmente waren körpersprachlich so gut sichtbar, im Sprechen schlug sie aber zum Teil auch ganz andere Themen an, so daß Worte und averbale Zeichen dissoziiert waren und die berichtenden Sätze wie ein Vorhang vor der affektiven Realität lagen. Aber v o r diesem Vorhang war noch ein weiterer aufgespannt: die Stimme als entleerter Hilferuf für ein verschwundenes Selbst, das keine eigene Stime mehr hatte, nur die des indirekten Leidens um sein Verschwinden. Schließlich ließ ich meine Intuition und Victorias Reaktion darauf entscheiden, was die zugängliche Oberfläche war. Die zugängliche Oberfläche war dann die Stimme, die aber mit dem tieferen Leiden in direkter Verbindung stand.
Bei der Diskussion der Stunde vor einem Kreis von analytischen Kollegen auf einem Selbstpsychologie-Symposium in Dreieich wie vor therpeutischen Kollegen in Konstanz zeigte sich neben den vertiefenden Fragen und Einwänden vor allem eine Polarisierung der emotionalen Reaktion bei weiblichen Teilnehmern. Eine kleine Gruppe von weiblichen Therapeutinnen zeigte sich empört über das Ausmaß von „manipulativer Abhängigkeit", in die ich die Patientin gebracht und in der ich sie gehalten hätte. Sie fanden das Klima der Stunde „erdrückend" und meine angeblichen therapeutischen Interaktionen eine Kette von Übergriffen, von deren Wirkung sich die Patientin wohl schwer werde erholen können. Einige Kolleginnen verliessen während der Diskussion empört den Raum: offensichtlich bewirke diese Art der Arbeit ein Ausmaß von Bindung und Selbstverlust, das beinahe kriminell sei.

Es scheinen bei einem mündlichen Vortrag die zahlreichen Hinweise verloren zu gehen, die die Langsamkeit der Entwicklung der Körperar-

beit, das Vorausphantasieren, die Vorbereitung wie die Betonung der Autonomie hervorheben. In der Hitze der Diskussion fragte ein männlicher Diskutant, wie ich mit der Nähe zur strafrechtlichen Verfolgung umginge und der Gefahr, von Patienten bei einer Verschlechterung des therapeutischen Klimas angezeigt zu werden. Ich versuchte noch einmal zu erklären, daß es sich gerade um gelegentlich dramatische Versuche handele, den durch und durch erotisierten Körper von der Last der ständigen Verwechslung von Nähe, Sexualität und Schlüpfrigkeit zu befreien, ebenso von den Ängsten, er sei im Grunde nur als erotische Ware interessant.

Da die berichtete Stunde fast zwei Jahre zurücklag, hatte ich einen kurzen Abriß einer aktuellen Stunde vorbereitet, der etwas von den inzwischen erfolgten Veränderungen erkennen läßt, unter anderem, weil am Beginn der Stunde eine ähnliche, wenn auch weniger gravierende Selbstentfremdung sich zeigte.

Kurzfassung der etwa 200sten Stunde knapp zwei Jahre später

Die Patientin kommt herein, wiederum leicht watschelnd, was sie längere Zeit nicht getan hatte. Sie sagt: „Ich weiss nicht recht, was heute mit mir los ist.“, und erzählt seltsam unterkühlt und tonlos vom gestrigen Tag. Sie hatte zum ersten Mal in ihrem zweijährigen Fortbildungskurs nach ihrem inzwischen bestandenen Examen einen öffentlichen Vortrag in Vertretung eines Dozenten gehalten, bei dem sie sogar einen Teil improvisieren musste. Dies war ihr auch gelungen, obwohl sie, wie sie sagte, neben sich stand, sich selbst erstaunt und distanziert zuhörte, auch das Publikum nur noch wie hinter einem Schleier wahrnahm.

In ihrer Freude rief sie am Abend ihren Bruder an, der in einem ähnlichen Beruf arbeitet. Sie liess sich von ihm die Freude vollkommen vermiesen mit Sätzen wie diesem: „Ja ja, so euphorisch ist man halt beim ersten Mal, das legt sich wieder.“ Er hatte ihren Erfolg banalisiert und damit demontiert.

Da erst verstehe ich, daß die Unterkühltheit wie die Selbstentfremdung am Beginn, die mich irritierte, ein Selbstschutz war. Ich begreife, daß sie einen für sie aussergewöhnlichen Triumph erlebt hatte: den ersten öffentlichen Auftritt in ihrer beruflichen Identität, die noch sehr zerbrechlich war. Zwei Kollegen, von denen sie angenommen hatte, sie seien ihr feindlich gesonnen, und von denen sie einen im Vortrag kritisert hatte, kamen in der Pause auf sie zu und gratulierten ihr. „Siehst Du, wenn ich entspannt bin, kommen die Männer von selbst auf mich zu.“ Sie spielt damit auf ein qualvolles Thema an: sie hatte nämlich einen wenig älteren, ehrgeizigen Kollegen zwei Jahre umworben, unter zum

Teil demütigenden Umständen, bis sie endlich verstand, daß es eine Übertragungsliebe ohne wirklich Antwort war.

Ich möchte aber hier nur auf das zentrale Thema der Freude über ein inneres Wachstum eingehen. Ich teilte ihr nämlich ein bald auftauchendes Bild von mir mit, das sich auf den ihr fast fremden Umgang mit Stolz und Freude bezog: ich sähe sie tanzen im Jubel über ihre Leistung, und ich lüde sie ein, es zu versuchen, ich würde mich mit meinem Stuhl zur Wand drehen, um sie mit meinem Blick nicht zu stören. Sie sagte: „Das werde ich nicht tun, weil ich mich geniere." Ich frage sie: „Wer ist im Raum, der dich hindert?" Sie sieht plötzlich Mutter und Bruder in der Ecke des Raumes: „Bei uns durfte man sich nicht einmal als Kind richtig freuen, schon gar nicht herumhüpfen."

Es gelingt ihr, mit meiner Hilfestellung eine Anklage gegen die freudlose Lebensphilosphie der Mutter und den Neid des Bruders zu formulieren, wobei sie sich aber auf den Boden kauert und abwechselt zwischen Angriff und selbstmitleidigem Jammern. Es geht besser, als sie sich eine Schutzmauer aus Kissen gebaut hat, die die Vergeltungsangst mindert. Zu ihrem grossen Erstaunen verschwinden aber die Figuren ganz aus dem Raum, als sie auf meine Anregung hin aufsteht und damit wieder mehr vom erwachsenen Teil von sich Besitz ergreift.

Mein Körpergefühl in der Gegenübertragung gibt mir sehr klare Bilder ein, die vermutlich durch den sich ändernden Stimmklang und winzige Bewegungen ausgelöst werden: der Körper will Freude ausdrücken. Deshalb drehe ich mich zur Wand und sage: „Ich sehe Dich die Arme hochwerfen und Dich räkeln und dehnen und stolz Deine Vorderseite zeigen." Sie tut es und gibt wohlig-stolze Laute von sich. Dann fragt sie etwas agressiv, als wüßte sie nicht weiter: „Und jetzt?" Ich sage: „Ich glaube, Du möchtest hüpfen". Sie versucht es wohl, sagt aber dann: „Es geht nicht, weil Du es ja hören kannst. Ich könnte das nicht ertragen, und außerdem, wenn Du Dich umdrehst, verprügle ich Dich." Ich frage, in welcher Rolle ich plötzlich sei. Sie lacht verlegen und sagt: „Ich habe Dich wohl wieder in meine Familie gesteckt!" Ach so, sage ich, „dabei möchte ich Dich vor Deiner inneren Familie beschützen. Ich bin überzeugt, Du kannst heute einen Schritt über das hinaus machen, was bei Euch erlaubt war." Als sie unvermittelt sagt: „Ein Trampolin müßte her", weiß ich, daß das Arbeitsbündnis auch für die Eroberung von Neuland wiederhergestellt und tragfähig ist. Sie läßt ja erkennen, wie hoch die Luftsprünge sein müßten, die in ihrem Körper warten. Meine Couch aus Schaumstoff hat schon öfter als Sprungunterlage gedient, ihr ist es allerdings neu. Ich biete ihr an, sie zu halten, „damit Du nicht wie das HB-Männchen an die Decke gehst." Sie lacht und läßt sich an den Händen halten, stellt allerdings das Springen bald wieder ein und beklagt die „Lahmheit“ der Federung. Sie will auf den Boden. Dort lege ich ihr leicht die Hände auf die Schultern, um ihr ein „Halten auf der Erde“ angesichts ihrer omnipotent erscheinenden Gefühle des Jubels zu signalisieren, und einen Schutz gegen das „Ausrasten vor Freude“. Sie hüpft mit voller Kraft, bricht dann aber ab, vesteckt ihr Gesicht verschämt unter den Haaren und sagt: „Wenn ich glücklich bin, muß ich aggressiv werden!“ Ich ahne, daß es sich um Wut über eine potentielle Beschämung, auch Wut über frühere Beschämungen ist, und biete ihr das Stierkampfspiel an. Sie senkt den Kopf in meine Hände und drückt und tobt und schreit, bis ihr der Nacken weh tut. Sie zeigt auch Stolz über den Kampf, will sich dann rasch setzen, für mein Gefühl zu früh für das Ausmaß von Energie in ihr. Als ich ihr anbiete, ihre Fäuste zu halten, kämpft sie mit den Fäusten und rüttelt an mir und sagt dann unvermittelt: „So, und jetzt will ich treten.“ Sie legt sich auf die Couch, ich halte vom Fußende einen Sitzsack vor meinen Leib, und sie tritt aus Leibeskräften, kann mich sogar anschauen dabei - erst hatte sie die Augen geschlossen - bis sie ermattet.

Ich setze mich zu ihr, sie rollt sich um mich herum und spürt jetzt erst die Strecke, die sie zurückgelegt hat, von der Scham bis zum Hüpfen vor Freude, über den Kampf bis zum Treten, bei dem sich ihr ganzer Körper aufbäumt. Sie drückt von sich aus den Kopf gegen mein Knie, was eine von ihr bisher selten erreicht Zutraulichkeit anzeigt. Nach einer Pause frage ich, ob sie in ihrer Mitte noch Energie von Kampf oder Freude spüre, und promt versucht sie mich mit dem Becken von der Couch hinunterzustossen. Sie genießt ihre vollere Stimme, wechselt zwischen Ankuscheln und Kampf, und sagt im Aufstehen: „Vielleicht kann ich ja doch etwas leisten in meinem Beruf. Es ist ein richtiges Hochgefühl.“ Im Gehen sagt sie: „Das war eine gute Stunde. Danke.“

Schock auf doppeltem Boden

Zur Verletzung von Selbst und Selbstwert

Dagmar Hoffmann-Axthelm

Als ich kürzlich beschloß, in diesem Band einen Beitrag zum Thema „Schock" beizusteuern, hatte ich eine ziemlich klare Vorstellung von dem, was ich sagen wollte: Das Thema sollte die zum Schock gefrorene - und damit nahezu unspürbare - Angst sein, die bei manchen Menschen der eigentlichen Angst vor körperlich-seelischer Berührung vorgelagert ist und die sie davor schützt, sich dieser tiefen Angst auszusetzen. Ich verwandte wenig Energie darauf, dem Vorhaben und seinen spezifischen Schwierigkeiten weiter nachzuspüren, dachte nur, es sollte weder eine lange Sache werden, noch dürfe es mich zu viel Zeit kosten, und so verschob ich das Ganze auf ein paar arbeitsfreie Tage, die in Bälde zu erwarten waren.

Als es soweit war, setzte ich mich wohlgemut an den Computer, stellte ihn an und wollte mit dem Schreiben beginnen. Aber da kam nichts, gar nichts, was ich hätte schreiben können. Statt des erhofften und benötigten Gedankenflusses herrschte Leere im Hirn und Leere auf dem Bildschirm. „Wie fange ich an?" war das einzige, was ich denken konnte und was unentwegt in meinem Kopf echote. Formulierungen entstanden und wurden wieder verworfen, Bilder und Sentenzen formten sich und wurden für zu leicht befunden. Abschweifungen stellten sich ein und wurden vom Überich mit dem Ratschlag quittiert, ich solle mich bitte auf die Essenz dessen konzentrieren, was ich eigentlich zu sagen hätte; daraus würde sich der Anfang dann erfahrungsgemäß von selbst ergeben. Ich versuchte diesem Ratschlag zu folgen, aber leider ohne Erfolg. Mein Überich wurde dadurch natürlich nicht milder gestimmt und fand, ich sollte mich nicht wundern, ich hätte mich einfach immer noch nicht gut genug konzentriert. Also versuchte ich es nochmals. Wieder nichts; woraufhin eine milder gestimmte Kinder-Instanz meines Selbst fand, ich könnte mir doch erst mal einen Tee kochen und schauen, ob sich nicht irgendwo noch etwas Schokolade fände. Hoffnungsfroh ging ich ans Teekochen und Schokoladeessen, aber auch das half nichts. Jetzt war das Überich wieder am Zuge, doch die geforderte Konzentrationsfähigkeit wollte sich gleichwohl nicht einstellen. Als Kompromiß räumte ich daraufhin erst einmal die Geschirrspülmaschine aus, aber auch diese gute Tat wurde nicht belohnt. Zurück am Schreibtisch starrte ich den Bildschirm an und der starrte in seiner ganzen Leere zurück. In meiner allmählich einsetzenden Lähmung fragte ich mich, ob nicht vielleicht irgend ein Dichter oder Denker ein geflügeltes Wort zum Thema „Angst vor der Angst" oder „Schock vor dem Schock" hinterlassen habe und begann, in den entsprechenden Schubfächern meines Gedächtnisses zu kramen. Wieder nichts. Statt dessen wurde das Überich langsam giftig. Ich solle bitte, fand es, das bißchen freie Zeit, das ich zum Schreiben hätte, nicht dermaßen verplempern, sondern mich endlich konstruktiv auf meinen Gegenstand einlassen. Das war dann wiederum zu viel des Guten (oder Schlechten) für die ohnehin gestressten niederen Regionen meines Selbst. Es meldeten sich verschiedene Stimmen aus diesen Bereichen, die fanden, ich hätte schließlich Ferien, es sei ein kalter, grauer Wintertag, mit dem Arbeiten würde es heute sowieso nichts mehr, ich sei total verspannt und verbohrt und das Gescheiteste wäre es, jetzt erst einmal in die Sauna zu gehen.

Verspannt war ich wirklich, das mußte sogar meine strenge Überich-Instanz zugeben. Also wurde die Idee nach einigem Hin und Her vom Gesamt-Chor meines Selbst akzeptiert und ich machte mich halbwegs zufrieden auf den Weg in die Sauna mit dem festen Vorsatz, jetzt nicht weiter an das unerledigte Problem der Einleitung zu denken. Aber daraus wurde nichts. Denn ein paar Minuten wohliger Wärme genügten, meinen Verspannungspanzer zum Schmelzen zu bringen, und dem folgten nahezu blitzartig zwei Erkenntnisse. Erkenntnis Nummer 1: Soeben hast du genau das erlebt, worüber du deinen Aufsatz schreiben willst. Statt zuzulassen, daß du dir kein leichtes Thema gewählt hast, daß die Arbeit daran deine eigene Angst und Hilflosigkeit, deine eigenen Ur-Schmerzen wieder aufwühlen wird, hast du diese Gefühle auf Eis gelegt und einzig den wenig verfänglichen, aber auch wenig lebendigen, leicht arroganten Gedanken gehabt: „Schreiben wir doch mal eine kleine Fall-Vignette über den Schock." Erkenntnis Nummer 2: Warum benutzt du dies Erlebnis nicht als Einleitung und Einführung in das Problem?

Es hielt mich nicht länger in der Sauna, denn diejenigen Energien, die vorher „schockiert" waren, gerieten jetzt in Fluß. Durch die warme, Geborgenheit vermittelnde Umgebung konnten sich meine körperlichen und psychischen Kontrollmechanismen lockern. Ich spürte neben den vorhandenen Konturen dessen, was ich beschreiben wollte, jetzt auch die Unsicherheiten und Unwägbarkeiten des Unternehmens und meine Widerstände, den Ort in meinem Selbst aufzusuchen, an dem jene schmerzlichen und kränkenden Gefühle wohnen, die mit Unsicherheit, mit Angst und Hilflosigkeit einhergehen. Und gleichzeitig fühlte ich damit endlich Zugang zu der Ebene, nach der ich zuvor so verbissen gesucht hatte: Ich konnte mich tiefer einlassen auf die Licht- aber auch auf die Schattenseiten meines Vorhabens, und so ging ich nach Hause und begann zu schreiben.

*

Hier soll die Rede sein von Abwehrmechanismen narzißtisch gestörter Persönlichkeiten und damit von einem gut erforschten, in der psychoanalytischen Literatur vielfach beschriebenen Phänomen. Die folgenden Überlegungen gelten also einem wohlbekannten Thema. Ich möchte dies Thema hier jedoch aus einem anderen Blickwinkel betrachten: Zum einen werde ich versuchen, die bekannten psychodynamischen Aspekte mit den korrespondierenden körperlichen Erscheinungsformen zu verknüpfen; und zum anderen geht es mir um eine Differenzierung des Schock-Begriffes im Sinne nicht nur einer, sondern zweier Abwehr-Strukturen, die im Innern der betroffenen Persönlichkeiten auf unterschiedlichen Ebenen wirksam sind und die ich hier Primär- und Sekundär-Schock nennen möchte. Der Primär-Schock schützt vor der Wahrnehmung tief gelagerter, in früher oder frühester Kindheit entstandener, existentiell bedrohlicher Ängste. Der Sekundär-Schock, zum Schutze des Selbstwertes kreiert, sorgt dafür, daß jemand trotz vorhandener narzißtischer Wunden ein geachtetes, gesellschaftlich anerkanntes und angepaßtes Leben zu führen vermag. Die Ebene des Primär-Schocks dient also der *Selbst*-Erhaltung, diejenige des Sekundär-Schocks der *Selbstwert*-Erhaltung.

Das funktionierende Zusammenwirken der beiden läßt den betroffenen Menschen in einem geschlossenen, unangreifbaren System leben, das ihm das Gefühl von Sicherheit, von Erfolg, gegebenenfalls sogar von Überlegenheit vermittelt. Denn der doppelte Schock-Schutz hält einerseits Ängste um Inkompetenz und Versagen und andererseits frühe, lebensbedrohliche Panikgefühle unter Kontrolle, die, wenn sie doch einmal in Krisensituationen stimuliert werden, das ganze System in Frage zu stellen vermögen und deswegen umso heftiger abgewehrt werden müssen.

Beide Schock-Ebenen sind nach dem Prinzip wirksam, das in der psychoanalytischen Therorie als „Abspalten“ bezeichnet wird, das also dafür sorgt, daß bedrohliche Gefühle dem bewußten Erleben nicht zugänglich sind. Auf der Körperebene ist dies Abspalten als Leblosigkeit beschreibbar, als chronische energetische Unterversorgung, die ihrerseits chronische Verspannungen der Muskulatur im Bereich von Nakken, Schultern, Brust, Becken und Knien mit sich bringt. Beide Schock-Ebenen - obwohl auf lebensgeschichtlich unterschiedlichen Stufen entstanden - folgen dem gleichen frühen Muster der Bewältigung eines Entsetzens, das damals auf andere Weise nicht zu bewältigen war. Die

Seele machte das traumatische Ereignis „ungeschehen" - sie verbannte es nach außen; und der Körper hielt die Luft an, zog sich zusammen und lernte auf diese Weise, sich gegen die aktuellen und potentielle spätere Gefahrenquellen zu wappnen. Aber so, wie Angst und das Wissen um frühe Gefährdung in den tieferen Gewölben des Unbewußten ungeachtet dessen lebendig bleiben, daß die ursprüngliche äußere Gefahr nicht mehr gegeben ist, so steckt dies Wissen und diese Angst auch im Körper - festgefroren im starren Muskelpanzer und dort zwar in Schach gehalten, aber nicht überwunden.

Ich möchte diese doppelte Schock-Symptomatik hier nicht in dem Sinne systematisch darstellen, daß ich zunächst den Primär- und dann den Sekundär-Schock beschriebe. Ich lasse mich vielmehr von der Dynamik leiten, die sich im psychotherapeutischen Prozeß einzustellen pflegt: Dort zeigt sich - vereinfacht gesagt, denn in der Praxis vermischen sich die Ebenen ständig - zunächst lebensgeschichtlich „jüngeres", weniger bedrohliches Material, das dem Bereich des Sekundär-Schocks angehört. Erst später gelangen die frühkindlichen Ängste und Abwehrstrategien des Primär-Schocks an die Oberfläche. Nachdem diese verstanden und bearbeitet sind, folgt in einer weiteren Therapiephase wiederum die Erlebniswelt des Sekundär-Schocks, die nun freilich auf der Basis des erkannten und anerkannten Existenz-Traumas neu und tiefer erfahren werden kann.

Ein Mensch, der unter dieser Art von doppeltem Schock leidet, mag in Zeiten psychischer Stabilität bei seiner Umgebung den Eindruck eines leicht unterkühlten, distanzierten, gegebenenfalls auch arroganten, manchmal schweigsamen, häufig auch eloquenten und faszinierenden Zeitgenossen erwecken. Wird diese Abwehr brüchig, kommt also der betroffene Mensch trotz aller Schock- und Schutz-Maßnahmen in Kontakt mit seinen dunklen, unterdrückten Gefühlen, so wird er viel Energie einsetzten, diese nicht zu spüren, sie gewohnheitsgemäß „ungeschehen zu machen" und sie als Ärger, projiziert auf eine als verständnislos erlebte Umwelt, nach außen wirksam werden lassen oder im Sinne von Selbstvorwürfen gegen die eigene Person richten. Damit schafft er die dringend benötigte Distanz zu tieferen Ängsten: Die Außenwelt wird sich in der Regel, alamiert durch sein Gekränktsein, entweder zurückziehen oder Versöhnungsarbeit leisten, und die dunkle Seite des Innern kann sich wieder beruhigen. Oder das eigene Selbst wird die Vorwürfe des Überich nach Kräften ausbügeln und weitere Angriffe zu vermeiden trachten. In beiden Fällen bleibt alles beim Alten, es sei denn, diese Art der Nicht-Kommunikation mit der eigenen Schattenseite geschieht in der Laborsituation der Psychotherapie und kann in dieser geschützten

Atmosphäre gesehen und verstanden werden als das, was sie wirklich ist: als Verrat am Selbst, als Ausdruck des Verlustes der eigenen, authentischen Mitte. Denn ein solchermaßen betroffener Mensch ist mit dem Verlust seiner körperlichen und emotionalen Wahrnehmungsfähigkeit um ein fundamental wichtiges körper- und stimmungsorientiertes Barometer gebracht worden, mit dem er die eigene Persönlichkeit und ihren Standort in der Welt aus der eigenen Gestimmtheit heraus erkennen, erleben und bewerten könnte. Hiervon wird noch die Rede sein.

Frau A., eine Patientin, die bewußt körperorientierte Psychotherapie gesucht hatte, reagierte nach einer experimentierfreudigen Anfangsphase, in der sie bereitwillig auf meine körperorientierten Interventionen eingegangen war, zunehmend abweisend auf meinen Therapiestil. Sie hatte eine schwierige, konfliktgeladene Arbeitssituation, die sie sehr beschäftigte und die in der Therapie viel Raum einnahm. Fragte ich sie, wenn sie darüber sprach, meiner Gewohnheit gemäß, wie sie bei ihrem Bericht ihren Körper wahrgenommen habe - ob sie irgendwo besondere Gefühle von Entspanntheit oder Verspannung fühlte oder gefühlt habe, wie sie ihren Atem empfände - verschloß sie sich. Der Grund wurde bald deutlich. Mein Nachfragen verwies sie zunehmend auf die „Leere" in ihrem Körper, mit der sie nichts anzufangen wußte, für die sie sich schämte und von der sie meinte, sie vor mir verbergen zu müssen.

Diese Leere, dies „Sich-nicht-spüren" wird den betroffenen Klienten in der Therapie erst ganz allmählich bewußt. Denn einerseits verfügen diese Menschen zwar über keinen authentischen Zugang zu ihrem Selbst, andererseits aber haben sie früh gelernt, auf dem Wege feinen Gespürs und in der Regel ausgeprägter Fähigkeiten zur Anpassung an die Umwelt diese Lücken und Löcher in ihrem Wahrnehmungs- und Reaktions-Repertoire zu kompensieren. Wenn diese „begabten Kinder" im Sinne Alice Millers dann doch einmal nicht weiter wissen, haben sie spezifische Auswege: Sie schweigen, sie blockieren den Kontakt oder sie werden ärgerlich: Hinter dem begabten kommt das überforderte Kind zum Vorschein, das - unbewußt regredierend - in der Umwelt eine fordernde Autorität der Kindheit wiederfindet, die es trotz aller Bemühungen nicht zufriedenstellen kann.

Wenn ich nach ihrer körperlichen oder psychischen Befindlichkeit fragte, beschrieb Frau A. manchmal - sichtlich nicht im Kontakt mit sich selbst, sondern eher mir zuliebe - eine Wahrnehmung. Manchmal schwieg sie, und manchmal wurde sie ärgerlich, weil sie fand, ich solle sie mit meiner ewigen Fragerei in Ruhe lassen, das brächte sie nur aus dem Konzept. Es war offensichtlich: meine Interventionen, auf einen objektivierenden Teil der Gesamtpersönlichkeit gerichtet, verfehlten dies Ziel und trafen statt dessen auf Verteidigungslinien, die die Klientin gegen ein internalisiertes beschämendes, besserwisserisches Objekt hatte aufbauen müssen. Bevor dies negativ-aggressive Objekt langsam begann, sich aus dem Gesamtselbst von Frau A. herauszulösen und sich in meiner Person abzubilden, war sie gänzlich mit ihm identifiziert - es war ein fester Bestandteil ihrer inneren Gestimmtheit. Sie meisterte diese Identifikation dadurch, daß sie sich mit einem beträchtlichen Energieaufwand um intellektuelle Anpassung bemühte, daß sie es den anderen - in unserem Fall mir - „recht machen" wollte und daß sie in der Konsequenz ständig am Überlegen war, wie wohl die objektiv „richtige" Reaktion auf meine Fragen und Vorschläge auszusehen habe. Als Folge dieser letztlich erfolglosen Anstrengung entdeckte Frau A. zunehmend eine große, resignierte Leere in sich, die sie zunächst mit ihrem Ärger auf mich abwehrte, dann aber begann zuzulassen. Parallel zu diesem psychischen Befund zeigte sich auf der Körperebene der Kopfbereich als energetisch überversorgt, während der Körper mangels fließender Energien nahezu unspürbar war. Dem psychischen Leeregefühl entsprach also eine Lähmung des Körpers.

Die Anpassung ist bei diesem Abwehrmuster natürlich individuell unterschiedlich. Jeder Mensch paßt sich entsprechend den ihm gegebenen Möglichkeiten an. Intellektuell besonders geübte und begabte Persönlichkeiten sowie psychotherapiebewanderte Berufskolleginnen und -kollegen neigen dazu, Aktionen oder Reaktionen ihrer Therapeutin oder ihres Therapeuten vorwegzunehmen und in ihre Strategie mit einzuarbeiten. Diese Klienten durchschauen sehr schnell den Sinn gewisser therapeutischer Interventionen, erfassen blitzartig, was sie bewirken sollen und fügen Weg und Zielsetzung in ihr eigenes Repertoire ein. Der Therapeut oder die Therapeutin würden sich recht überflüssig fühlen, beharrten sie bei diesem Geschehen auf der Rolle deutender Mentoren. Deutungen braucht diese Klientin, dieser Klient nicht, sondern einen Zeugen, der sieht und versteht, wie dieser Mensch früh hat lernen müssen, sich selbst zu helfen, zu schützen, zu nähren und zu unterstützen und wie anstrengend das ist. Aber auch: wieviel Wissen und Können in diesem Lebensstil hat wachsen können, und wie stolz ihn und sie das macht.

Herr T., ein vielseitig begabter und sehr intelligenter Mensch, therapiert sich in dieser Art vor meinen Augen. Er spricht viel, wirft Fragen auf, findet adäquate Antworten, und wenn ich eine deutende Bemerkung oder eine Spiegelung mache, neigt er dazu, sie entweder mit durchaus einleuchtenden Argumenten zu widerlegen, oder er korrigiert sie, rückt sie zurecht, da sie für ihn in meiner Version nicht stimmig ist. Inzwischen hat er verstanden, daß er einer alten Überlebensstrategie folgt, wenn er seine stets wache Intelligenz dazu benutzt, den anderen immer um einiges voraus zu sein. Nur so kann er - ein vielfach verlassenes und gedemütigtes Kind - sicher sein, sich vor befürchteten Übergriffen von außen schützen zu können. Inzwischen spürt er freilich auch, wie er mit dieser Hirnakrobatik den Boden unter den Füßen verliert, und als probates Gegenmittel leuchtet ihm zunehmend die Körperarbeit ein. Jetzt tut er in den Sitzungen immer wieder etwas, wozu andere Klienten zu Beginn ihrer Therapien oft nicht leicht zu bewegen sind: er macht Körperarbeit. Oft fällt ihm mitten in einem Satz die Nützlichkeit von Körperübungen ein, er steht vor meinen (inzwischen nicht mehr staunenden) Augen auf und macht ein paar Atem- oder Grounding-Übungen.

Die Abwehrschicht, die ein beschädigtes Selbstwertgefühl schützt, erhält viel von ihrer Wirkungskraft aus intellektuellen Quellen. Ob sie sich im äußeren Schweigen zeigt, ob in Eloquenz oder gedanklicher Brillanz, sie verbraucht einen großen Teil der gesamten zur Verfügung stehenden Energie im Kopfbereich, während die Wahrnehmungsfähigkeit im übrigen Körper auf Grund einer flachen Atmung und chronisch verspannter Muskulatur stark eingeschränkt oder sogar nahezu gelähmt ist. Es ist bekanntlich nicht leicht, diese körperlich-seelische Abwehr durchlässiger zu gestalten. Denn so lebensbehindernd und vereinsamend sie ist, so stellt sie zum einen ein gutes Schutzmittel gegen fremde Einmischung oder Mißbrauch in einem Gesamtselbst dar, das sich anders als durch Isolation vor derartigen Übergriffen nicht zu schützen weiß. Und zum anderen ist sie narzißtisch hoch besetzt - ist sie doch der Ort, wo der Stolz auf die eigene Autonomie und Leistungskraft wohnt, eine Leistungskraft, die zudem von der Umgebung häufig sehr geschätzt wird. Gelingt es trotz dieser gegenläufigen Strebungen in der Therapie, einen solchen Abwehr-Panzer zu lockern, so ergibt sich ein Befund, wie er bei einem schweren Kettenhemd, das lange auf der Körperoberfläche gelastet hat, zu erwarten ist: Körper und Seele der Person scheinen empfindungslos. Verzichten unsere Klienten auf ihre verbale Gewandtheit, auf ihr Schweigen, ihren Ärger, atmen sie durch und beginnen sich zu spüren, dann sind sie „schockiert“. Dazu aufgefordert, ihre Lebendigkeit nicht über äußere projizierte oder reale Normen und Forderungen, sondern durch diejenigen Empfindungen zu gestalten, die der eigene Körper und die eigene Seele liefern, geraten sie in eine bedrohliche Situation. Als Kind hatten sie weder den Raum noch die notwendige Unterstützung, ihre Vitalität mit den eigenen Kräften und Maßstäben messen zu lernen; stets wurden sie von einer erwachsenen Autorität gebremst, beschimpft, lächerlich gemacht. Also gaben sie damals irgendwann auf, machten sich die anerkannten Normen zu eigen, entwikkelten sie weiter und gestalteten sie allmählich zu ihrem eigenen Lebensstil. Gleichwohl schlummert da eine Ahnung von einer fast vergessenen Lebendigkeit, um die das Kind in frühen Jahren betrogen worden ist, eine - freilich von Beschämungsangst begleitete - Lust, die ausgetretenen Pfade zu verlassen und neue Experimente zu wagen. In der Therapiesituation, hat der Klient diesen Ort der Offenheit und Verletzlichkeit erreicht, werden dann die alten Schutzmechanismen wieder wirksam. Experimentierlust und Angst vor Demütigung mögen kurz aufflammen, aber schnell werden sie wieder zugedeckt werden durch den Mechanismus des Nicht-Spürens, durch den Schock. Diesen Schock im psychischen Bereich als abgewehrte Angst und im Körper als Spannung zu fühlen, ihn aushalten und schließlich auflösen zu lernen, ist der nächste Schritt auf dem Weg weg vom Schock und hin zum eigenen Selbst.

Herr F., selbst im therapeutischen Bereich tätig und entsprechend vertraut mit der Materie, war über lange Zeit in den Therapiesitzungen sehr lebendig und gab mir häufig das Gefühl, große und gewichtige Schritte zu machen. Er brachte Bilder, Träume, Erinnerungen, aktuelle Konflikte, die sich auf frühkindliche Muster zurückführen ließen, er hatte neue, wesentliche Erkenntnisse und Einsichten - mit einem Wort: diese Therapie verlief einfach zu gut. Wir schauten das an, und es stellte sich allmählich heraus, daß Herr F. neben dem, was in der Therapie tatsächlich den Kern erreichte, über eine nahezu perfekte Anpassungsfähigkeit verfügte und dies, um nicht die Schmerzen eines tief sitzenden Mißtrauens der Umwelt gegenüber und die damit einhergehende Einsamkeit spüren zu müssen. Es war ein großer Fortschritt, als er begann, nicht mehr voll auf meine Interventionen einzugehen. Statt dessen kam jetzt häufig - etwa auf die Frage, wie er sich im Körper fühle - ein „Ich weiß nicht." Die körperliche Entsprechung zu diesem „black out" war eine Verspanntheit im Bereich von Schultern und Becken, die, als sie gespürt werden durfte, bis an die Schmerzgrenze ging. Diesem Mann saß der Schock buchstäblich tief in den Knochen.

Die Ebene der Anpassung verdeckt also einen Schockzustand, der die betroffenen Menschen vor der Einsicht zu bewahren sucht, daß sie ihr Leben nicht aus eigenen Quellen, sondern auf dem Boden früh verinnerlichter äußerer Normen leben. Diesen Mangel an Echtheit haben die Klienten schon lange unklar gespürt, er war der Grund, der sie in die Psychotherapie geführt hat. Und deswegen lassen sich die meisten jetzt trotz des Schocks und der darunter spürbar werdenden Angst und Unsicherheit nicht darin beirren, ihren Weg weiterzuverfolgen. Angst und Unsicherheit sind unangenehm zu fühlen, aber sie sind nicht nichts, sind nicht Schock, sind nicht unspürbar, sondern echte, selbst erlebte und zunehmend begründbare Wahrheit. Schafft der Therapeut, die Therapeutin einen sicheren Rahmen für diese Gefühle, erarbeitet er oder sie mit den Klienten Strategien, wie sie sich in der Seele und im Körper ihren Raum schaffen können, dann lösen sich die psychischen Blockierung und die verspannten Muskeln. Der Körper atmet tiefer, der Brustkorb wird belebt, die Energie strömt aus dem Kopf in den Brustbereich und Trauer breitet sich in einem Organismus aus, in dem vorher außer zwanghaften gedanklichen Forderungen wenig zu spüren war.

Für den weiteren Verlauf der Therapie ist es wichtig, ausreichend lange an diesem Ort zu verweilen, Halt, „containment" zu schaffen für die Gefühle, die jetzt verstärkt zum Ausdruck kommen und die - vermittelt durch den therapeutischen Zeugen - als wahr und echt erfahren werden wollen. Es sind dies nicht nur Angst und Trauer. Der Wunsch, mit den eigenen Impulsen und dem eigenen Willen geachtet zu werden, wird sich einstellen; und für den Drang, sich den Weg gegen alle mißgünstigen, besserwisserischen Introjekte freizuboxen, wird sich dieser Wunsch die Wut als Motor wählen. Unterstützt durch den Therapeuten werden die Klienten eine neue Erfahrung machen: daß ihre Wut niemanden umbringt und daß es ihnen, ihrem Körpergefühl und ihrem Selbstbewußtsein gut tut, sie zu spüren und zu zeigen. Erst wenn sie die Botschaft ausreichend integriert haben, daß sie ein Recht darauf haben, für den echten Ausdruck ihrer Persönlichkeit zu kämpfen und erst, wenn sie spüren, daß dieser Kampf auf die Mitwelt - und das heißt in der Labor-Situation der Psychotherapie zunächst einmal auf den Therapeuten - Eindruck in dem Sinne macht, daß sie sich geachtet und respektiert fühlen, erst dann werden sie eine weitere Stufe in die Abgründe ihres Selbst wagen können. Je mehr positive Erfahrung die Klienten im Umgang mit ihrer Wut sammeln, je mehr sie erfahren, daß daraus nicht Strafe und Beschämung, sondern mehr Lebensraum und Freude wächst, desto eher können sie ein neues Risiko angehen, das Risiko, den tiefer gelagerten Primär-Schock zu spüren.

Bei Frau A., die mein Nachfragen nach ihrer körperlichen und seelischen Befindlichkeit zu Beginn der Therapie zunehmend als ärgerlich empfunden hatte, spürte ich schon früh eine große Bedrohtheit. Nicht, daß sie darüber hätte sprechen können; ihre Angst war ihr ja nicht bewußt, sie war im Schock gefroren. Ich spürte sie zunächst nur in meiner Gegenübertragung. Wenn ich Fragen stellte, wenn ich Vorschläge zu Körperinterventionen machte und dabei wahrnahm, wie meine Patientin ärgerlich reagierte, fühlte ich mich mehr und mehr wie ein großes, dunkles, bedrohlich-invasives Monstrum. Da das Aggressionspotential der Klientin zu jenem Zeitpunkt noch ganz unstruktiert war - sie ihren „Schatten“ noch nicht im Dienste eines wirkungsvollen, abgrenzenden Selbstschutzes nutzen konnte - behielt ich meine Spekulationen über lebensbedrohliche Erlebnisse, denen sie offenkundig in frühester Kindheit ausgesetzt war, zunächst für mich. Dann aber berichtete mir Frau A., der sich ihre Kindheit bislang als behütet und harmonisch dargestellt hatte, von einer Kriegserinnerung ihrer Mutter. Die war als junge Frau mit ihrem wenige Monate alten Säugling in die Ostgebiete des damaligen Deutschland evakuiert worden, in ein Dorf, in dem viele russische Kriegsgefangene Landarbeit verrichten mußten. Der Kontakt zu diesen Menschen war gut, und die Mutter erzählt, wie die jungen russischen Soldaten das kleine Mädchen in ihren Reihen herumgereicht und liebkost hätten. Solche Liebkosungen mögen ältere Kinder genießen. Aber ein so winziges Wesen, das dringend auf einen sicheren, verläßlichen Rahmen angewiesen ist, das schon eine weite Reise durch ein kriegsversehrtes, jederzeit von tödlichen Gefahren aus der Luft und vom Boden gefährdetes Land hat durchstehen müssen, ein solches Kind wird ohnehin schon erstarrt sein vor Angst. Wenn es dann aber von einem fremden Arm zum anderen gereicht wird, hilflos jeder auch noch so gut gemeinten Willkür ausgesetzt, wird es vollends gefrieren.

Diejenigen meiner Patienten, die sich mit einer Schock-Abwehr zu schützen gelernt hatten, litten ohne Ausnahme an unverheilten Beschämungs- und Bestrafungs-Wunden mit den zugehörigen Erscheinungs-Formen heftiger psychischer und körperlicher Berührungsangst. Dieses Syndrom, so lebens*behindernd* es auch ist, erweist sich seinerseits aber stets als Schutz gegen eine tiefere, lebens*bedrohliche* Verletzung, die aus früher oder frühester Kindheit stammt - gegen die Angst vor dem Untergang des Selbst. Früh hatten diese Menschen lernen müssen, ohne dasjenige Maß an Schutz, Geborgenheit, Sicherheit und Unterstützung auszukommen, ohne das kein Urvertrauen gedeiht. Oder sie hatten diese Qualitäten im Ansatz spüren dürfen, erlebten sie aber nie in ausreichender Dauer, um dann von sich aus den nächsten Entwicklungsschritt aus eigenem Antrieb tun zu können. In jedem Fall hatte es immer wieder Zeiten gegeben, in denen sie sich als kleine, hilflose Wesen einer gewaltigen Übermacht ausgesetzt fühlten. Objektiv mag das Geschehen ungefährlich oder - wie bei medizinischen Eingriffen - sogar lebenserhaltend gewesen sein, aber das Kind, das zum ersten mal ungeschützt und unvorbereitet derartigen Mächten ausgesetzt war, wurde von Entsetzen gepackt und meinte, hier ginge es um Leben und Tod.

Wenn dieses Entsetzen von einfühlsamen Erwachsenen aufgefangen, das Kind gehalten und getröstet wird, dann mag ihm ein chronischer Schock erspart bleiben. Wenn solche helfenden Kräfte aber fehlen, wenn es allein fertig werden muß mit seiner Todesangst, dann werden zwei Dinge geschehen: Auf der Körperebene wird das Kind der explosiven Gewalt seiner Panik gegensteuern. Es wird nach einer Phase des Schreiens und Protestierens „implodieren", sich in sich selbst verkriechen und unspürbar machen. Damit wird es aber auch seinen Gefühlsreichtum blockieren. Es wird aufgeben zu schreien, zu weinen, zu kämpfen, weil es erfahren hat, daß das alles keine Auswirkung auf die Menschen seiner Umgebung hat. Es wird resignieren und - dies ist der zweite, der Beziehungsaspekt dessen, was geschieht - es wird das Vertrauen in die Mitwelt verlieren und viel zu früh danach streben, sein Leben allein, unabhängig von den anderen zu meistern.

Hier fällt mir eine schlimme Episode aus meinem eigenen Leben ein. Zweijährig erkrankte ich an Tuberkulose und kam, da es in der wirren Nachkriegszeit keine bessere Hilfe gab, für ein Jahr in ein Kinderkrankenhaus weit weg von meinen Eltern. Ich habe nur wenige Erinnerungen an diese Zeit, aber in der Familie wurde immer wieder erzählt, ich hätte in diesem Krankenhaus - einer Ansammlung von Holzbaracken - während der ärztlichen Behandlung und auch sonst häufig so laut geschrien, daß man es noch am anderen Ende des weitläufigen Areals habe hören können. Natürlich ertrugen die Schwestern, die Ärzte und die anderen kranken Kinder dies Geschrei nicht, und so wurde ich in die sogenannte „Einzelbox" verbannt, eine Art Isolierzelle, in der ich mutterseelenallein vor mich hinschreien konnte bzw. mußte. An dies Zimmer mit seinen kahlen weißen Wänden und seinem Fenster, das ins Nichts hinausging, kann ich mich noch erinnern. Irgendwann werde ich dort aufgehört haben zu schreien, denn das war die Vorbedingung, wieder unter die Menschen zu dürfen.

Viel später hatte ich ein aufschlußreiches Bild, das mich etwas über kleine Kinder und Monstren lehrte. In einer regressiven Therapiesituation sah ich plötzlich zwei riesige Injektionsspritzen mit kalten, bedrohlichen Augen aus dunklem kosmischem Raum auf mich zuschweben. Und dann sah ich große, weiß gekleidete Bäuche - keine Gesichter, nur diese weißen Mediziner-Kittel-Bäuche. Ich selber war winzig, und die Haare sträubten sich mir vor Entsetzen. Später habe ich dann in meinen Körpertherapien auch das Schreien wieder gelernt und einen Weg gefunden, jenes alte, im Schock gefrorene Entsetzen neu zu spüren und endlich zu bewältigen

Jemand, der früh und ungeschützt mit der Todesangst konfrontiert worden ist, wird sich mit all seinen Kräften gegen eine Wiederholung dieser Katastrophe zu schützen suchen. Er und sie wird darauf aus sein, Abhängigkeiten von anderen Menschen nach Möglichkeit zu vermeiden und schnell - zu schnell - selbständig werden. Früher als gleichaltrige Kinder werden diese Menschen auf ihren zwei Beinen stehen und sprechen und denken lernen. Damit ist die Weiche schon gestellt für die beschriebene Anpassung, mit der sie ihr zukünftiges Leben bestreiten werden.

Natürlich haben diese Menschen keine andere Wahl. Normal aufwachsende Kinder dürfen nach der oralen Abhängigkeit, die gut und sicher genug war, um ein stabiles Fundament zu bilden, ihre Trotzphase durchexerzieren, dürfen mit ihrer Wut experimentieren und ausprobieren, wie weit sie sich mit ihren Duchsetzungsgelüsten ihren Pflegepersonen zumuten dürfen und wo damit Schluß ist. Wer aber schon vor dieser Phase als Einzelkämpfer gegen die Todesangst hat antreten müssen, der wird nicht genug Kraft und Vertrauen haben, während der Trotzphase, in der die Kräfte und das Ich-Bewußtsein wachsen und nach Ausdruck suchen, aus vollem Herzen Widerstand zu leisten. Denn bereits jetzt wird der primäre Schock etabliert sein; schon dieser noch kleine Energiehaushalt wird sich daran gewöhnt haben, zu viel Kraft dafür zu verbrauchen, Angst- und Panik-Energien unter Kontrolle zu halten. Viel Energie wird im Kopf zentriert sein und hier für Klarheit und Sicherheit zu sorgen versuchen, während Hals und Nacken durch Muskelspannung konditioniert sein werden, dem überbelasteten Kopf eine sichere Stütze zu sein. Im übrigen gibt es noch einen zweiten Grund, warum diesen Kindern das vertrauensvolle Trotzen nicht gelingt: Sie haben auf Grund der schlimmen Erfahrungen des Alleingelassenseins in jener Katastrophenzeit nicht mehr das Zutrauen zur Mitwelt, daß diese sie mit ihrer Wut und ihrer Eigenwilligkeit aushielte.

Wem das Zutrauen in die Welt - und damit auch in sich selbst - fehlt, der wird nach anderen, außerhalb des eigenen Selbst gelegenen Lebensmöglichkeiten suchen, die nicht zu sehr verletzen und isolieren. Da die eigene Lebendigkeit früh vereist ist und der Rest häufig von den Bezugspersonen nicht ausreichend als vitales und wertvolles Eigentum gespiegelt wurde, beginnen diese Kinder vermehrt, die „Großen", die um sie sind, zu kopieren. Wer beim Erkunden dessen, was das Leben ist, von den Erwachsenen nicht genug Unterstützung erfährt, der wird sich mangels anderer Möglichkeiten gleichwohl an diese Mächtigen halten, die dies Spiel offensichtlich beherrschen, an die Eltern, den Onkel, die große Schwester. Das Kind wird seine Intelligenz, seine Begabung dazu verwenden, gut zu spüren, wie sie „es machen“, es wird ihre Denk- und Handlungsmuster studieren, wird sie imitieren und allmählich das beruhigende Gefühl bekommen „dazuzugehören“. Dabei wird es sich auch der Waffen seiner Vorbilder bemächtigen: Es wird lernen, denen gegenüber, die es als anders und damit für das eigene System als bedrohlich empfinden, mit Verachtung zu begegnen. Verachtung, der dunkle Zwilling des Stolzes, ist die schärfste Waffe dieses Kindes. Denn während andere Kinder durch ausgiebiges Trotzen lernen, ihr Aggressionspotential zu nähren und zu schulen, hat das frühgestörte Kind zu viel unbewußte, im Schock gefrorene Angst vor diesem direkten Weg. Es ist früh kompetent und gescheit geworden, hat erlebt, wie es damit bei den Erwachsenen „ankommt“, sogar Bewunderung dafür erntet, was es schon alles weiß und kann. Und es hat *auch* erlebt, wie dies Wohlwollen in Verächtlichkeit umschlägt, wie man es als dumm und kindlich behandelt und wie man es beschämt, wenn es sich mal nicht angepaßt verhält, sondern ebenso wie andere Kinder rummotzt, weil es den Spinat nicht essen will.

Darauf reagiert das Kind mit dem schon beschriebenen Sekundär-Schock, mit einem tiefen Entsetzen darüber, daß die so heiß ersehnte und schwer erarbeitete Erwachsenenebene keine zuverlässige Lösung für das Bedürfnis ist, ein halbwegs schmerzfreies, akzeptiertes Leben zu führen. So werden diese Kinder das demütigende Erlebnis des Beschämtwerdens nach demselben Muster abspalten, nach dem sie schon ihr Ur-Trauma bewältigt haben. Sie werden einmal mehr die Luft anhalten, sich einmal mehr körperlich und seelisch lähmen und die verbliebene Energie darauf verwenden, aus sich eine noch perfektere Kopie der Erwachsenen zu machen. Sie werden auf dem gebahnten Weg weiter imitieren, weiter am Schutzschild ihrer Verächtlichkeit schmieden und diesen Verachtungs-Schutz immer besser zu handhaben lernen.

Wenn so ein Mensch „Glück hat“, wird er schließlich lernen, die Mächtigen mit ihren eigenen Waffen zu schlagen. Durch seine Anpassung wird er ein gewisses Maß an Sicherheit finden und bei entsprechender Begabung schließlich besser werden als die Angreifer, mit denen er sich zu identifizieren gelernt hat. Er wird das System, das ihm zunächst Modell gestanden hat für „das Leben“, vervollkommnen; und da in diesem System offenes Austragen von Konflikten als Lebensregel kaum vorkommt, wird er oder sie schließlich eine zwar einsame, aber absolute und abgesicherte Herrschaft ausüben, auf fast alles eine Antwort wissen, Angriffen oder Andersartigkeit mit Verächtlichkeit oder Beschämung begegnen und eigenes Versagen mit Selbstbeschimpfung und dem Bestreben quittieren, in Zukunft noch perfekter zu werden, noch weniger Fehler zu machen.

Verschlägt es ihm oder ihr einmal die Sprache, dann wird dieser Mensch für sich und die anderen unspürbar werden - im sekundären Schock untertauchen, sich aber bald auf die Strategie besinnen, die anderen oder sich selbst schuldig zu machen, Wiedergutmachungs-Arbeit zu leisten oder leisten zu lassen und so den beschädigten Selbstschutz reparieren. Ist der Druck von außen oder innen stärker, reicht die anästhesierende Wirkung des Sekundär-Schocks nicht aus, beunruhigende Gefühle von Inkompetenz und Versagen, von Hilflosigkeit und Abhängigkeit zu verbannen, dann bleibt zur Abwehr die Ebene des primären Schocks, die das eigene Selbst und das Gegenüber als lebendige Personen unspürbar zu machen vermag, sie gleichsam auslöscht. Von außen betrachtet scheint es sich - und das vermag in der Therapie Verwirrung zu stiften - nur um *ein* Abwehrmuster zu handeln, um „*den* Schock", um „*das* Abspalten". Innerlich jedoch besteht ein ständiges Pendeln zwischen primärem und sekundärem Narzißmus, zwischen der Abwehr von Beschämungsangst auf der einen und Existzangst auf der anderen Seite.

Wem die eigene geistige oder emotionale Ausstattung die hochkarätige Lösung einer Herrschaft über ein geschlossenes System nicht erlaubt, der wird seine Selbstwert-hungrigen Anteile an Persönlichkeiten der Umgebung delegieren, die ihre narzißtischen Territorien in der beschriebenen Weisae beherrschen und auf die Unterstützung durch gleichgesinnte Gefolgsleute angewiesen sind: an den bewunderten Lehrer oder Guru, an die in ihrer Güte und Verständnisbereitschaft nimmermüde Freundin, an den in seiner Überlegenheit unwiderstehlichen Partner.

Herr F. - der Patient mit der virtuosen Anpassung - tat beides. Er lebte einige seiner narzißtischen Selbstanteile aus, andere delegierte er an seine Ehefrau. Sohn eines schwachen, behinderten, von den Frauen verachteten Vaters, war er zwar ein kräftiges, lebenslustiges Kind. Schon früh hatte er sich aber in seiner männlichen Identität als sündig und von Gott verworfen gefühlt, was in einer frühen Zurückweisung seiner Lebendigkeit durch die Mutter begründet lag. Wie der Vater war er in seinem von Frauen dominierten Elternhaus von Seiten der Mutter und der gleichfalls im Hause wohnenden Tante massiver Verachtung und ebenso massiven Sanktionen ausgetzt gewesen. Seine Lebenslust wurde mit der Drohung im Zaum gehalten, man werde ihn in ein Heim stecken, wenn er sich nicht angepaßt verhielte, und so lernte er, sich brav und schwach zu geben. Die mütterliche Verachtung gipfelte darin, daß er - ein weit überdurchschnittlich intelligenter Junge - auf die Volksschule und nach Schulabschluß in eine Lehre gesteckt wurde, während seine Schwestern ganz selbstverständlich das Gymnasium besuchen und studieren durften. Irgendwann begann er, sich seiner männlichen Identität als etwas einerseits Schwächlichem und Armseligem, andererseits Wildem und Barbarischem zu schämen und kompensierte das entsprechend dieser Spaltung. Der Mutter gegenüber war er der liebe, schwache, pflegebedürftige Junge, den sie brauchte, um sich weiblich, gut und stark zu fühlen, während er innerlich ein heimliches zweites Leben voll männlich-sexueller Phantasien und Heldentaten führte. Dieser Zwiespalt verschlimmerte sich, als er etwa 12jährig von einer wenig älteren Cousine sexuell verführt wurde und die ihm daraufhin weismachte, sie sei schwanger. Herr F. war verzweifelt, fuhr in seiner ländlich-katholischen Heimat mit dem Fahrrad von Kirche zu Kirche, betete zu Gott und gelobte, sich nie wieder sexuelle Gefühle zu erlauben, wenn Gott ihn aus dieser Not erlöse. Zwar durchlief er dann eine normale, positive Entwicklung und fand eine befriedigende Arbeit. Er heiratete, selbst aus einfachen, ihn beschämenden Verhältnissen stammend, eine Frau aus „besseren Kreisen" und wurde ein liebe und verantwortungsvoller Familienvater. Aber die schlimme Kränkung seiner Zurückweisung als Mann und die Schuldgefühle um seine vom Überich als negativ bewertete lebendige Sexualität schleppte er mit sich „wie einen Tumor", so seine eigene Formulierung. In der Therapie wurde ihm allmählich deutlich, wie sehr sein Inneres damit beschäftigt war, sich die Gefühle von schmutziger Sexualität, von Armseligkeit und Ausgestoßensein vom Leibe zu halten und wie viel Kraft ihn das kostete. Es wurde ihm auch klar, wie er seine Frau idealisierte, weil sie ihn trotz all seiner innerlichen Dunkelheit in die strahlende Helle ihrer Existenz erhoben hatte. Unterstützt von ihr, die nicht abließ, sich über diese hehre, aber eher kühle Verehrung zu beklagen, entdeckte er, daß seine Liebe mit viel Starrheit untermischt war und daß er in seiner Dankbarkeit zu versteinern drohte. Und so begann er, mehr Risiko, mehr Streit, mehr Leben in die Beziehung einzubringen.

Die beiden hier beschriebenen Schock-Ebenen sind Teil eines zusammengehörigen Systems. Beide sind sie das Ergebnis von Angstbewältigung, und beide gehören zum Verhaltensrepertoire einer Persönlichkeit, die auf Grund eines frühen lebensbedrohlichen Traumas, also bei sehr wenig Widerstandskraft, hat lernen müssen, auf plötzlich eintretende Bedrohung zu reagieren. Aber weil diese Ebenen sich - obwohl demselben Abspaltungs-Muster folgend - auf unterschiedlichen Stufen der Entwicklung ausbilden, beeinträchtigen sie unterschiedliche geistig-psychische wie auch körperliche Bereiche. Der frühe schizoide Schock, durch die Arbeiten von Robert Lewis als „cephalic shock" in die Theorie und Praxis der Bioenergetik eingegangen - schützt gegen die Qualen von Einsamkeit und Isolation - er lähmt deswegen vor allem die Bereiche von Herz und Brust, von Nacken und Augen. Der sekundär-narzißtische Schock blockiert demgegenüber den Schultergürtel und läßt zudem - das Kind steht schon auf seinen zwei Beinen, wenn es lernen muß, sich gegen Beschämungen zu wappnen - das Kreuz, die Beckenregion und die Knie erstarren. Beginnen die Patienten in der Therapie über Kreuz-, Rücken- oder Nackenschmerzen zu klagen, so ist dies häufig ein Hinweis darauf, daß die betäubende Wirkung des Sekundär-Schocks nachläßt und das frühe Trauma sich zu zeigen beginnt.

Herr H., ein im künstlerischen Bereich tätiger Mann, führt ein äußerlich lebendiges, geselliges Leben, fühlt aber mehr und mehr die Einsamkeit, die ihn trotz aller Freunde und Familienangehörigen umgibt. Er wuchs als jüngstes Kind und einziger Sohn in einem von Mutter und Schwestern dominierten Haus auf. Zum geliebten und bewunderten, aber sehr zurückhaltenden Vater fand er nur selten Nähe, war aber der vereinnahmte Kronprinz der Mutter. So sehr er das genoß, so sehr litt er unter den Erniedrigungen und Beschämungen, mit deren Hilfe die Mutter ihre Macht dem kleinen Jungen gegenüber behauptete. Dem suchte sich Herr H. durch die rasche Entfaltung seines Inellekts zu entziehen, so daß es ihm bald möglich wurde, die Mutter ihrer begrenzten geistigen Ausstattung wegen im stillen zu verachten. Als er sich in der Therapie - u.a. in der Beziehung zu mir - bewußt wurde, wie wenig wirkliche Nähe ihm dieser inzwischen fest in seinem Lebensstil verwurzelte Umgang mit anderen Menschen ermöglichte, bekam er starke Rückenschmerzen. Die lösten sich langsam wieder, je mehr er Vertrauen in die therapeutische Situation gewinnen konnte. Er hörte auf, mit mir zu rivalisieren. Statt dessen begann er, gegen die hämischen, mißtrauischen Stimmen in seinem Innern zu kämpfen, die ihn bei seiner schwierigen, vom Publikumserfolg abhängigen Arbeit beeinträchtigten und genoß es zunehmend, die zugehörigen negativen Introjekte symbolisch zu verprügeln und damit auf Distanz zu bringen. Eines Tages entdeckten wir eine neue, intensivere, mörderische Qualität in seiner Wut. Die galt einer innere Stimmen, die ihn nicht nur entwertete, sondern seine Arbeit als Ganzes in Frage stellte und seine Kompetenz bestritt - ein Auftauchen existenzieller Bedrohung, also primärnarzißtischen Materials. Ich spiegelte ihm, daß ich die Intensität seiner Wut-Angst wahrgenommen hätte, und er legte sich plötzlich auf den Boden, rollte sich in einen langen Teppich ein und blieb dort still liegen. Dann sagte er, er wisse eines genau - so sei es in einem Sarg, dunkel und einsam, aber auch sicher. Langsam rollte er sich wieder heraus, setzte sich auf und sagte: „Ich weiß, was mein Sarg ist. Es ist meine Angst, nicht bestehen zu können. Immer wenn ich diese Angst habe, verkrieche ich mich in meinem Sarg und spüre nichts mehr“. Später zeigte sich, woher diese um Leben und Tod wissende Facette seines Selbst stammte: Seine Geburt war sehr schwer gewesen - es hatte wenig daran gefehlt, daß er gestorben wäre.

Will man eine Differential-Diagnose der beiden Schock-Ebenen wagen, so wird man sagen können, daß der schizoide Schock tiefer geht, weiter nach innen führt, daß er therapeutisch schwieriger zu erreichen ist und daß er, weil er vom äußeren Erscheinungsbild her nicht ohne weiteres vom Sekundär-Schock zu unterscheiden ist, bei gut angepaßten Persönlichkeiten im Rahmen einer „erfolgreichen“ Therapie übersehen werden kann. Dies „Übersehen“ verstärkt die Symptome des sekundären Schocks. Denn wenn die Klienten ihre lebensbedrohlichen Ängste ihren Therapeuten nicht haben zeigen dürfen bzw. die Therapeuten versäumten, ihre Klienten mit Mitgefühl und Stärke durch das Dunkel ihrer Existenzangst zu begleiten, dann heißt das für die Klienten einmal mehr: „Mit diesem Teil meines Selbst bin ich zu schwer für die anderen, mit dieser Last muß ich allein fertig werden.“ Das aber ist verhängnisvoll. Denn weil sie bei ihrem therapeutischen Gegenüber den „ideal-elterlichen“ liebevollen Umgang mit ihren Abgründen nicht haben erleben können, werden sie die genannten Konsequenzen ziehen statt zu lernen, ihrerseits ihre bedrohten, bedürftigen Selbstanteile zu bemuttern und das hungrige Kind im eigenen Innern zu nähren, wann immer es das braucht. Und so werden sie - wie gehabt - den Anspruch auf Nahrung nach außen projizieren, und die Leistungsschraube, die ihnen diese Nahrung in Form von Anerkennung gibt, wird sich erneut zu drehen beginnen.

In der Folge wird der Lebensstil dieser Menschen noch mehr von zur Schau gestellter Kompetenz und von heimlicher Angst vor Beschämung und Isolation bestimmt sein. Sie werden ihre kontrollierende Abwehr gegen außen noch wirksamer handhaben und werden zudem psychologisch geschickt argumentieren, da sie ja durch ihre Therapie das zugehörige Fachwissen nebst dem entsprechenden Jargon in ihr System integriert haben. Aber weil sie in eben dieser Therapie ein zweites Mal um das Erleben ihrer Verletztheit und Verletzlichkeit betrogen worden sind, wird die Todesangst, dieser dunkle Teil, wiederum in Lähmung versinken. So bleibt ihnen keine andere Wahl, als einseitig - am Pol der Macht - weiterzuwachsen. Sie werden scheinbar immer unverletzbarer, dabei aber auch kränkbarer, enger und unerreichbarer werden, und irgendwann wird ihr Selbst so erstarrt sein, daß es den Betrug an der eigenen Wahrheit nicht mehr spürt. Mischt sich dann noch eine Begabung zum Verführen hinzu, dann ist der Guru, wie ihn beispielsweise Edward Muller beschreibt, perfekt.

Es ist also wichtig, daß die Therapeuten sich durch ihre angepaßten Klienten nicht täuschen und daß sie es nicht bei der Bearbeitung des sekundären Schocks bewenden lassen. Der Weg zu den frühesten Wunden führt durch namenlose Schmerzen, die die Klienten zwar unklar fühlen, von denen sie aber nichts „wissen" und für die sie keine Worte haben. Also sind wir als Therapeuten im Kontakt zu diesen Menschen neben anderem auf unsere Gegenübertragung angewiesen - auf unsere eigenen Gefühle von Unzufriedenheit, Langeweile, Leere, Trauer oder auch auf unsere Wahrnehmungen von Herzschmerzen und Enge. Dadurch lernen wir, das verborgene Leiden in unserem Gegenüber zu erkennen und einen Weg zu finden, es zum Fühlen und zur Sprache zu bringen.

Herr L., ein Patient, der seit etwa einem Jahr bei mir in Einzeltherapie ist, hatte zuvor bereits eine sechs Jahre dauernde Gruppentherapie absolviert. Hier hatte er auf der Ebene des sekundären Narzißmus seinen Körper wahrzunehmen gelernt, hatte gelernt zu schreien, zu schlagen, sich zu wehren, sich durchzusetzen. In der Einzeltherapie fiel ihm eines Tages nichts mehr ein und er überlegte, ob diese Therapie nicht ein Luxus sei. Ich spürte in mir Trauer aufsteigen, und nachdem ich ein wenig nachgefragt hatte, entdeckte Herr L. seine eigene Trauer sowie Gegenkräfte, die davon nichts wissen wollten. Diese Auseinandersetzung erwies sich als eine Brücke zu neuen Themen. Herr L. spürte nun mehr, daß manche seiner Durchsetzungformen eher erlernt waren, daß sie nicht aus seinen eigenen Quellen stammten und daß sie weder ihn noch seine Frau überzeugten, mit der er viele Auseinandersetzungen hat. Allmählich entdeckt er jetzt sein Herz und dessen „Versteinerung", wie er es nennt. Als Säugling war er ohne mütterliche Wärme und ohne Schutz mit anderen Kindern in einem Flüchtlingslager abgestellt worden, woraufhin er bei guter äußerer Anpassung bald lernte, sein empfindsames Herz so weit zu verhärten, daß er den Schmerz der Isolation nicht mehr spüren mußte. Symbol für das „gebrochene Herz" ist ihm ein Stein mit einer tiefen Kerbe in der Mitte, von dem er früher die Phantasie hatte, er müsse ihn mit Eisenbändern umwinden, damit er nicht auseinanderfällt. Jetzt, in der Zeit behutsamer Schock-Schmelze, meint er, Eisen sei zu hart und zu grob; er wolle versuchen, den Stein mit Golddraht zusammenzuhalten.

Der Körperbezug ist wichtig für den therapeutischen Weg, dessen Ziel ja sein soll, den Klienten ihre Schock-Schutz-Maßnahmen bewußt zu machen und gleichzeitig andere, weniger lebensbehindernde und vereinsamende Abwehrstrategien zu erarbeiten. Kleine Kinder brauchen für ihr Gedeihen das richtige Maß an Körperkontakt. Daran hat es unseren Schock-Patienten gefehlt, denn ihr Ur-Trauma war in der Regel ein Berührungstrauma: Sei es, daß sie als Babies zu fest oder zu wenig fest gehalten wurden, sei es, daß sie körperlich mißhandelt oder überstimuliert wurden, der Primär-Schock ist eine Reaktion nicht nur auf eine seelische Verwundung, sondern auch auf eine traumatisierende körperliche Berührung oder Nicht-Berührung. Deswegen haben diese Patienten eine tief sitzende Angst vor Körperkontakt. Diese Angst ist ihnen häufig gar nicht bewußt, weil sie - wie Frau A., von der ich oben berichtete - häufig explizit Körpertherapie suchten und ihre Angst, wird sie ihnen allmählich spürbar, auf sekundär-narzißtischer Ebene als ausgesprochen kränkend empfinden.

Es braucht also im Umgang mit den beziehungs- und berührungsverwundeten Schock-Patienten auf der Beziehungsebene wie auch im Körperbereich eine behutsame Annäherung. Ein invasiver Therapiestil wird entweder die Anpassungsabwehr aktivieren: Um sich vor neuen körperlichen oder psychischen Gewaltreaktionen zu schützen, werden die Patienten sich berühren lassen, ohne wirklich berührt zu sein, oder sie werden sich verweigern und die Therapie abbrechen. Andererseits wird zu viel therapeutische Abstinenz die Patienten im Schock oder im Argumentieren verharren lassen, wie dies Tilmann Moser am Beispiel von Therapien im psychoanalytischen Setting beschrieben hat.

Trotzdem ist nach meiner Erfahrung auch im frühe Stadium solcher Therapien Körperarbeit nützlich und sinnvoll. Sie sollte sich allerdings in einem für den Klienten kontrollierbaren Rahmen abspielen, sich also zunächst auf die Bewußtmachung der Phänomene um den Sekundär-Schock richten und hier den Boden bereiten für mehr echtes Körper- und Selbstbewußtsein. So wie sich der Therapeut im verbalen, beziehungsorientierten Bereich davor hüten wird, am Trauma des Urmißtrauens leidende Menschen zu heftig mit Beziehungsangeboten zu bedrängen und sich statt dessen im wesentlichen auf behutsames Spiegeln beschränken wird, so wird er auch auf der Körperebene nach

Interventionen suchen, die den Patienten die eigenen Grenzen jeweils selbst bestimmen lassen. Hier sind Körpertechniken, wie sie Stanley Keleman entwickelt und wie sie Hans Peter in diesem Band unter dem Sammelbegriff „Übergangsübungen“ beschrieben hat, von unschätzbarem Wert. „Wie mache ich es, daß mein Körper sich verspannt oder entspannt?“ Das allmähliche Verstärken eines bereits vorhandenen Drucks, das langsame Lösen einer Spannung, das bewußte Wahrnehmen eines flachen oder eines tiefen Atemzuges, das Herauslassen eines leisen oder eines lauten Tones, das Massieren der Arme und der Beine, das Ertasten von Kopf und Körper mit den eigenen Händen - all das sind gute und relativ angstfreie Möglichkeiten, den eigenen Körper als lebendigen Organismus erfahren zu lernen.

Und nicht nur dies: Indem der Körper als „vorhanden“, meist kalt und unspürbar, dann aber - mit Hilfe dieser Übungen - als warm und pulsierend „erfasst“ werden kann, läßt er sich nach und nach als Halt nutzen, als zunehmend fester auf dem Boden stehendes, „bodenständiges“ Gefäß. Seine im Verlauf einer derartigen Körperarbeit immer deutlicher spürbar werdenden Wände vermögen Vertrauen zu erwecken, daß sie die im Primär-Schock gelähmten explosiv-aggressiven Energien so lange halten können, bis diese im Dienste des Gesamt-Selbst konstruktiv nutzbar werden.

Häufig bitte ich meine Patientinnen und Patienten, die sich im Schock befinden - denen nichts einfällt, die auch keine Körperempfindungen haben - um etwas sehr Einfaches: Ich frage sie, ob sie nicht Lust hätten, sich selbst ein wenig zu massieren, indem sie mit der rechten Hand kräftig ihren linken Arm - von der Schulter bis hinunter zur Hand -, dann mit der linken ihren rechten Arm und anschließend mit beiden Armen beide Beine - Oberschenkel und Unterschenkel mitsamt Gelenken und Waden - massieren wollen. In aller Regel gehen sie auf diesen Vorschlag ein und empfinden häufig dort, wo vorher nichts war, ein wenig Wärme, Pulsieren, ein wenig mehr „Ich bin Ich“.

Erst wenn das Vertrauen in den eigenen Körper, ins eigene Selbst und in die therapeutische Beziehung gewachsen ist, mag es Zeit sein, an der Auflösung des Primär-Schocks zu arbeiten. Jetzt, wo die Klienten eine tiefere leiblich-seelische Gewißheit haben, wo sie besser auf eigenen Füßen stehen und sich vitaler wehren und abgrenzen können, haben sie eine Entscheidungsgrundlage, ob sie den nächsten Schritt tun wollen oder nicht. Weil sie vermehrt ihre Stärke und Unabhängigkeit im Sinne eines selbst eroberten Besitzes fühlen, können sie sich tiefer auf die alten Themen von Abhängigkeit und Kontrollverlust einlassen, wobei es auch hier wichtig ist, sie selbst darüber bestimmen zu lassen, wieviel Kontakt und Nähe sie in Anspruch nehmen möchten, wieviel sie ertragen, ohne wieder gefrieren zu müssen.

Kürzlich wagte Herr T., jener Klient, der seine Therapie häufig in eigener Regie betreibt, einen neuen Schritt in diese Richtung. Spontan stand er auf, machte ein paar Körperübungen und klagte dann über Schmerzen im Rücken. Ich fragte ihn, ob ich ihm mit den Händen ein wenig Kontakt geben sollte, und er willigte ein. Er bat mich - das Ganze spielte sich im Stehen ab -, meine Hände an den verletzlichen Ort unterhalb des Rippenbogens zu legen, und nun geschah etwas, was so in den zwei Jahren, die diese Therapie bislang dauert, noch nie passiert war. Der groß gewachsene, im Vergleich zu mir schwere Mann spürte, wie viel Wärme von diesem Kontakt ausging.

Ich schlug ihm vor, sich ein wenig nach hinten zu lehnen, und er tat dies. Zunächst voller Angst, mich zu sehr zu belasten (und sich damit neues Leid einzuhandeln), gab er sich mir nach und nach immer mehr „in die Hände". In kurzen, aber für die Körperwahrnehmung deutlichen Sequenzen erforschte er dann den Kontrast zwischen dem Anlehenen und dem Auf-eigenen-Füßen-Stehen und fand bald heraus, daß er sich ruhig mir anvertrauen könne, da er ja wisse, daß er sich, wann immer er es wolle, wann immer er Angst vor zu viel Nähe oder davor spürte, er könnte mir zu schwer sein, wieder auf die eigenen Füße stellen könne. Dies war ein wichtiger Schritt auf dem Weg zur Erkenntnis, daß das Abgeben von Verantwortung nicht zwangsläufig in Ausbeutung, Beschuldigung und Erniedrigung einmündet, daß darin vielmehr ein Keim zu Entspannung und Zufriedenheit liegen kann.

Der Weg der Primär-Schock-Schmelze ist lang und die Mittel sollten subtil gehandhabt werden. Auch wenn das Vertrauen gewachsen ist, werden die Klienten in der Regel von der Idee, sich eines Tages vielleicht einmal hinzulegen und ihrem Therapeuten den überforderten Kopf mitsamt der verspannten Nacken-, Augen- und Kiefer-Muskulatur in die Hand zu geben oder seine Hand auf ihrer Brust zu spüren, möglicherweise zusammenschrecken. Aber im Zusammenschrecken steckt die Chance zu spüren, daß sie es hier mit den alten Vereisungen zu tun haben. In der Therapiesituation zwingt sie niemand dazu, irgend etwas zu tun, was sie so nicht tun wollen. Und so können sie den aktuellen Schreck als Reflex jenes Schocks erfahren und verstehen lernen, mit dem sie in früher Kindheit ihre Panik vor einem überwältigenden Zugriff haben lähmen müssen.

Nun aber können sie wählen. Sie können alles so lassen, wie es ist, oder sie riskieren es, sich nochmals in eine ebenso gefürchtete wie ersehnte Beziehung hineinzugeben und zu überprüfen, ob das neuerworbene Vertrauen ins eigene Selbst und in die Zuverlässigkeit und Integrität der Therapeutin oder des Therapeuten der Schock-Schmelze - und das heißt: intensiven Gefühlen von Trauer, Verzweiflung, Haß, Sehnsucht und Liebe - standzuhalten vermag.

Wie die spannungsgeladene Abwehr einer Stimmung des Urvertrauens weichen kann, erlebte ich zusammen mit Frau M., einer Klientin, deren Mutter gleich nach Frau M.'s Geburt und später immer wieder für mehrere Monate krank geworden war, so daß man die Patientin häufig den wenig einfühlsamen Großeltern überlassen hatte. Frau M. hielt mich lange auf Distanz. Ohne überintellektualisiert zu sein, verbrachte sie die Stunden doch am liebsten im therapeutischen Gespräch und war nicht leicht zur Körperarbeit zu motivieren. Mich erlebte sie als freundlich aber distanziert, und in Träumen wurde sichtbar, daß sie sich vor mir als einer gleichgültigen, kaltherzigen Mutter hüten mußte, die ihre Bedürfnisse, in ihrer Sehnsucht nach Liebe und Wärme gesehen zu werden, nicht einfühlen konnte.

Ausgesprochen feindlich reagierte sie auf meine Versuche, ihr diese Distanz zu spiegeln. Langsam gelang es gleichwohl, die Ebene der negativen Übertragung zu erarbeiten, wobei ich während dieser Zeit immer auch Körperinterventionen auf der Selbst-Ebene vorschlug: Grounding-Übungen, Eigen-Massage, tiefes Atmen. Ganz allmählich gewahrte sie ihre körperliche und emotionale Leblosigkeit und die damit verbundene Einsamkeit. Sie begann zu fühlen, wie ihr feine Körperarbeit gut tat, sie lebendiger und wacher machte. Gleichzeitig wuchs das Vertrauen, daß ich sie nicht nur als Objekt ansähe, mit dessen Hilfe ich meinen Lebensunterhalt verdiente, sondern daß es mir wirklich um ihr Wohlergehen zu tun war.

Und so ließ sie in Momenten der Leblosigkeit vermehrt zu, daß ich ihr mal die Hand, mal den Kopf, mal die Beine hielt. Kürzlich kam sie todmüde in die Stunde, spürte sogleich, daß sie nichts spürte, machte ein paar Körperübungen auf der Selbst-Ebene, legte sich dann auf die Matratze und bat mich, ihr den Kopf zu halten. Der bewegte sich ganz leicht nach rechts und links, und sie sagte, sie fühle sich wie an einem Sommertag auf dem Meer. Oder auch ganz klein, wie in einer Wiege, selig und geborgen hin- und herschaukelnd. Ganz weit weg sei sie gewesen, sagte sie am Schluß der Stunde, und tief entspannt fühle sie sich jetzt, wie nach einem langen Schlaf.

Löst sich der Primär-Schock auf, so werden Energien frei und Raum entsteht, der neu belebt sein will. Die körperlichen Verkrampfungen und das unzugängliche Mißtrauen weichen allmählich, und der Raum wird ausgefüllt durch Vertrauen und eine Mischung aus Körperwahrnehmungen von Kraft und Entspannung. Entsprechend der Doppelbödigkeit des Schock-Erlebnisses wächst das Vertrauen auf zwei Ebenen: Der Primär-Schock - die panische Angst vor dem Untergang - wird ersetzt durch das Gewahrwerden von Schwäche und Angst und den liebevollen, akzeptierenden Umgang mit diesen Teilen der eigenen Identität sowie die Entdeckung und Pflege der „Bioenergie", jenes feinen, beglückenden Pulsierens, das Wärme und Leben ist. Und der Sekundär-Schock weicht der Erkenntnis, daß nicht nur Leistung, Wissen und Verächtlichkeit Schutz bieten vor Angriffen, sondern der „aufrechte Gang", der Stolz auf die eigenen, authentisch erlebten Fähigkeiten, der Wille, diese bei Angriffen zu verteidigen und das Wissen um die eigenen Grenzen.

Frau R., deren Therapie bereits fortgeschritten ist, verdanke ich das Erlebnis eines Pendelns zwischen den beiden Schock- bzw. Berührungs-Ebenen und den darauffolgenden Schritt in ein neues Territorium. Zu einem früheren Zeitpunkt, als schon viel Arbeit auf beiden Ebenen geleistet worden war, hatte Frau R. einmal von zwei Zimmern geträumt, einem gemütlichen, kleinen, altmodisch möblierten Raum und einem großen, luftigen Zimmer, in dem allerdings noch keine Möbel standen. Wir interpretierten dies als zwei Selbst-Ebenen: den Ort der Geborgenheit, der Symbiose und denjenigen der Individuation, des Wagens, des Machens, des Sich-Zeigens. Frau R. waren beide Schock-Ebenen in ihrer jeweiligen Abwehrfunktion vertraut.

Jetzt ging es darum, den Wunsch zuzulassen, sich zu zeigen, - auf geistigem Gebiet sowohl wie als Frau und hier mit anderen Frauen rivalisieren zu lernen; dabei die Angst auszuhalten, hierfür beschämt zu werden und bei all dem die frisch geschmolzene und noch nicht recht eingegrenzte Schicht der Symbiose nicht als regressive Abwehr zu benutzen. Eines Tages kam sie wütend und unzufrieden, ohne hierfür einen triftigen Grund zu wissen. Ich fragte nach, und es zeigte sich, daß ihr eine Freundin auf die Nerven ging, die sich in ihrem Verhalten und in ihrer Kleidung sehr ungeniert als Frau gab. Kaum ausgesprochen, machte dieser aggressive Zug Angst und nach einer kurzen Phase der Lähmung auf dieser Primär-Schock-Ebene löste diese sich: es kamen Tränen und sie fühlte sich einsam, alleingelassen und sehr traurig. Ich bot ihr daraufhin an, ihr ein wenig den „Rücken zu stärken" und legte meine Hände auf ihre Schultern. Sie genoß die Wärme und den Kontakt und spürte allmählich wieder Leben und Lebenslust in sich. Sie begann, die Schulten zu bewegen und Gegendruck gegen den leichten Druck meiner Hände auszuüben, und das ließ sie wieder ihre Vitalität und Stärke erfahren. Da fiel ihr ein Traum aus der Nacht vor der

Therapiestunde ein: Sie habe laut geschrien, und zwar so, daß es die Menschen, die um sie waren, nicht erschreckt, sondern deutlich beeindruckt habe. Ich schlug ihr daraufhin ein Rollenspiel vor, und sie willigte ein: Ich spielte die „weibliche" Freundin - letztlich ihre vereinnahmende Mutter - blies mich auf und sagte so etwas wie „Schau MICH an!" Wieder reagierte Frau R. zunächst mit einem Rückzug in Einsamkeit und Tränen, aber gleichzeitig wuchsen auch Kraft und Wut. Zunächst verschwanden die Tränen, dann folgte ein Moment der Sprachlosigkeit, die Ebene des sekundären Schocks, und dann dessen Abwehr - ein verächtliches, herblassendes Lächeln. Ich lies aber nicht ab, meine Rolle zu spielen, und da brach die Wut aus ihr heraus. Mit rotem Kopf, mit lodernden Blicken und mit durchdringender Stimme kam immer wieder der Schrei „ICH, ICH, ICH". Am Schluß fühlte sie sich müde und verletztlich, aber frei im Kopf, im Herzen und im Bauch und mir gegenüber nicht mehr klein, bedürftig und abhängig, sondern ein spürbares Stück gewachsen. Sie hatte begonnen, das große Zimmer zu bewohnen.

Wenn die Klientinnen und Klienten am Ende ihrer Reise durch die Regionen ihrer Gefühlslähmungen und -überschwemmungen hin zum Wahren Selbst unsere Praxis aufrechten Ganges verlassen, dann sind sie wirklich bei *sich* angekommen. Der „aufrechte Gang" ist ein gutes Bild für die Ankunft und die nachtherapeutische Weiterreise im Territorium des eigenen Selbst. Denn auf leibhafter wie auf symbolischer Ebene ist er eine Haltung des Selbstbewußtseins und der Bereitschaft, aktiv teilzunehmen am Geschehen, sich einzumischen, zu lieben, zu streiten, zu kämpfen und zu lassen. Denn er erlaubt gleichzeitig den Kontakt mit der eigenen Kraft wie auch mit der eigenen Verletzlichkeit. Er zeigt eine Lebendigkeit, die nicht darauf angewiesen ist, allzeit gewappnet zu sein gegen mögliche Attacken von außen oder von innen. Der aufrecht gehende Mensch weiß, daß die Bäume nicht in den Himmel wachsen, und manchmal mag ihn das schmerzen. Häufiger aber wird er sich darüber freuen, daß überhaupt noch Bäume wachsen auf unserem verletzten Erdball.

Literatur:

Freud, Anna: *Das Ich und die Abwehrmechanismen.* München 1977.
Johnson, Stephen J.: *Der narzißtische Persönlichkeitsstil.* Köln 1988.
Keleman, Stanley: *Patterns of distress. Emotional insults and human form.* Berkeley 1989.
Kernberg, Otto F.: *Borderline-Störungen und pathologischer Narzißmus.* Frankfurt 1978.
Kohut, Heinz: *Narzißmus.* Frankfurt 1976.
Lewis, Robert A.: *Der cephale Schock - die psychosomatische Grundlage vorzeitiger Ich-Entwicklung* und *Den Kopf dazu bringen, wirklich auf den Schultern zu sitzen - ein erster Schritt, das Falsche Selbst zu erden,* in: Ulla Sebastian (Hg.): *Selbstfindung und Bioenergetische Analyse.* Vlotho o.J.
Miller, Alice: *Das Drama des begabten Kindes.* Frankfurt 1979.
Moser, Tilmann: *Der Psychoanalytiker als sprechende Atrappe.* Frankfurt 1987.
ders.: *Im Gefängnis der psychoanalytischen Position: Über Ralf Zwiebels Buch „Der Schlaf des Psychoanalytikers",* in: *Vorsicht Berührung.* Frankfurt 1992.
Muller, Edward: *Über therapeutischen Mißbrauch,* in: *Verführung in Kindheit und Psychotherapie,* Oldenburg 1992, 36-44 (Körper & Seele 3).
Pesso, Albert: *Dramaturgie des Unbewußten. Eine Einführung in die psychomotorische Therapie.* Übersetzt und eingeleitet von Tilmann Moser. Stuttgart 1986.

Charakterstruktur und Schock

Steen Jørgensen

In der BODYnamischen Analyse[1] unterscheiden wir verschiedene Ursachen, die die Persönlichkeitsentwicklung des Menschen und damit seine Fähigkeit beinflussen, mit den Schwierigkeiten umzugehen, denen er in seinem Leben ausgesetzt ist.[2]

Eine der Ursachen liegt in entwicklungsgeschichtlich bedingten Traumata. Die Interaktion des Kindes mit den Eltern, Geschwistern und anderen Schlüsselfiguren in der frühen und späteren Kindheit sowie die Interaktion mit Erwachsenen außerhalb der Familie führt zur Entwicklung bestimmter Erlebnis- und Verhaltensmuster, die wir *Charakterstrukturen* nennen. Ein Entwicklungs-Trauma entsteht dann, wenn das Kind von Seiten seiner Umwelt ablehnenden Reaktionen begegnet. Dadurch wird es lernen, im Kontakt mit anderen Menschen gewisse Charakterstrukturen zu benutzen.

Der erwachsene Mensch ist in seiner Erlebnis- und Verhaltenswelt von diesen Charakterstrukturen geprägt. Einige Menschen sind primär von nur wenigen Charakterstrukturen geformt, andere von vielen verschiedenen. Ein rigides und unbewußtes Ausleben dieser Charakterstrukturen trägt dazu bei, diejenigen Schwierigkeiten zu schaffen und zu leben, denen wir im Kontakt mit anderen Menschen begegnen. Der therapeutische Weg der BODYnamischen Analyse wird durch die Charakterstrukturen bestimmt.

Eine weitere Ursache, die entscheidenden Einfluß auf den Entwicklungsprozeß nimmt, sind die Phänomene der Lebenskrisen-Traumata und Schock-Traumata. Der Mensch wird während seines Lebensweges - während der Kindheit, der Adoleszenz und während des Erwachsenenalters - von zahlreichen, ggf. traumatisierenden Ereignissen geprägt, die zu Veränderungen in seinem Leben führen. Wir bezeichnen dies im Blick auf jemanden, der in diesem Prozeß steckt, als „Lebenskrisen-Trauma." In vielen Fällen wird die Lebenskrise bewältigt, die einschneidenden Erlebnisse werden bearbeitet und integriert. In anderen Fällen erfolgt eine nur partielle Bearbeitung und Integration der Krise, und die ursprünglich mit der traumatisierenden Begebenheit verknüpften Reaktionen und Konsequenzen fahren fort, ihre Wirkung auf die Person und ihre Verhaltensweisen auszuüben; und dies, obgleich das einschneidende Ereignis viele Jahre zurückliegen mag. Das ist mit „Lebenskrisen-Trauma" gemeint. Als Folge eines solchen Traumas haben die betroffenen Menschen mit einem verbliebenen, unaufgelösten

Potential von Stress zu tun. Je nach dem Ausmaß dieser Spannung wird der resultierende Zustand entweder als unauffällig erlebt oder als *Posttraumatic Stress Disorder* (PTSD) diagnostiziert.

Ein Klient, der Schwierigkeiten hat, sich zu behaupten, bringt dies in Zusammenhang mit der überprotektiven Art, in der er aufwuchs. Dies war in der Tat der Fall. Als Kind war er oft krank gewesen; er hatte eine überbehütende Mutter und hatte in der Folge die aufopfernde Variante der Willensstruktur - das BODYnamic-Äquivalent zur masochistischen Charakterstruktur der Bioenergetik - entwickelt. In der Therapie zeigte sich dann allerdings, daß einige tiefe Wurzeln der Probleme in einem Lebenskrisen-Trauma in der frühen Kindheit lagen. Damals hatte sich die Mutter wegen eines Krankenhaus-Aufenthaltes nicht um die Familie kümmern können, und der Klient fühlte sich verantwortlich für seinen jüngeren Bruder. Er beschloß, in dieser Situation sei es das Beste, auf die Verwirklichung seiner eigenen Wünsche zu verzichten und dem Bruder damit ein „gutes Beispiel" zu geben.

Als der Klient sich allmählich, unterstützt durch seinen Therapeuten, an diesen Lebensabschnitt erinnerte, hatte er keine besonderen Schwierigkeiten, präsent zu bleiben - im Kontakt mit seinen Gefühlen und Körperwahrnehmungen. Wenn er sich auf die traumatisierenden Ereignisse konzentrierte, dann konnte er über seine Entscheidung sprechen, konnte deren körperliche und seelische Bedeutung und Konsequenzen einschätzen und konnte sich dafür entscheiden, seine ursprünglich selbstaufopfernde Haltung mit mehr Tatkraft zu durchsetzen. Der Therapeut half ihm hierbei durch sein Dabei-Sein, durch Nachfragen, durch Mitteilung seiner Beobachtungen und dadurch, daß er den Klienten ermutigte, seine mit dem Trauma verbundenen Reaktionen und Gefühle sowie die zurückgehaltenen Körperreaktionen auszudrücken. Das führte zu dem Punkt, an dem der Klient sich nochmals entscheiden konnte und unter dem Eindruck des Geschehens eine Veränderung seiner Haltung beschloß. Hierbei war ein wichtiges Element, daß der Therapeut dem Klienten eine „ideale Eltern"-Botschaft (Albert Pesso) darüber gab, wie er sich als Kind ihm gegenüber verhalten hätte: Daß der Klient - obgleich er der Familie hatte helfen wollen - sich nicht hätte aufopfern müssen (und daß er ihr damit de facto wohl auch nicht sehr geholfen hat), und daß die Botschaft der „idealen Eltern" etwa so hätte lauten können: „Wir - die Eltern - kümmern uns um das Problem, du hab' Spaß mit deinem tatkräftigen Spielen." Auf der Körperebene lernte der Klient die Arme auszustrecken, um dadurch Hilfe und Unterstützung von den Eltern zu bekommen, und diejenigen Körperimpulse wiederzuerleben, die es für starke körperliche Aktivität beim Spiel braucht.

Eine besondere Variante dieses Lebenskrisen-Traumas ist dann gegeben, wenn jemand unter dem Einfluß einer Lebenskrise eine Schock-Reaktion erleidet, oder wenn die Lebenskrise durch ein traumatisierendes Ereignis entsteht, auf das der betroffene Mensch mit einem Schock reagiert. Wir sprechen von einem Schock-Trauma, wenn der Schock als Reaktion auf ein traumatisierendes Ereignis entstand,

- das tatsächlich lebensbedrohlich war oder vom Klienten als lebensbedrohlich erlebt wurde
- das noch nicht verarbeitet ist oder worauf der Klient bislang noch nicht hat reagieren bzw. das er noch nicht in einer angemessenen Weise - also unter Einbezug des beobachtenden Ego und der biologischen Kampf- und Flucht-Reflexe - hat wiederholen können.
- auf das der Klient stattdessen mit elementaren, instinktgesteuerten Mustern reagiert hat, die wir mit vielen Tieren gemeinsam haben.

Als stete Folge eines Schock-Traumas trägt der Klient unaufgelöste Restbestände von Stress in sich. Im Psychiatrischen Diagnostik-System fallen Schock-Traumata gleichfalls unter *Posttraumatic Stress Disorder* (PTSD).[3] Oft enthält ein Schock-Trauma auch ein Lebenskrisen-Trauma, aber man muß zwischen reinen Lebenskrisen-Traumata und Schock-Traumata unterscheiden, weil die beiden Störungen nach unserer Erfahrung ein unterschiedliches therapeutisches Vorgehen erfordern.

Einem Klienten fällt es sehr schwer, davon zu sprechen, wenn eines seiner Kinder verletzt wird oder wenn ihm Unrecht geschieht. Er fühlt sich leer, hat keine spontanen Impulse zu reagieren und kann mit dieser Situation nur durch enorme Willensanstrengung zurecht kommen. Er hat seinerseits eine Geschichte, die durch viele schwere Unfälle geprägt ist. Wenn er dazu befragt wird, beschreibt er diese traumatischen Ereignisse ohne spürbare Gefühlserregung, aber mit offensichtlichen Anzeichen unaufgelöster Schock-Reaktionen (erstarrte Pupilllen, erstarrter Körper, leise Stimme). Wenn er erzählt, wie gerade wieder eines seiner Kinder gefallen ist oder sich auf andere Art verletzt hat, sind diese Schock-Reaktionen besonders stark. Er selbst hatte als Achtjähriger einen Unfall, bei dem er zwei Frontzähne verlor und für viele Jahre zahnärztliche Behandlung brauchte.

Der Therapeut schlägt dem Klienten vor, von diesem Kindheits-Schock auszugehen, und ggf. erst danach das Problem mit den Verletzungen der Kinder anzuschauen, und der Klient ist mit diesem Vorgehen einverstanden. Zunächst wird eine „Erinnerungs-Landkarte" des Ereignisses erstellt, und es zeigt sich, daß viel davon vergessen oder nur in groben Umrissen erinnerbar ist. Im darauffolgenden Therapieabschnitt arbeitet der Klient sich langsam an das verbale und körperliche Erinnern und Rekonstruieren dessen heran, was geschehen ist. Und immer, wenn eine Schock-Reaktion spürbar wird, hat er den Auftrag, während er auf der Matratze liegt zu rennen und sich dabei vorzustellen, er liefe zu einem sicheren Ort, wo er loslassen und Unterstützung erhalten kann. (Die Details des BODYnamischen Umgangs mit Schock-Traumata werden auf S. 175 ff beschrieben). Während der Therapie geht der Klient immer wieder sein Trauma durch, und immer wieder fängt er an zu laufen, sobald die Schock-Reaktionen auftauchen. Allmählich arbeitet er so die unaufgelösten Bereiche des Schock-Traumas durch und integriert gleichzeitig die körperliche Schock-Symptomatik.

Im Laufe der Therapie erinnert der Klient die gesamte Schock-Episode sowie seine Gefühle und Reaktionen während und nach der Verletzung. Er erinnert sich an Furcht und Panik und wie er damit bei seinen Eltern - die ihrerseits im Schock waren - nicht gesehen und angenommen wurde; an die physischen Schmerzen der Verletzung; an die nach dem Unfall zurückgebliebene Körperspannung (im oberen Teil des Nackens, mit deren Loslassen er beim Durcharbeiten seiner Schock-Reaktionen arbeiten muß); an seine nach dem Unfall gefällte „Entscheidung", wegen der Zahnlücke nicht mehr zu lächeln; an seine Probleme mit den Orientierungs- und Fall-Reflexen, die durch den Unfall geschädigt worden waren und die nun durch Fallübungen, die nicht verletzten, wieder aufgebaut werden.

Nachdem der Klient sein eigenes Schock-Trauma durchgearbeitet hatte, war auch ein großer Teil der Probleme, die er mit den Verletzungen seiner Kinder hatte, gelöst. Indem er an seinem eigenen Schock-Trauma arbeitete, lernte er, was eine gute elterliche Antwort auf so ein traumatisches Ereignis ist. Er löste seine verbliebenen Schockrektionen, die ihn auf der Körperebene daran gehindert hatten, angemessen auf die Verletzungen seiner Kinder zu reagieren.

Wenn Klienten mit der BODYnamischen Analyse beginnen, beschreiben sie ihre Schwierigkeiten und Probleme so, wie sie sich für sie in ihrem gegenwärtigen Leben darstellen. In der BODYnamischen Analyse beginnen wir einen Therapieverlauf mit einem Interview, das Gegenwart und Vergangenheit des Klienten zum Inhalt hat, und nehmen einen Körpertest vor. In diesem Test werden die Körper-Reaktionen der Klienten auf Berührung untersucht und in neun Kategorien registriert (neutrale Muskel-Reaktionen, vier Grade hyperresponsiver Muskel-Reaktion und vier Grade hyporesponsiver Muskel-Reaktionen).

Das Resultat wird in einer sogenannte BODYMAP vermerkt, einer Skizze des Menschen, auf der die einzelnen Muskelreaktionen entsprechend ihrer anatomischen Position mittels farbiger Striche und Flächen dargestellt werden.[4]

Ausgehend von Interview, BODYMAP und der Problembeschreibung durch den Klienten entwickelt der BODYnamic-Analytiker Hypothesen zu lebensgeschichtlich bedingten und gegenwärtigen Ursachen der Probleme. In der Vergangenheit sind die Ursachen der Schwierigkeiten in den meisten Fällen in der Charakterentwicklung der Person oder in der mangelhaften Bearbeitung von Lebenskrisen- und Schock-Traumata zu finden.

In den folgenden Abschnitten werde ich mich mit dem Zugang der BODYnamischen Analyse im Blick auf die Arbeit mit Charakterstrukturen (d.h. mit entwicklungsgeschichtlich begründeten Traumata), mit Lebenskrisen-Traumata und mit Schock-Traumata beschäftigen. Ein Risiko bei der Beschreibung der allgemeinen Parameter der Arbeit mit Charakterstrukturen, Lebenskrisen- und Schock-Traumata besteht darin, daß die Arbeit mit BODYnamischer Analyse als sehr technisch geprägt erscheinen könnte - was in der Realität nur selten der Fall ist. Jede therapeutische Arbeit geschieht in persönlicher Interaktion zwischen Therapeut und Klient und läßt dabei eine Übertragungsbeziehung entstehen. Gleichzeitig ist es für den Therapeuten wichtig, die therapeutische Konzeption auf angemessene diagnostische Erwägungen zu gründen, sie in dieser Weise wahrzunehmen und sich im Blick auf die spezifischen auftretenden Probleme auf ein theoretisches Modell zu stützen.

Die Arbeiten mit Charakterstrukturen

In der BODYnamischen Analyse beschreiben wir die Persönlichkeitsentwicklung des Menschen in sieben Entwicklungsstufen, die jeweils durch ein eigenes Lebensthema charakterisiert sind. Auf jeder dieser Stufen entwickelt und manifestiert der Mensch bestimmte Persönlichkeitszüge und Abwehrmechanismen. Die an eine Entwicklungsstufe geknüpften typischen Erlebnis- und Verhaltensmuster nennen wir *Charakterstrukturen.* Im Laufe einer optimalen Entwicklung durchleben die Menschen auf jeder Entwicklungsstufe drei Positionen: eine *frühe Position,* geprägt durch resignatives Verhalten; eine *späte Position,* geprägt vom Zurückhalten; und eine *gesunde Position,* in der die verschiedenen an das Lebensthema gebundenen Erlebnis- und Verhaltensmuster integriert werden.[5] Im Verlaufe einer optimalen Persönlichkeitsentwicklung werden alle Entwicklungsstufen und

Positionen durchlebt, so daß dem Menschen schließlich alle Charakterstrukturen zur Verfügung stehen. Die Persönlichkeitsentwicklung verläuft in der Praxis freilich selten optimal. Wenn jemand von seiten der Umgebung immer wieder mit abweisendem Verhalten konfrontiert wurde, legt er sich zu seinem Schutz - oft unbewußt - darauf fest, bestimmte Charakterstrukturen anzuwenden und unterläßt es dabei, andere optimal zu entwickeln. Daher sind die meisten Menschen von bestimmten Charakterstrukturen geprägt, die sie auf Grund solcher Erfahrungen im Kontakt mit anderen anzuwenden gelernt haben.

Eine Charakterstruktur umfaßt also Erlebnis- und Verhaltensmuster, die im Kontakt des Menschen mit sich selbst und anderen Anwendung finden, sowie die entsprechenden Abwehrmechanismen. Auf der Körperebene korrespondieren hierzu Spannungsmuster in Form hyper- und hyporesponsiver Muskel-Reaktionen.

In der BODYnamischen Analyse betrachten wir die Charakterstrukturen als einen notwendigen Teil der Persönlichkeitsstruktur des Menschen. Das Ziel einer Therapie ist nach unserer Auffassung *nicht,* daß der Klient seine Charakterstrukturen aufgeben soll, sondern vielmehr, daß er eine freiere Wahl in ihrer Verwendung hat.[6]

In der Praxis bearbeiten wir die Charakterstrukturen oft ausgehend von den konkreten vergangenen Interaktions-Situationen zwischen Eltern und Kind. Die Beschäftigung mit einzelnen Erlebnissen ist ein exemplarisches Element in der Arbeit mit den Charakterstrukturen des Klienten. Die wesentlichste Veränderung geschieht indessen, wenn der Klient seine Charakterstrukturen, wie sie sich im Alltag und in der Übertragung zum Therapeuten zeigen, erkennt und bearbeitet. Die Behandlung charakterologischer Probleme erfordert - besonders im Zusammenhang mit den ersten fünf Strukturen (im Alter von 0 bis 6 Jahren) - die Etablierung einer Vertrauensbeziehung zum Therapeuten. In dieser kann sich die Übertragung entwickeln, so daß es möglich wird, in der therapeutischen Beziehung und gleichzeitig mit den historischen Wurzeln der Persönlichkeitsstruktur zu arbeiten.

Im Laufe der letzten zehn Jahre haben wir in der BODYnamischen Analyse Richtlinien für die Arbeit mit den verschiedenen Charakterstrukturen formuliert. Im folgenden werde ich einige der wichtigsten darstellen, jedoch nur in bezug auf die frühe - vom Aufgeben geprägte - und die späte, vom Zurückhalten bestimmte - Position jeder Charakterstruktur.[7]

Existenz (bis zum dritten Monat)

Die beiden Positionen in der *Existenzstruktur* sind die verschiedensten überhaupt, und die Richtlinien für die Arbeit mit ihnen sind daher sehr unterschiedlich. In beiden Fällen ist es aber wichtig, die Körperwahrnehmung des Klienten zu verbessern, was diesem hilft, Energien und Gefühle wahrnehmen zu können.

Bei der Arbeit mit der mentalen Variante der Existenzstruktur ist es notwendig, daß der Klient langsam lernt, Gefühle zu spüren, gefühlsmäßigen Kontakt zu halten und auch mit der Angst umzugehen, die durch diese Nähe zunächst verursacht wird. Der Therapeut akzeptiert die Gedanken und Vorstellungen des Klienten und unterstützt dessen Wahrnehmung, daß er Gefühle und gefühlsmäßigen Kontakt erlebt und daß ihm dieser Kontakt etwas bedeuten kann.

Im Gegensatz dazu ist es in bezug auf die emotionale Variante der Existenzstruktur wichtig, daß der Klient lernt, Ursache und Wirkung zu verstehen und mit der Trennungsangst umzugehen. Starken Gefühlen und Reaktionen des Klienten begegnet der Therapeut so, daß der Klient fühlt, daß er gesehen und gespürt wird. Auf dieser durch Unterstützung geprägten Basis arbeitet der Therapeut darauf hin, daß der Klient vermehrt Einsicht gewinnt in seine Interaktionsmuster mit denjenigen Menschen, die eine starke emotionale Wirkung auf ihn ausüben.

Bedürftigkeit (1 Monat bis 18 Monate)

Ein gemeinsames Charakteristikum der beiden Positionen in der *Bedürftigkeitsstruktur* ist es, daß Klienten mit einer entsprechenden Prägung Schwierigkeiten haben, ihren Körper zu spüren und meist über sehr wenig physische und psychische Energie verfügen. Um den Klienten besser in seinem Körper zu verankern, sind hier in der Regel Körperübungen mit dem Ziel angemessen, Widerstand gegen Druck ausüben zu lernen.

Bei der Arbeit mit der mißmutigen Variante der Bedürftigkeitsstruktur muß der Klient erst die Erfahrung gemacht haben, daß er von anderen etwas bekommen, es annehmen und dessen Bedeutung spüren kann, bevor er imstande ist, selbst darum zu bitten und es von sich aus zu fordern. Oft muß er dies erst zusammen mit dem Therapeuten erfahren haben, bevor er hinausgehen kann, um es andernorts zu bekommen. Erst auf Grund dieser Erfahrung wird es ihm möglich sein, Schmerz und Wut darüber zu fühlen, daß er so viel hat entbehren müssen.

Das Gegenteil wird bei der durch Mißtrauen geprägten Variante der Bedürftigkeitsstruktur geltend. Ein Klient, der hier fixiert ist, kann erst dann etwas von anderen annehmen, wenn er wenigstens ein wenig von seiner massiven Verbitterung, seiner Wut und seiner Trauer darüber erfahren und ausgelebt hat, daß er nicht automatisch das bekommt, was er haben will, ohne darum zu bitten. Klienten mit dieser Struktur haben - basierend auf Erfahrungen, nicht das zu bekommen, was sie benötigen - einen massiven Widerwillen dagegen, etwas für sich selbst zu erbitten. Die Fixierung auf diese Struktur hat gleichzeitig zur Folge, daß die betroffenen Menschen nichts entgegennehmen können, worum sie nicht selbst gebeten haben; denn weil andere in der Regel etwas anbieten, was nicht ganz genau das ist, was sie sich wünschen - die Chance, daß der eigene Bedarf von anderen präzis erschlossen wird, ist gemeinhin gering -, wird das Erhaltene wiederum als das Verkehrte erlebt werden. Sollte es zufällig aber doch das Richtige sein, dann wird es der Klient gar nicht als solches wahrnehmen und entsprechend auch nicht genießen können.

Autonomie (acht Monate bis 2 1/2 Jahre)
In der *Autonomiestruktur* ist es bei beiden Positionen wichtig, das Erlebnis zu bewahren, daß man selbst über sich und sein Leben bestimmt. Der Therapeut gerät mit Klienten in dieser Position daher sehr leicht in einen offenen oder verborgenen Konflikt um Leitung und Kontrolle. Gleichzeitig ist es für die Klienten nur möglich, sich in der Therapie zu verändern, wenn sie willens sind, ihr bewußtes oder unbewußtes Insistieren darauf, die totale Kontrolle über ihr Leben zu bewahren, zu erforschen und dazu Stellung zu beziehen. Bei beiden Positionen ist es wichtig, mit den Klienten einen klaren Vertrag über den therapeutischen Rahmen sowie über Inhalt und Ziel der Therapie zu vereinbaren und es zu vermeiden, mit ihnen in einen Machtkampf um die Leitung zu geraten.

Menschen, die entsprechend der nonverbal aktivitätsändernden Struktur agieren, vermeiden es, sich unangenehmen Erlebnissen und Erinnerungen auszusetzen. Dringen solche Inhalte an die Oberfläche, dann fühlen sie sich leer. Eine solche Leere ist real, denn diese Struktur entwickelt sich zu einem Zeitpunkt, zu dem das Kind in seiner Aktivität noch von äußeren Hilfestellungen abhängig und zu dem auch die Sprache noch nicht eigentlich ausgeprägt und differenziert ist. Es ist daher in der Therapie, ausgehend von einem klaren Vertrag, wichtig, die Leere zusammen mit dem Klienten zu erforschen. Oft ist es notwendig, Vorschläge zu machen, was *in* der Leere sein könnte und den Klienten zu bitten nachzuspüren, wie sich derartige Vorschläge anfühlen. Darüber hinaus muß der Klient in seinen Versuchen unterstützt werden, seine Gefühle zu spüren, sie auszudrücken und sie in sich zu bewahren - und auch zu erleben, daß dies seine eigenen Gefühle sind und daß er unabhängig von seiner Umgebung verantwortlich für sie ist.

Der in dieser Struktur fixierte Klient verbindet nicht unbedingt von sich aus die Geschehnisse in der Therapie mit seinem Alltagsleben draußen. Daher ist es wichtig, daß der Therapeut ihm dabei hilft, indem er ihm z. B. „Hausaufgaben" gibt und ihn eingehend befragt, was seit der letzten Therapiesitzung an wichtigen Dingen geschehen ist. Klienten mit dieser Charakter-Struktur haben Schwierigkeiten, sich an andere Menschen zu binden, und das prägt selbstverständlich den Kontakt mit dem Therapeuten und die Übertragungsebene.

Die verbal aktivitätsändernde Struktur ist dadurch charakterisiert, daß die betroffenen Menschen es vermeiden, die eigenen Gefühle zu spüren und anzuerkennen, indem sie aktiv und verbal das Thema wechseln. Für diese Klienten ist es gefährlich, sich zu verpflichten; um Hilfe zu bitten, wird als bedrohlich erlebt. Es zeigt sich ein starker bewußter oder unbewußter Widerstand gegen Kontrolle, weshalb Klienten mit entsprechender Fixierung nur selten in die Therapie kommen. Hier ist es also eine Herausforderung für den Therapeuten, damit zurechtzukommen, daß solche Klienten das Thema wechseln, sobald unangenehme Gefühle in Bewußtseinsnähe geraten. Eine wesentliche Voraussetzung dafür, daß dieses Muster bearbeitet werden kann, ist seine Bewußtmachung, und am Anfang ist es der Therapeut, der trotz des Widerstandes des Klienten auf die Problematik hinweisen und hier auch insistieren muß. Es ist allerdings nicht ganz einfach, angesichts dieser Konstellation nicht in einen Machtkampf zu geraten.

Für die Therapie ist die Arbeit mit Vertragsabschlüssen und mit der Wahlmöglichkeit des Arbeitsthemas zentral. Fragt der Therapeut den Klienten, woran er diesmal arbeiten wolle, so wird dieser häufig zwei Möglichkeiten vorschlagen, ohne einer der beiden Priorität einzuräumen. Wählt in so einem Fall der Therapeut, dann muß sich der Klient nicht festlegen und vermeidet es folgerichtig, sich mit ganzem Herzen auf die Therapie einzulassen. Gelingt es demgegenüber dem Therapeuten, den Klienten dazu zu bringen, zwischen den beiden Möglichkeiten, die er genannt hat, zu wählen, dann führt häufig die erste Wahl zur zweiten: Denn jetzt wird der Klient zwei Möglichkeiten erwägen, sich mit dem gewählten Thema auseinanderzusetzen etc. etc. Dieser sich konstant wiederholende Verlauf mit Vertrag und Wahl mag den Eindruck erwecken, daß es sich hierbei lediglich um Annäherungen an eine Therapie, nicht aber um wirkliche Arbeit handelt; tatsächlich ist er jedoch ein wesentlicher Teil dessen, was in dieser Struktur erarbeitet werden muß.

Wille (zwei bis vier Jahre)
Klienten, die von der *Willens-Struktur* geprägt sind, haben Schwierigkeiten, ihre eigenen Kräfte zusammen mit anderen Menschen zu nutzen. Deswegen ist es in beiden Positionen von zentraler Wichtigkeit, daß diese Menschen lernen, sich selbst mit ihren körperlichen und verbalen Energien im Beisein anderer auszudrücken.

Einem Klienten mit der aufopfernden Variante der *Willensstruktur* fällt es schwer, von sich selbst und seinen eigenen Wünschen ausgehend zu handeln, so daß es in der Therapie wichtig ist, ihn gerade in diesem Punkt zu unterstützen. Da es ihm Schwierigkeiten bereitet, zu planen und zu wählen, benötigt er Anleitung und Hilfe, sich mit dem Umstand versöhnen zu lernen, daß Wählen bedeutet, etwas zu erhalten und damit etwas anderes *nicht* haben zu können. Auch bei seinen Schwierigkeiten, mit widersprüchlichen Gefühlen oder mit Ambivalenz umzugehen, benötigt er Unterstützung. Diese Struktur entsteht in einem Alter, in dem das Kind lernt, zwischen Phantasie und Wirklichkeit zu unterscheiden, und in dem die Fähigkeit, zwischen Gedanken und Handlungen, zwischen DIR und MIR zu zu trennen, in Ansätzen zwar vorhanden, aber noch nicht voll entwickelt ist. Dies bewußt zu machen ist für die Arbeit mit dieser Struktur wichtig. Dabei gehen wir von einem besonderen Kommunikationsmodell aus, das wir BODYKNOT nennen. Dies Modell systematisiert die körperliche Selbst- und Fremd-Wahrnehmung und wurde u. a. durch Elemente der Existenzphilosophie sowie durch das Wahrnehmungsmodell der Gestalt-Therapie angeregt. Viele Klienten sind in dieser Struktur auf Grund einer strafenden oder überbeschützenden Erziehung gefangen. Es ist daher wichtig, die Erziehungsmuster aufzudecken und das Verhältnis zu den Schlüsselpersonen der Kindheit zu bearbeiten.

Im Vergleich hierzu geht ein Klient mit der verurteilenden Variante der Willensstruktur in bezug auf seine eigenen Wünsche auf den ersten Blick viel tatkräftiger vor. Sein Problem ist jedoch, daß er allein zwar durchaus durchsetzungsfähig ist, daß er aber Schwierigkeiten hat, spontan zu handeln, wenn er mit anderen zusammen ist. Deshalb muß der Therapeut der Tatkraft des Klienten mit seiner eigenen Tatkraft begegnen, so daß dieser die Erfahrung machen kann, daß es tatsächlich möglich ist, ein Gefühl von Kontakt und Zusammengehörigkeit zu erfahren, obgleich er tatkräftig seinen eigenen Willen durchsetzt. Ein Charakteristikum der von dieser Struktur geprägten Klienten ist es, daß sie ihre Unzufriedenheit mit anderen in der Regel - und hier oft sarkastisch oder perfide - indirekt äußern, statt daß sie klar zu verstehen geben, was sie wollen. Der Therapeut muß den Klienten mit diesem

Muster konfrontieren und ihn dabei unterstützen, sich direkt und kraftvoll anderen gegenüber zu äußern.

Liebe und Sexualität (drei bis sechs Jahre)
Klienten, die unter dem Einfluß der *Liebe-/Sexualitäts-Struktur* stehen, haben Schwierigkeiten im Bereich von Sexualität und Kontakt. Hier ist es die Aufgabe des Therapeuten, sich in besonderem Maße abgegrenzt zu verhalten, verankert in seiner eigenen Sexualität - eine klare sexuelle Grenzlinie zwischen sich und dem Klienten zu ziehen. Sexueller Kontakt zwischen Therapeut und Klient(in) würde diese(n) noch stärker auf diese Struktur fixieren. Der Therapeut muß dem Klienten bzw. der Klientin so begegnen, wie die Eltern dem Kind im entsprechenden Alter eigentlich hätten begegnen sollen: mit Akzeptanz seinen Liebesgefühlen und seiner Sexualität gegenüber und mit klarer sexueller Abgegrenztheit zwischen dem (in der Regel gegengeschlechtlichen) Elternteil und dem Kind. Es muß oft auf den Unterschied zwischen geschlechtsneutralem und sexuellem Kontakt aufmerksam gemacht werden, da Klienten und Klientinnen mit Problemen in dieser Struktur hier häufig verwirrt sind.

Erlebt und handelt der Klient/die Klientin aus der *romantischen* Position dieser Struktur heraus, so wird er/sie sich im Laufe der Therapie in den Therapeuten (oder in die Therapeutin) verlieben. Der Therapeut/die Therapeutin muß ihm oder ihr mit klaren Grenzen begegnen und ihm/ihr sein/ihr bewußtes oder unbewußtes Flirten bewußtmachen und mit ihm/ihr zusammen die Erkenntnis erarbeiten, daß sein/ihr Verhalten auf seine/ihre sexuell gefärbte Beziehung zu einem Elternteil oder zu anderen zentralen Personen zurückgeht, die die Entwicklung der Struktur beeinflußt haben.

Ist der Klient/die Klientin primär in der verführenden Position dieser Struktur blockiert, so wird er/sie versuchen, den Therapeuten/die Therapeutin zu verführen, um Kontakt zu bekommen. Hier ist es eine Katastrophe, wenn der Therapeut/die Therapeutin keine klaren sexuellen Grenzen aufrechterhalten kann, und dies darum, weil viele dieser Klienten/Klientinnen Inzest oder massiv inzestuösem Verhalten von einem oder beiden Elternteilen ausgesetzt waren. Auch hier ist die therapeutische Arbeit an der Übertragung als dem Spiegel des Verhältnisses zu Vater, Mutter oder anderen für die Problematik wesentlichen Personen zentral.

Meinungsbildung (fünf bis acht Jahre)
Klienten mit *meinungsbildender Struktur* hatten in derjenigen Altersstufe Interaktions- und Kontaktprobleme, in der das Kind lernt, seine Meinung

zu formulieren und zur Diskussion zu stellen, in der es Regeln kennenlernt und in der es entdeckt, daß unterschiedliche Beziehungen und Gemeinschaften unterschiedlich funktionieren, sei dies in der eigenen Familie, in anderen Familien, in der Schule oder bei Gleichaltrigen. Es ist daher wichtig, daß der Therapeut den Klienten darin unterstützt, Meinungen zu präsentieren und daß er ihm gleichzeitig dabei hilft zu lernen, wie man auch dann mit anderen zusammen sein kann, wenn man unterschiedliche Meinungen hat, und wie man mit den notwendigen allgemeinen Regeln des Zusammenlebens umgeht, ohne seine Integrität zu verlieren.

Klienten, die in den Mustern der insinuierenden Variante der meinungsbildenden Struktur gefangen sind, äußern ihre Unzufriedenheit nicht offen vor dem Therapeuten und sabotieren stattdessen die Interaktion und den Prozeß, indem sie sich zurückziehen oder auf eine insinuierende Art den therapeutischen Rahmen zu sprengen versuchen. Hier ist es die Aufgabe des Therapeuten, dem Klienten sein Agieren in der Weise bewußt zu machen, daß der sich ermutigt fühlt, für seine Ansichten einzustehen, während der Therapeut bei seinen eigenen Ansichten bleibt und unbeirrt seine therapeutische Kompetenz wahrnimmt. Die Arbeit mit diesen Klienten beinhaltet natürlich auch deren Gefühle im Blick auf ihre Ansichten und Regeln, doch nach unserer Erfahrung kann man mit diesen Menschen nur dann arbeiten, wenn man auch dem Inhalt jener Ansichten und ihrem Bedürfnis nach Meinungsaustausch Bedeutung beimißt. Unserer Meinung nach ist es unmöglich, diese Struktur zu bearbeiten, wenn man in der Therapie einseitig auf gefühlsbefreiende Elemente abzielt.

Klienten, die in der manifestierenden Variante der meinungsbildenden Struktur blockiert sind, geraten in der Regel mit dem Therapeuten in einen offenen Konflikt über Bedeutung, Regeln und Rahmen der Therapie. Ihr Muster ist es, den Therapeuten mit ihren Ansichten zu konfrontieren und zu versuchen, ihn davon zu überzeugen, daß sie recht haben. Wenn das nicht gelingt, dann verlassen sie türenknallend den Raum. Die therapeutische Herausforderung liegt hier darin, der Heftigkeit, mit der der Klient seine Meinung vertritt, standzuhalten und gleichzeitig an den eigenen Überzeugungen, den notwendigen Regeln und dem Rahmen der Therapie festzuhalten.

Sowohl die insinuierende als auch die manifestierende Position wurden teils in der Beziehung mit den Eltern und anderen Autoritäten, teils aber auch in derjenigen mit Freundesgruppen entwickelt. Es ist für Klienten mit dieser Prägung daher notwendig, einen Teil ihrer Probleme im gruppentherapeutischen Setting zu bearbeiten; denn es ist nur selten möglich, diejenigen neurotischen Selbstanteile, die in Gruppen entwikkelt wurden, durch Einzeltherapie zu verändern.

Solidarität/Leistung (sieben bis zwölf Jahre)
Die letzte Charakterstruktur, die *Solidaritäts-/Leistungs-Struktur,* ist noch schwieriger in einer Einzeltherapie zu bearbeiten, weil sie vor allem im Zusammensein mit Schul- und Freundesgruppen entwickelt wurde und weil sie sich primär im Verhältnis des Klienten zu Gruppen zeigt. Eine Durcharbeitung der Muster, die hierher gehören, erfordert daher meist die Teilnahme an einer Gruppentherapie.

Klienten, die in der nivellierenden Position festsitzen, müssen darin unterstützt werden, auf eigene Faust Leistungen zu wagen und lernen, sich mit ihren Qualitäten, ihren Fertigkeiten und ihrem Können zu präsentieren. Der Therapeut kann ihnen dabei in der Einzeltherapie den Rücken stärken, doch solange der Klient außerstande ist, draußen in seinem Alltag seine Wiederholungszwänge zu verändern, ist es notwendig, daß er diese in einer Gruppensituation bearbeitet.

Klienten, die in der konkurrierenden Position fixiert sind, suchen sich durch Leistungen von ihren Schwierigkeiten zu befreien. Sie versuchen daher, „ein guter Klient" zu sein, der in der Therapie arbeitet und arbeitet - auch dann, wenn es der therapeutische Prozeß erfordern würde, loszulassen und die Bedeutung der Erlebnisse und Erfahrungen zu spüren. Hier sollen die Klienten unterstützt werden, zielgerichtet mit ihren Problemen zu arbeiten, ohne daß die Vertiefung und Intensität verloren geht. Einige dieses Muster können in der Einzeltherapie bearbeitet werden - besonders, wenn der Leistungszwang seine Wurzeln darin hat, daß die Liebe der Eltern durch Leistung erkauft werden mußte. Doch in bezug auf die frühe Position erfordert eine durchgreifende Bearbeitung in der Regel, daß der Klient neben der Einzeltherapie an einer Gruppentherapie teilnimmt.

Die besprochenen Charakterstrukturen sind das Ergebnis von Beziehungsmustern, die über eine beträchtliche Zeitspanne hinweg gelebt wurden - sehr im Unterschied zu Lebenskrisen- und Schock-Traumata, wo ein Wechsel der Lebenssituation oder ein einschneidendes Ereignis einen massiven Einfluß auf die Persönlichkeitsentwicklung des betroffenen Menschen nahm. Im nächsten Abschnitt werde ich die Schwierigkeiten diskutieren, die sich bei der therapeutischen Arbeit mit diesen Traumata ergeben.

Die Arbeit mit Lebenskrisen- und mit Schock-Traumata
Bei der Bearbeitung traumatischer Ereignisse werden an diese geknüpfte

Erlebnisse, Gefühle und Konsequenzen erinnert und durchlebt. Oft zeigt es sich, daß Klienten aus einem traumatischen Erlebnis wichtige Folgerungen gezogen haben oder daß sie dadurch in ihrem Wirklichkeitsverständnis und ihren Erlebnis- und Handlungsmöglichkeiten in einer bestimmten Weise geprägt worden sind. Bei einigen Lebenskrisen-Traumata mögen die Klienten mit Schock reagiert haben. Ein Schock ist eine normale Reaktion auf überwältigende traumatische Ereignisse. Jedermann kennt Schock-Reaktionen, wobei allerdings manche Menschen hier mehr Erfahrung haben als andere. Das mag fallweise auf Umstände zurückzuführen sein, die außerhalb der Kompetenz des Einzelnen liegen - an Naturkatastrophen, an Kriegen oder daran, daß bereits vorhandene Schocks die Wahrnehmungsfähigkeit der betroffenen Person reduziert haben, so daß sie besonders anfällig ist für weitere Schocks. Wenn eine Schock-Reaktion nicht verarbeitet und integriert worden ist, dann leidet der Klient unter einem Schock-Trauma.

Die Arbeit mit Schock-Traumata kann sehr einfach sein, häufiger aber ist ein komplexes therapeutisches Handeln notwendig. Das liegt darin begründet, daß scheinbar einfache und unkomplizierte Schocks andere, tiefer gelagerte Schocks aktivieren können und daß Erlebnisse und Konsequenzen, die mit dem Schock in Zusammenhang stehen, oft den Charakterpanzer der Klienten verstärkt haben, was die therapeutische Arbeit erschwert.

Lebenskrisen- und Schock-Traumata haben gemeinsam, daß es sich in beiden Fällen um Ereignisse handelt, die vom Klienten weder bearbeitet noch integriert wurden, da ihm zum entsprechenden Zeitpunkt die dazu nötige Hilfe, Unterstützung, Sicherheit und der vertrauensvolle Kontakt fehlten. Dieses muß dem Klienten in einem geborgenen und sicheren Therapie-Rahmen ermöglicht werden, so daß er die teilweise verdrängten oder unverstandenen Erlebnisse, Gefühle und Konsequenzen mit Hilfe des Therapeuten durchleben und verarbeiten kann. Gemeinsames Element der Arbeit mit beiden Traumata ist es, dem Klienten dabei zu helfen, sich das Geschehene und die entsprechenden Reaktionen - Wahrnehmungen, Empfindungen, Gefühle - bewußt zu machen, um sich unerlebte und unausgelebte Gefühle und entsprechende Handlungen in jener Situation sowie die Bedeutung zu vergegenwärtigen, die das Ereignis hatte und immer noch hat.

Wenn wir es mit einem Lebenskrisen-Trauma zu tun haben, gehen wir in der BODYnamischen Analyse von den Erinnerungen des Klienten an das traumatische Ereignis aus, indem wir ihn bitten, sich bildlich und physisch in die traumatische Situation einzuleben und gleichzeitig die Bewegungs- und Spannungsmuster, die er mit dem Ereignis verbindet, so genau wie möglich zu registrieren und zu beschreiben. Daraufhin wird das Ereignis chronologisch durchgearbeitet, der Klient kann nun seine unausgelebten Reaktionen und Erlebnisse verbal und körperlich ausdrücken und darin unterstützt werden, diese Erfahrungen auf eine sinnvolle Weise zu integrieren.

Gleichzeitig mit der verbalen und emotionalen Bearbeitung helfen wir dem Klienten, seine körperlichen Spannungsmuster - die hyper- und hyporesponsiven Muskel-Reaktionen, die mit dem Trauma verbunden sind - aufzulösen. Einige dieser Spannungsmuster normalisieren sich bereits, wenn der Klient in der traumatischen Situation zurückgehaltene Erlebnisse, Gefühle und Handlungsimpulse ausdrückt. In anderen Fällen muß der Klient bewußt lernen, seine Spannungen loszulassen, nachdem er deren Ursache verstanden hat. Ein ebenso häufiger Ausgangspunkt für die Arbeit mit Lebenskrisen-Traumata wie die Erinnerung des Klienten an das traumatische Ereignis ist die Arbeit mit körperlichen Bewegungsmustern oder Blockierungen, wobei sich die Verbindung zum traumatischen Ereignis und dessen Inhalt erst im Laufe der Therapie offenbart.

Im Falle eines Schock-Traumas führt die beschriebene Methode nicht zu einem einfach zu verfolgendem Prozess; ohne ausreichende Kenntnis von der komplizierten Natur des Schocks kann sie sogar kontraindiziert sein und den Zustand des Klienten noch verschlechtern. Der Therapeut muß sowohl über die Fähigkeit verfügen, einen Schock zu diagnostizieren, als auch den Zeitpunkt erkennen, zu dem sich der Klient einem Schockzustand nähert. Hinweise auf einen aus der Vergangenheit des Klienten stammenden Schock bieten verschiedene Störungen im Kontaktverhalten sowie psychsomatische Reaktionen. Wie sich das Verhalten des Klienten in dem Moment, in dem er über das traumatisierende Erlebnis spricht, verändert, gibt Aufschluß darüber, ob er in einen Schockzustand geht oder nicht.[8]

Im Laufe der letzten zehn Jahre haben wir Richtlinien für die Arbeit mit Schock-Traumata entwickelt.[9] Vor der eigentlichen Arbeit mit spezifischen Schocks versuchen wir, die Körperwahrnehmung des Klienten zu stärken. Wir unterstützen ihn in Aufbau, Ausbau und Intensivierung seines sozialen Umfeldes, falls dieses mangelhaft ist. Außerdem wird am Kontakt zwischen Klient und Therapeut gearbeitet, so daß der Klient dem Therapeuten zu vertrauen lernt, bevor die eigentliche Arbeit an einem Schockereignis beginnt. Wir befragen den Klienten zu Ereignissen in seinem Leben, die einen Schock verursacht haben könnten, beobachten Hinweise auf Schock-Reaktionen in seinem Verhalten und vergleichen diese mit den Erkenntnissen über Charakterstrukturen und

Schock-Traumata, wie sie sich aus der Interpretation der BODYMAP ergeben. Auf dieser Basis entwerfen wir Hypothesen, welche Schock-Traumata und ggf. Ketten von Schock-Traumata der Klient erlebt haben könnte und wägen ab, wo seine Persönlichkeitsstruktur besondere Rücksichten in der Therapie erfordert.

In der BODYnamischen Analyse erfolgt die Therapie von Schock-Traumata in folgenden sechs Schritten:

1. *Der Therapeut wählt zusammen mit dem Klienten einen Schock aus, der bearbeitet werden soll.*
   Es ist höchst ungewöhnlich, daß die Klienten nur ein Schock-Trauma haben, die meisten haben mehrere. Für gewöhnlich ist ein Schock-Trauma durch ein gemeinsames Thema oder durch verwandte gefühlsmäßige Bedeutungen mit anderen Schock-Traumata verbunden.

   Ist der Klient relativ gesund, dann ist es sinnvoll, mit einem frühen Schock-Trauma zu beginnen. Das wird einen Teil der Schockenergie auflösen, so daß es in der Folge leichter wird, mit späteren Schocks zu arbeiten.

   Hat der Klient ein schlecht funktionierendes beobachtendes Ego und ist er sich seiner charakterologischen Muster kaum bewußt, dann ist es sinnvoll, mit einem relativ spät entstandenen Schock-Trauma zu beginnen. Diese Verfahrensweise ist auch bei der Arbeit mit unabgegrenzten, Ich-schwachen oder Borderline-Klienten nötig.
2. *Der Therapeut erläutert dem Klienten die Rahmenbedingungen und die Richtlinien der Therapie.*
   Der Grund, warum viele Menschen in unaufgelösten oder nur teilweise aufgelösten Schockzuständen verharren, liegt darin, daß sie ihre Schocks nicht unter angemessenen Umständen durchleben konnten, nämlich im Kontakt mit anderen Menschen, in einer sicheren Umgebung, von der sie Hilfe und Unterstützung bei der Bearbeitung und Integration des Erlebten erhalten hätten. Ideal wäre es, wenn ein Mensch nach einem Schock bei einem Nahestehenden Zuflucht suchen und zusammen mit ihm die Schockerlebnisse nochmals durchleben könnte. In der BODYnamischen Analyse stellen wir hierzu in einem therapeutischen Setting eine entsprechende Situation her. Im Therapieraum, in dem sich der Klient sicher fühlen kann, bitten wir ihn, sich auf eine Matraze zu legen, umgeben vom Therapeuten und von Helfern, die der Klient zur Therapie mitbringt. Wir bitten ihn, zwischen dem gegenwärtigen Kontakt, wo Unterstützung und Bearbeitung der Erlebnisse möglich sind, und dem Erinnern und Sicheinleben in die traumatische Situation, in der der Schock entstand, zu wechseln. In letzterer wird eine physische Erinnerung an die

Haltungs- und Spannungsmuster, die an das traumatische Erlebnis geknüpft sind, aktiviert.

Erweckt der Klient den Eindruck, daß er dabei ist, in einen Schock zu gehen, bitten wir ihn, auf der Matraze zu „rennen", um die Lähmung, die im Zusammenhang mit dem Schock auftritt, zu durchbrechen. Besonders angemessen ist diese Arbeitsweise bei Schocks, die der Klient nicht im Beisein von anderen Menschen bearbeitet hat. Wir erklären dem Klienten die Vorgehensweise und versichern uns seiner Mitarbeit. Nach unserer Erfahrung weckt die Arbeit mit Schock-Traumata soviel Widerstand beim Klienten, daß er alle seine Abwehrmechanismen aktiviert, um den Therapieverlauf zu stoppen. Nicht selten will er mittendrin plötzlich zu etwas ganz anderem überspringen. Über die Abwehrmechanismen hinausgehend, aktiviert die Arbeit am Schock-Trauma Reaktionen des autonomen Nervensystems. Deswegen ist es notwendig, daß der Klient einwilligt, bis zur Auflösung seiner Schocks dabei zu bleiben. Wird die Bearbeitung des Traumas vorzeitig abgeschlossen, riskiert man, daß der Klient in einem unausgeglichenen physiologischen Stresszustand verbleibt, der ihn für psychosomatische Erkrankungen und neue Schock-Traumata disponiert.

3. *Der Klient erzählt, woran er sich vor und nach der Schock-Reaktion erinnern kann.*
   In Fällen, in denen sich der Klient an das Schock-Trauma erinnern kann, nähern wir uns diesem Komplex schrittweise, ausgehend von den Erinnerungen des Klienten unmittelbar vor der Schock-Reaktion. Dies verschafft dem Klienten Resourcen, die Schockenergien wahrnehmen und integrieren zu können, so daß er sich nachher bis zum Zentrum des Schocks durcharbeiten kann, ohne erneut einen Schock zu erleiden.
4. *Der Klient übt das Rennen und etabliert die Erfahrung, über das Schock-Trauma an einem sicheren Ort erzählen und es bearbeiten zu können.*
   Nähert sich der Klient den zentralen Schockerlebnissen, muß er die Lähmung, die das Zentrum des Schockes darstellt, durch seinen bewußten Willen zu rennen abschütteln. Um diesen Willen zu mobilisieren, ist es notwendig, daß er die Erfahrung, zu einem sicheren Ort laufen zu können, bereits gemacht hat, bevor die Arbeit an einem konkreten Schock-Erlebnis beginnt. Ebenso muß er vorher schon erlebt haben, daß der Therapieraum mit Therapeut und Helfern solch ein sicherer Ort ist, an dem ihm Aufmerksamkeit und Fürsorge zuteil werden.

5. *Der Klient tastet sich schrittweise an das Schockereignis heran und arbeitet es durch.*
Die Durcharbeitung eines Schock-Traumas umfaßt verschiedene Elemente, die in der Bearbeitung unterschiedlicher Schock-Erlebnisse unterschiedlich wichtig sein können. Im Verlauf der Therapie wird es für den Klienten möglich, den traumatischen Erlebnisverlauf in seiner Ganzheit zu erinnern und wiederzuerleben. Weil während eines akuten Schocks die Verbindung zum Großhirn reduziert ist, sind wesentliche Gefühle, Erlebnisse und Konsequenzen um das Trauma herum vergessen oder niemals voll bewußt erlebt worden. Häufig tauchen Erinnerungen und Gefühle auf, die dem Klienten vor Therapiebeginn vollständig unbekannt waren. War der Klient während des Schocks bewußtlos, ist es unmöglich, den gesamten Verlauf zu rekonstruieren; dies scheint der vollständigen Auflösung des Schocks aber nicht im Wege zu stehen.

Als Teil der Schocktherapie helfen wir dem Klienten, den *Orientierungsreflex* wiederzuerlangen, der durch den Schock oft blockiert ist, holen ihn aus der Lähmung, die ein zentraler Zug von Schockreaktionen ist, heraus und unterstützen ihn im Wahrnehmen, Erleben und Bearbeiten der Kampf-/Flucht-Reflexe, die während des Schocks aktiviert wurden.

Unvollständig durchlebte Schockverläufe hinterlassen *Spannungszustände* im Körper. Wir helfen dem Klienten, diese loszulassen, indem wir - durch Gegenhalten - diejenigen Bewegungen rekonstruieren, die er in der traumatisierenden Situation gemacht hätte und die im Schock blockiert sind. Es ist bei dieser Arbeit unzweckmäßig, Körpertechniken anzuwenden, die eine Energieaufladung nach sich ziehen, weil dadurch das Risiko einer Reaktivierung des Schocks erhöht wird. Wir arbeiten darum erst dann mit der Lösung der Spannungsmuster, wenn die an den Schock geknüpften starken Gefühle bearbeitet worden sind. Wenn wir mit dem physischen Ausleben der mit dem Schock verbundenen Handlungsimpulse arbeiten, geschieht das in sehr strukturierter Form.

Die meisten Menschen ziehen aus einem Schockerlebnis wichtige, wenn auch unangemessene *Folgerungen*. Diese verstärken in der Regel bestimmte Charakterstrukturen des Klienten und blockieren ihn darin noch stärker, als dies ohnehin schon der Fall ist. Dem Klienten muß daher geholfen werden, seine unangemessenen Schlüsse auszudrücken und zu verändern.

Viele Menschen machen in Verbindung mit Schock-Traumata *parapsychologische Erfahrungen*, vor allem in Form von „Entkörperungs"-Erlebnissen. Manchmal erinnern sich Klienten solcher Erlebnisse und sprechen darüber zu Therapiebeginn, manchmal tauchen sie erst während der therapeutischen Arbeit auf. Es ist normal, daß Klienten zentrale Teile des Ereignisverlaufes von oben oder aus einer räumlichen Perspektive erinnern und beschreiben, in der sie sich damals rein physisch nicht befanden. Es ist erforderlich, daß der Therapeut die Existenz solcher „Entkörperungs-Erlebnisse" versteht und akzeptiert und daß er über Methoden verfügt, diese zu bearbeiten. Andernfalls ist es ihm unmöglich, dem Klienten bei einer vollständigen Durcharbeitung und Integration des Schockerlebnisses zu helfen.

Parapsychologische Erlebnisse tauchen in der Regel dann auf, wenn der Klient in einer durch das Schock-Erlebnis verursachten Lähmung steckt. Für viele Klienten, denen der Umgang mit solchen Erlebnissen ungewohnt ist, ist die Erinnerung daran erschreckend. Darum kann es notwendig sein, den Klienten zu „lehren", bewußt den Körper zu verlassen und wieder in ihn zurückzukehren, und ihm bei der Entwicklung eines kognitiven Verständnisses und gefühlsmäßiger Akzeptanz dieser Phänomene zu helfen. Gehört der Klient einer Glaubensrichtung an, die die Existenz solcher Phänomene negiert, wird das die Arbeit erschweren.

6. *Der Schock ist ausreichend bearbeitet, wenn der Klient fähig ist, den gesamten Handlungsverlauf im ursprünglichen Schocktrauma durchzugehen, ohne erneut einen Schock zu erleiden, und wenn die Erfahrungen des Traumas in Leben und Selbstverständnis des Klienten integriert sind.*
   Das Therapieren eines Schocks in der BODYnamischen Analyse folgt diesem Muster. Allerdings haben unsere Klienten im Laufe ihres Lebens Charakterstrukturen entwickelt und werden, wenn sie sich bedroht fühlen, von einigen von ihnen bestimmt. Wir sind daher gehalten, die Charakterstrukturen des jeweiligen Klienten zu berücksichtigen, wenn wir mit seinen Lebenskrisen- und Schock-Traumata arbeiten.

Charakterstrukturen werden von Lebenskrisen- und Schock-Traumata verstärkt

Sieht sich ein Mensch einem Lebenskrisen- oder einem Schock-Trauma ausgesetzt, dann versucht er sich dadurch zu retten, daß er diejenigen Abwehrmechanismen intensiviert, die er schon vorher benutzt hat. Dadurch werden die für ihn typischen Charakterstrukturen noch rigider und bewirken noch mehr Einengung. Denn jeder Versuch der Öffnung und des Loslassens würde dem Bewußtsein die Ängste und sonstigen starken Gefühle, die sich unter dem unaufgelösten Schock verbergen, näherbringen.

Schock-Traumata und die meisten durch Lebenskrisen verursachten Verletzungen werden von den Menschen als Bedrohung ihres Lebens, ihrer Selbständigkeit, ihrer Handlungsfreiheit oder eines anderen Parameters ihrer charakterologischen Entwicklung erlebt. Daher pflegt es die Folge einer derartigen Traumatisierung zu sein, daß diejenigen Charakterstrukturen und Abwehrmechnismen, die die Bereiche des Überlebens, der Autonomie und des Willens beinhalten bzw. beschützen, verstärkt werden

Die meisten Lebenskrisen-Traumata und alle Schock-Traumata haben eine lebensbedrohende Qualität. Deswegen ist es die *Existenzstruktur*, die nach solchen Verletzungen stärker wirksam wird. Der Mensch zieht sich entweder weiter von der Welt und seinen Kontaktpersonen zurück, wie wir es in der mentalen Existenzstruktur finden, oder er hält an der Welt und am Kontakt fest, wie es bei der emotionalen Existenzstruktur der Fall ist.

Die *Autonomiestruktur* und/oder die *Willensstruktur* werden in der Folge der beiden Trauma-Formen gleichfalls aktiviert und üben eine einschränkende Wirkung aus. Über diese Charakterstrukturen versucht der Mensch, seine Integrität und Tatkraft gegenüber drohenden Situationen aufrechtzuerhalten. Die Bearbeitung der Traumata ist unterschiedlich, je nachdem, ob der Klient die Kontrolle über seine Welt angesichts der traumatisierenden Ereignisse primär durch Anwendung der Autonomiestruktur oder der Willensstruktur zu wahren versucht.

Traumatische Erlebnisse können auch zur Verstärkung der anderen Charakterstrukturen führen. So kann eine *Meinungsstruktur* bis zur Rigidität verstärkt werden, wobei der betroffene Mensch entweder sehr starre Ansichten entwickelt oder es gänzlich aufgibt, überhaupt irgendwelche Meinungen zu vertreten. Dies kann als Versuch verstanden werden, sich dagegen zu schützen, das traumatische Erlebnis und die damit verbundenen Gefühle zu durchleben. Der Mensch kann auch versuchen, neuen traumatischen Situationen durch Leistungen zu begegnen. Diese können sich, den beiden Positionen der *Solidaritäts-/Leistungsstruktur* entsprechend, im Nivellieren bzw. Konkurrieren zeigen. Dies gilt vor allem dann, wenn sich die traumatisierende Situation im Bereich zwischenmenschlicher Beziehungen oder im Leistungsbereich ereignete.

Die beiden folgenden Charakterstrukturen bewirken vor allem dann Rigidität, wenn das traumatische Erlebnis an das zentrale Thema eben jener Charakterstruktur geknüpft ist: Mit Sexualität verbundene Traumata blockieren den betroffenen Menschen in der romantischen oder verführenden Position der *Liebes-/ Sexualitätsstruktur*, mit Bedürfnissen verbundene Traumata können ihn demgegenüber in der mißmutigen und der mißtrauischen Variante der *Bedürftigkeitsstruktur* lähmen.

Bei der Arbeit mit Schock-Traumata ist es außerdem wichtig, darauf zu achten, wie der Klient mit seinen persönlichen und den interaktionellen Grenzen umgeht. Bei vielen Schock-Traumata erlitt der Klient Verletzungen seiner Grenzen, was seine spätere Fähigkeit beeinflußte, sich seinerseits wirksam abzugrenzen. Die Fähigkeit zur Abgrenzung entwickelt sich normalerweise in den ersten Lebensjahren gleichzeitig mit den Charakterstrukturen, wobei diese Entwicklung mehr oder weniger günstig verlaufen kann. Abgrenzungsschwierigkeiten zeigen sich besonders in Verbindung mit narzißtischen und Borderline-Störungen, treten jedoch auch oft in weniger radikaler Ausformung als Tendenzen in der normalen Persönlichkeitsentwicklung auf. Es ist wichtig, auf Prägungen des Klienten in bezug auf Unabgegrenztheit (besonders bei Borderline-Strukturen) oder auf grenzprovozierendes Verhalten (besonders bei narzißtischen Strukturen) zu achten. Ist der Klient in der einen oder anderen Richtung stark geprägt, wird es notwendig sein, gleichzeitig mit der Schock-Pathologie Grenzprobleme zu bearbeiten.

Das gilt vor allem für Klienten, die in ihrer Kindheit Übergriffen in Form von Inzest oder Gewalt ausgesetzt waren. Diese Klienten haben eine Persönlichkeitsstruktur, in der durch Schock-Traumata verursachte Reaktionsmuster und Charakterstrukturen miteinander verwoben sind.[10] Sie können sich nur dann verändern, wenn im Rahmen einer lang andauernden therapeutischen Übertragungsbeziehung Grenzprobleme, Charakterstrukturen und Schock-Traumata integrativ bearbeitet werden.

Die Bedeutung von Charakterstrukturen für die therapeutische Bearbeitung von Lebenskrisen- und Schock-Traumata

Bevor man die Arbeit an Lebenskrisen- und Schock-Traumata aufnimmt, muß man sich darüber klarwerden, ob die Persönlichkeit des betroffenen Klienten primär von der Autonomie- und oder von der Willensstruktur geprägt ist.

Wenn der Klient von der Autonomiestruktur bestimmt ist, wird es schwierig sein, mit den Traumata zu arbeiten, bevor die Charakterstruktur bearbeitet worden ist. Ist der Klient auf die nonverbalen Variante der Autonomiestruktur fixiert, wird er sich meist gänzlich leer fühlen, wenn er sich den Schock-Verletzungen nähert. Ist er von der verbalen Variante der Autonomiestruktur geprägt, wird er zwischen verschiedenen Themen hin- und herspringen und es in der Therapie zu vermeiden suchen, traumatische Erlebnisse zu fokussieren. In beiden Fällen können die Schwierigkeiten des Klienten, in Kontakt zu seinem Trauma zu kommen, eine wirksame Bearbeitung unmöglich machen.

Wenn der Klient von der Willensstruktur geprägt ist, ist es im Prinzip möglich, Lebenskrisen- und Schock-Traumata zu bearbeiten, doch erfordert eine sinnvolle Bearbeitung der Erlebnisse den verstärkten Einsatz des Therapeuten, den Klienten hierfür zu motivieren. Klienten mit der aufopfernden Variante der Willensstruktur wird die Erfahrung Schwierigkeiten bereiten, daß sie anders handeln können als sie es früher taten, und sie brauchen Zeit, neue Verhaltensweisen zu entwikkeln. Für Klienten mit der verurteilenden Variante der Willensstruktur kann es schwierig sein, Zutrauen zum Therapeuten und den Glauben daran zu etablieren, daß es möglich ist, Kontakt und Unterstützung bei der Durcharbeitung der Schwierigkeiten zu bekommen, weil sie überzeugt sind, daß sie alles allein schaffen müssen. Es ist darum häufig sinnvoll, zunächst mit der Charakterstruktur der Klienten zu arbeiten, bevor man mit der Arbeit am Trauma beginnt.[11]

Auch bei den Klienten, die durch die *Existensstruktur* geprägt sind, muß der Therapeut bei der Traumata-Bearbeitung diesen Sachverhalt im Auge haben. Ist der Klient von der mentalen Variante der Existenzstruktur geprägt, wird es schwierig sein, ihn dazu zu bringen, die an das traumatisierende Ereignis geknüpften Gefühle zu spüren und auszudrücken. In der Regel spüren diese Klienten Angst, haben aber Schwierigkeiten, Wut zu fühlen. Ist der Klient von der emotionalen Variante der Existenzstruktur geprägt, wird er oft von Gefühlen und Erlebnissen überwältigt. Es fällt ihm leicht, Wut zu spüren, er hat aber Mühe, in Kontakt mit seiner Angst zu kommen. Außerdem hat er meist Schwierigkeiten, ein kognitives Verständnis für seine Erlebnisse und deren Bedeutung zu entwickeln und zu integrieren.

Auch die übrigen Charakterstrukturen beeinflussen mit ihren Mustern die therapeutische Arbeit mit Lebenskrisen- und Schock-Traumata, und es ist wichtig, dieses zu berücksichtigen. Doch sind es die Existenzstruktur, die Autonomiestruktur und die Willensstruktur, die die stärkste Einwirkung auf die therapeutische Bearbeitung der beiden Trauma-Varianten haben.

(Aus dem Dänischen von Moriz Hoffmann-Axthelm)

Anmerkungen

1. Begründerin der BODYnamischen Analyse ist Lisbeth Marcher. Sie hat sie

zusammen mit ihren Kollegen im BODYnamic-Institut Kobenhavn bis zu ihrem heutigen Stand entwickelt. Nach Auffassung der BODYnamischen Analyse liegt die Hauptmotivation für menschliches Wachstum im wechselseitigen Kontakt. Der Hauptgrund für Entwicklungshemmungen ist demgegenüber damit gegeben, daß Menschen sich während des Aufwachsens auf gewissen Ebenen in ihrem Kontakt einzuschränken lernen, weil sie von ihrer Umgebung Abweisungen erfahren (Bernhard 1992).

2. Ich bin mir des Problems von „er" und „sie" bewußt. Ich benutze hier „er" und bitte, dies als „sie/er" zu lesen.
3. American Psychiatric Association, 1987.
4. Rothschild, 1989.
5. Das Charakterstrukturmodell der BODYnamic Analyse ist in Anhang I (Bentzen, Jørgensen und Marcher, 1989) zusammengefaßt.
6. Eine Beschreibung der zentralen Themen und Interaktionsmuster in den Charakterstrukturen findet sich in Beilage II (Bentzen, Jørgensen und Marcher, 1989).
7. Es ist selbstverständlich nicht sinnvoll, sich damit zu beschäftigen, wie man die gesunde Position in jeder Charakterstruktur bearbeiten kann
8. Jørgensen, 1992.
9. Jørgensen, 1992.
10. Ollars, 1991
11. Es sei darauf hingewiesen, daß sich dieses oft nur in begrenztem Umfang machen läßt, da die Willensstruktur des Klienten als Reaktion auf Traumata und Schock verstärkt sein kann und es daher nur möglich ist, die Willensstruktur gleichzeitig mit Traumata und Schock zu bearbeiten.

Literatur

Bentzen, Marianne / Jørgensen, Steen / Marcher, Lisbeth: *The BODYnamic Charakter Structure Model*, in: *Energy & Character* 20, No. 1 (1989).

Bernhardt, Peter: *Individuation, Mutual Connection and the Body's Resources. An interview with Lisbeth Marcher*, in: *Pre- and Peri-Natal Psychology Journal* 6 (1992).

ders.: *Somatic Approaches to Shock.* (not published).

Jørgensen, Steen: *Bodynamisch-analytische Arbeit mit Schock und post-traumatischem Streß. In: Energie & Charakter 23,* No. 5 (1992).

ders.: *Chok/Posttraumatisk stress: Symptomer og årsager*, in: Steen Jørgensen (Hg.), *Forløning af chok-traumer,* (o.O.) 1993.

Ollars, Lennart: *Kropsdynamisk Analytisk arbejde med overgreb.*, in: *Dansk Psykolog Nyt* 11-12 (1991).

Rothschild, Babette: *Filling one of Psychology's Gaps*, in: *Energy & Character* 20, No. 1 (1989).

dies.: *Ein Leitfaden zum Thema Schock. In: Energie & Charakter 24,* No. 7 (1993).

Anhang I
(Nach Bentzen, Jørgensen und Marcher, 1989, rev. 1992).

BODYNAMISCHE CHARAKTERSTRUKTUREN

ALTER	STRUKTUR-THEMEN	Überwiegend HYPO-RESPONSIV FRÜHE Position	Überwiegend HYPER-RESPONSIV SPÄTE Position	AUSBA-LANCIERTE MUSKELRE-AKTIONEN GESUNDE Position
Adoles-zenz	Die Theoriebildung für diese Struktur ist noch nicht abgeschlossen. Die Strukturthemen scheinen Integration der Erwachsenen-Sexualität und Soziale Funktion zu sein. Gleichzeitig wiederholt der Adoleszent sämtliche früheren Entwicklungsstadien.			
7-12 Jahre	Solidarität/ Leistung	Nivellierend	Konkurrie-rend	Balance Wir/Ich
5-8 Jahre	Meinungs-bildung	Insinuierend	Manifestierend	Meinungs-integrierend
3-6 Jahre	Liebe/ Sexualität	Romantisch	Verführend	Balance: Liebe/ Sexualität
2-4 Jahre	Wille	Aufopfernd	Verurteilend	Tatkräftig
8 Mon. bis 2,5 J.	Autonomie	Nonverbal aktivitäts-ändernd	Verbal aktivitäts-ändernd	Gefühls-mäßig autonom
1 Mon. bis 1,5 J.	Bedürftigkeit	Mißmutig	Mißtrauisch	Erfüllt
Geburt bis 3 Mon.	Existenz	Mental	Emotional	Sicherheit

Anhang II.
(Nach Bentzen, Jørgensen und Marcher, 1989).

Die Charakterstrukturen und ihre Positionen

	Existenz-Struktur		
Alter	0 bis 3 Monate		
Kern-aussage	Ich BIN. Ich existiere.		
Positionen	MENTAL Früh (primär hyporesponsiv)	EMOTIONAL Spät (primär hyperresponsiv)	SICHER Gesund (balanciert)
Zentrales Thema	Hat Angst davor, zu leben, zu spüren und zu fühlen. Kopf/ Körper-Spaltung	Hat Angst vor der Leere. Meint, wenn kein Kontakt vorhanden ist, die Welt würde nicht existieren.Körper-Gefühls-Spaltung	Hat Wunsch und Lust zu leben. Kann Gedanken und Gefühle integrieren.
Interak-tions-muster	Entzieht sich physischem und gefühlsmäßigem Kontakt mit anderen. Identifiziert sich mit seinem Intellekt und seinen Wahrnehmungen.	Klammert sich an emotionalen Kontakt und emotionalen Ausdruck. Hat den Kopf/das Bewußtsein abgespalten und identifiziert sich mit dem Körper, den Gefühlen und physischer Aktivität.	Genießt engen Kontakt sowohl wie Alleinsein. Kann in seinen Gedanken und in seinen Gefühlen sein und kann mit beidem reagieren.

	Bedürftigkeits-Struktur		
Alter	1 Monat bis 1,5 Jahre		
Kern-aussage	Ich habe verschiedene Bedürfnisse. Ich habe ein Recht darauf, Nahrung von außen zu bekommen.		
Positionen	MIßMUTIG Früh (primär hyporesponsiv)	MIßTRAUISCH Spät (primär hyperresponsiv)	AUSGEGLICHEN Gesund (balanciert)
Zentrales Thema	Massive Unfähigkeit der Eltern, die Bedürfnisse des Kindes nach Kontakt und Nähe bzw. nach Überlebensbedürfnissen wie Nahrung, Schutz und körperlicher Berührung zu erkennen. Das führt auf Seiten des Kindes zu Resignation und Unkenntnis seiner Bedürfnisse.	Die Bedürfnisse wurden nur teilweise oder unangemessen befriedigt. Fähigkeit zu spüren, was er nicht bekam. Ist folglich verbittert darüber, was er nicht im ausreichenden Maß oder auf angemessene Weise bekam.	Kann seine eigenen und anderer Bedürfnisse spüren und unterscheiden. Hat die Erfahrung gemacht, daß Bedürfnisse zufriedengestellt werden können.
Interak-tions-muster	Hat es aufgegeben aufzunehmen, aber wartet dringlich darauf, irgendwann einmal Nahrung zu erhalten. Sein Wunsch zu geben ist nicht blockiert, er hat jedoch nicht viel Energien, ihn zu verwirklichen.	Will etwas haben, ist aber nicht imstande zu sagen, was er haben will. Weist das, was er bekommt, als verkehrt oder nicht gut genug zurück. Gibt gern, spürt aber gleichzeitig die Bitterkeit darüber, selbst nichts zu bekommen.	Kann spüren, was er braucht, und so handeln, daß er es bekommt; kann es annehmen und sich davon nähren lassen. Kann auf etwas verzichten, wenn ein anderer Mensch oder eine andere Sache den Vorrang haben. Spürt beim Geben, wie viel Energie er hierfür hat und hört auf zu geben, wenn er etwas braucht.

Alter	**Autonomie-Struktur** 8 Monate bis 2,5 Jahre		
Kern-aussage	Ich bin ein selbständiger Mensch, und ich habe das Recht auf Hilfe und Unterstützung bei meinen Aktivitäten. Meine Gefühle sind meine eigenen, und ich tue das, was ich mag.		
Positionen	NONVERBAL AKTIVITÄTSÄNDERND Früh (primär hyporesponsiv)	VERBAL AKTIVITÄTSÄNDERND Spät (primär hyperresponsiv)	GEFÜHLSMÄßIG AUTONOM Gesund (balanciert)
Zentrales Thema	Kann seine eigenen Aktivitätsimpulse und seinen gefühlsmäßigen Drang, etwas von sich aus zu tun, nur erleben, wenn er allein ist.	Hat viele Aktivitätsimpulse, aber wagt es nicht, die Tiefe ihrer Bedeutung zu spüren. Kann nicht spüren, wenn er Hilfe braucht.	Spürt und fühlt eigene Aktivitätsimpulse. Hat die Erfahrung gemacht, daß er Hilfe bekommt, wenn er sie braucht. Kann sich eingehend mit Initiativen anderer auseinandersetzen. Hat seine natürliche Neugier bewahrt. Erlebt seine Gefühle als seine eigenen.
Interaktions muster	Wartet auf Initiativen von außen, die ihn locken oder mitreißen können. Erlebt sich als hilflos gegenüber der Leitung anderer. Vermeidet unangenehme Gefühle in der Interaktion, indem er etwas anderes beginnt, ohne sich darüber mitzuteilen. Ist nicht in der Lage, Probleme zu erleben, mit denen er nicht direkt konfrontiert ist - „Aus den Augen, aus dem Sinn".	Ergreift gern die Initiative und sucht, ein Eingreifen anderer in seine Aktivitäten zu umgehen. Vermeidet unangenehme Gefühle und Situationen, indem er verbal den Inhalt der Situation und die Aktivität verändert.	Ergreift selbst die Initiative und kann derjenigen anderer flexibel folgen. Ist sicher in seiner Autonomie und weiß, daß er auch der Hilfe anderer bedarf. Kann sich sowohl in eigene Aktivitäten wie auch in diejenigen anderer vertiefen.

Alter	**Willens-Struktur** 2 bis 4 Jahre		
Kern-aussage	Ich habe das Recht zu wählen, meinen Willen zu gebrauchen und Zusammengehörigkeit zu fühlen und zu leben.		
Positionen	AUFOPFERND Früh (primär hyporesponsiv)	VERURTEILEND Spät (primär hyperresponsiv)	TATKRÄFTIG Gesund (balanciert)
Zentrales Thema	Kann weder für sich selbst wählen noch aus seinem Zentrum heraus handeln.	Verliert sein Familien- bzw. Gruppen-Gemeinschaftsgefühl, wenn er seine Kraft und seinen Willen nutzt.	Kann mit ganzer Kraft von sich aus wählen und handeln. Hat Schwung.
Interaktions muster	Kontrolliert seine eigenen Handlungen, um Konflikte zu vermeiden. Ist stattdessen ausdauernd und aufopfernd, nimmt Lasten auf sich, ohne daß er oder andere dies eigentlich wünschen. Reagiert sich durch Handlungsweisen ab, die Fehler verursachen, welche er sich dann selbst vorwirft. Auf diese Weise wird er in dem Glauben bestätigt, daß er nichts ausreichend gut erledigen kann.	Kontrolliert seine eigenen Handlungen, um das Zuammengehörigkeitsgefühl nicht zu verlieren, oder geht seine eigenen Wege, um seinen Willen und seine Handlungsfähigkeit zu bewahren. Ist hilfsbereit und ausdauernd in bezug auf andere, unterbrochen von Perioden, in denen er sarkastisch wird, anderen die Schuld für Probleme gibt und aktiv neue Probleme schafft.	Kann seinen eigenen Willen nutzen und anderen gegenüber frei handeln. Kann helfen, ohne daß es als Last oder beengend empfunden würde. Kann etwas für sich selbst tun und dabei das Zusammengehörigkeitsgefühl bewahren. Kann planen.

Alter	**Liebe-/Sexualität-Struktur** 3 bis 6 Jahre		
Kern- aussage	Ich habe das Recht zu lieben und meine Sexualtität zu haben/sexuell zu sein..		
Positionen	ROMANTISCH Früh (primär hyporesponsiv)	VERFÜHREND Spät (primär hyperresponsiv)	BALANCE: LIEBE/SEXUALITÄT Gesund (balanciert)
Zentrales Thema	Identifiziert sich mit seiner Liebe und unterdrückt seine Sexualität.	Identifiziert sich mit seiner Sexualität und unterdrückt seine Liebe.	Identifiziert sich sowohl mit seiner Liebe als auch mit seiner Sexualität.
Interak- tions muster	Überläßt die Kontaktinitiative anderen, aber praktiziert flirtende Annäherungen. Meint, Liebe auszudrücken, aber bietet romantischen, sexualisierten Kontakt, um Liebe zu bekommen.	Sucht aktiv sexuellen Kontakt. Empfindet selbst, daß er einen sehr großen Sexualbedarf hat und handelt oft promiskuitiv. Zeigt Liebe, um in sexuellen Kontakt zu kommen.	Kann einer anderen Person in Liebe, in Sexualität oder in beidem verbunden sein. Genießt es zu flirten oder zu verführen und tut dies verantwortungsvoll und mit Fürsorge für den Partner. Respektiert Abweisungen durch andere.

Alter	**Meinungsbildende Struktur** 5 bis 8 Jahre		
Kern-aussage	Ich habe das Recht, mir meine Meinungen selbst zu bilden, sie auszudrücken und auch zu ändern.		
Positionen	INSINUIEREND Früh (primär hyporesponsiv)	MANIFESTIEREND Spät (primär hyperresponsiv)	MEINUNGS-INTEGRIEREND Gesund (balanciert)
Zentrales Thema	Kann sich keine eigenen Meinungen bilden oder an ihnen festhalten und leistet daher passiven Widerstand gegen die Meinungen aller anderen.	Hält an eigenen Meinungen fest, unabhängig von Logik oder Richtigkeit.	Kann sich Meinungen bilden und an ihnen festhalten, sie in Frage stellen und ändern.
Interaktions muster	Hat entweder keine eigene Meinung oder verliert sie leicht, und gibt es daher auf, seine Standpunkte im Beisein anderer auszudrücken. Unterdrückt dann seine Wut darüber, indem er passiv gegen die Meinungen anderer opponiert, und gibt stumm zu verstehen, wie töricht deren Standpunkt ist.	Sucht aktiv andere mit seinen Meinungen zu konfrontieren und hat Schwierigkeiten, deren Standpunkt zu hören oder zu akzeptieren. Stattdessen argumentiert er und versucht, die anderen zu überzeugen. Gerät oft in Diskussionen und ist dabei nicht in der Lage, seine eigenen Ansichten zu hinterfragen. Kämpft dafür, recht zu behalten.	Kann frei wählen, ob er sich präsentieren, sich profilieren oder ob er für seine Standpunkte kämpfen will. Tritt gern mit seinen Haltungen hervor und hört auch gern von denen anderer. Kann flexibel in einen Dialog über Richtigkeit, Unterschiede und Gleichheiten treten. Kann mit anderen uneinig sein und dabei seinen Respekt vor ihnen und sich selbst bewahren.

Alter	Solidaritäts-/Leistungs-Struktur 7 bis 12 Jahre		
Kern- aussage	Ich habe das Recht, Solidarität zu wahren - und gleichzeitig mein Äußerstes zu leisten.		
Positionen	NIVELLIEREND Früh (primär hyporesponsiv)	KONKURRIEREND Spät (primär hyperresponsiv)	BALANCE: WIR/ICH Gesund (balanciert)
Zentrales Thema	Wagt es nicht, etwas zu leisten oder größere Fähigkeiten als andere zu zeigen.	Zwanghaftes Konkurrieren.	Kann sein Bestes äußern und kann akzeptieren, wenn er sich geirrt hat oder andere besser sind.
Interak- tions muster	Kann nicht größere Fähigkeiten als andere zeigen. Sucht Situationen, in denen er behaupten kann, daß alle gleich und alle die besten sind. Hält an der Solidarität fest, indem er sein eigenes Können erniedrigt.	Hält daran fest, tüchtig zu sein und alles am besten zu können. Versucht, durch Aufsteigen in der Gesellschaft, Leistung und Konkurrenz mit anderen in Kontakt zu kommen. Hat es daher schwer, sich in Gruppen einzuordnen. Solidarität mit anderen kommt ihm unrealistisch vor (Ellenbogen-Verhalten).	Kann das Äußerste leisten oder auch weniger, wenn Grund dazu besteht. Hat einen Blick für Fähigkeiten und Schwächen bei sich und anderen und arbeitet von diesem Wissen ausgehend in Gruppen für die Entstehung solidarischer Gemeinschaften.

Berührung in der Therapie: Unterstützung oder Widerstand?*

Brigitte Dohmen

Die Arbeit an diesem Aufsatz hat mich ebenso begeistert wie auch erschreckt, weil das Thema weitgespannt und anspruchsvoll ist. In der Tat, von Körperberührung zu sprechen und diese in der Therapie zu gestatten, stellt die Essenz unserer analytisch orientierten Praxis in Frage. Ich möchte das Thema in Beziehung zu den psychoanalytischen und bioenergetischen Ursprüngen setzen, das heißt zu Freud, Reich und Lowen, um den Standpunkt zu entwickeln, den ich heute im Blick auf die Frage vertrete: Unterstützt Berührung die therapeutische Arbeit oder verstärkt sie mehrheitlich die Abwehr?

Zur Geschichte

Freud

Freud benutzt anfänglich die Hypnose. Er horcht die Patienten aus und berührt sie mit dem Ziel der Suggestion. Eines Tages fällt ihm eine Patientin um den Hals; sie möchte ihn umarmen, und es wird ihm klar, daß Berührung die Beziehung zu Patientinnen erotisieren kann. Darauf beschließt er, nur noch den Kopf zu berühren, um den pathogenen Erinnerungen das Auftauchen an der Oberfläche zu erleichtern. Dies genügt aber nicht, um das Risiko der Erotisierung in der therapeutischen Beziehung auszuschliessen. So entschließt er sich, seine Patienten überhaupt nicht mehr zu berühren. Die psychoanalytische Kur ist geboren mit ihren zwei Regeln: Abstinenz und Verzicht auf Beeinflussung.

Für Freud beinhaltet das Berührungsverbot einen Schutz der Patienten vor körperlicher Überwältigung und Verführung durch den Therapeuten. Denn Berührung bringt zwei Gefahren mit sich:

- Den potentiellen Übergang zu einer sexuelle Beziehung, wenn der Kontakt zur Klientin einen zu großen Realitätsgehalt erhält.
- Eine zu starke realitätsbezogene Abhängigkeit zwischen Klient und Therapeut.

Erst nach der Formulierung des Berührungsverbotes und des Verzichtes auf Augenkontakt mit den Patienten (während und außerhalb der Therapiesitzungen) beschreibt Freud die strukturierende Rolle des Inzestverbotes, so daß es den Anschein hat, als wenn er dafür diesen

*Vortrag, gehalten am Europäischen Forum für Bioenergetische Analyse in Carry le Rouet im November 1992.

Abstand gebraucht hätte. In der Theorie versucht Freud, die Psychoanalyse in ein neurophysiologisches Modell einzufügen. Für ihn ist der Affekt - der nach seiner Einschätzung stets einen sexuellen Hintergrund hat - pathogen. Damit eine Erinnerung nicht krankheitsfördernd ist, muß sie also vom krankmachenden Gefühl befreit werden. Bald aber verläßt er das neurophysiologische Modell und ersetzt den biologischen Körper durch dessen symbolische Bedeutung, ohne die Verbundenheit von Körper und Seele theoretisch zu formulieren. Er merkt, daß nicht die Affekte krankheitserregend sind, sondern die ihnen zugrundeliegenden Vorstellungen bzw. Konflikte. Entsprechend definiert er die Verdrängung, deren topische Dynamik und beschreibt die biologischen Funktionen als Grundlage der Libido. Er führt das Narzißmuskonzept und den Todestrieb ein. Für ihn ist der Widerstand in der Analyse verursacht durch Todestrieb und Wiederholungszwang. Der Todestrieb erscheint als eine Möglichkeit, Spannung zu beseitigen. Der Triebkonflikt wird durch sich gegensätzlich beeinflussende Triebe erklärt.

Später kehrt Freud zum realen Körper zurück und sagt: „Das Ich ist vor allem körperlich", es ist mit dem Körper verbunden. Aber hier gilt, was Gantheret bemerkt: „Der Körper wird nur dann zu einem Symbol, wenn er stellvertretend den Platz des Verdrängten einnimmt und so eine sinnvolle Beziehung zu anderen Elementen aufnimmt." Der Körper ist mit der Sprache verbunden, durch die er wiederum repräsentiert wird.

Ferenczi

Ich möchte hier Freuds Schüler Ferenczi erwähnen, weil ich den Eindruck habe, daß meine Einstellung zum Berührungsproblem sich eher ihm als Wilhelm Reich annähert. Ferenczi grenzt sich von Freud und seiner Abstinenzregel ab. Er entwickelt einen aktiveren Therapiestil, um die Mißerfolge der klassischen Analyse zu vermeiden. Außerdem führt er Methoden wie die aktive Darstellung ein, um den Prozess der freien Assoziation zu aktivieren. Der Körper wird Ort der Analyse. Er führt den Körperkontakt in die Therapie ein, um damit das emotionale Geschehen und die Beziehungsdynamik zu verstärken, und dies mit dem Ziel, die Abwehr deutlicher spürbar und damit leichter überwindbar zu machen.

Wie viele körperbezogene Psychotherapeuten publiziert Ferenczi nur wenig von seinen Ansichten und Erkenntnissen und gibt vielleicht damit jenen Analytikern recht, die sagen, daß, wenn der Therapeut wirklich Zugang zum Wort haben wolle, er aus dem direkten Körperkontakt herauszutreten habe.

Reich

Reich geht sehr viel weiter als Ferenci, da für ihn der Körper nicht mehr Mittel, sondern Ziel der Therapie wird. Die symbolische Bedeutung des Körpers interessiert ihn nicht, der Körper spricht für sich. Nach ihm spielt der Energiestau eine herausragende Rolle in der Äthiologie der Neurosen, und hierbei handelt sich um ein körperliches Phänomen.

Reich verbindet Widerstand und Charakter auf der Ebene des muskulären Charakterpanzers. Verspannung steht vor der Verdrängung: „Jede Muskelverspannung enthält die Geschichte und Bedeutung ihres Ursprungs. Die Ursache des Muskelpanzers findet sich nicht notwendigerweise über den Weg der Träume und Assoziationen."

Die Funktion des Orgasmus und der energetischen Bewegungen im Organismus sind für Reich zentral. Er postuliert die Identität der körperlichen und seelischen Prozesse. Nach ihm gibt es keine Unterschiede zwischen Mentalem und Körperlichem. Der Körper ist kein Symbol, sondern eine Realität. In der Therapie versucht Reich folglich über den Körper, verdrängtes emotionales Leben zu aktivieren. In seiner Arbeit betont er folgerichtig mehr den formenden Prozess als lebensgeschichtliche Inhalte. Er berührt seine Klienten, um deren Muskelpanzer in Bewegung zu bringen und die in den muskulären Verspannungen gefangenen Emotionen zu befreien. Die freie Atmung führt zum Orgasmusreflex. Reichs Untersuchungen münden in das Gebiet des Orgons und der Orgontherapie.

Lowen und die Bioenergtische Analyse der „ersten Generation"

Lowen folgt den Spuren Reichs. Er postuliert die funktionelle Identität der somatischen und psychischen Prozesse. Die Person ist ihr Körper, und der Körper sagt die Wahrheit. Die Lebensgeschichte des Individuums ist in seinem Körper festgeschrieben. Seine Schwierigkeiten zeigen sich in chronischen Muskelverspannungen, die die spontane Motilität einschränken. Die Gesamtheit dieser Muskelverspannungen bildet und formt den Muskelpanzer wie auch den Charakter der betroffenen Person. Die bioenergetische Analyse bewegt sich auf der Ebene der Charakterstruktur, indem sie am Muskelpanzer mit dem Ziel arbeitet, den freien Fluß der Energie in der Person zu fördern und Kapazitäten für einen erfüllten Orgasmus zu schaffen oder zu steigern. Als Therapieziel definiert Lowen einen „Normalzustand": die Anmut, bei der der Körper von seinen Spannungen befreit ist und offenen Zugang zu Freude und Lust hat.

In der bioenergetischen Analyse wird das Selbst angesprochen, das heißt die gesamte Körperlichkeit der Person. Und wie steht es dabei mit der Berührung? In der bioenergetischen Analyse berührt der Therapeut seine Patienten, um innerhalb des Muskelpanzers Spannungen zu lösen und dadurch Ausdruck der eingepanzerten Gefühle zu ermöglichen. Entlang dieser befreiten Gefühlsenergie fließen dann aber auch die Konflikte ins Bewußtsein, die früher einmal der Anlaß für die Panzerung waren. Die Therapie setzt an der körperlichen Abwehr an, wenn nötig sogar mit Hilfe von Techniken, die den Widerstand brechen. Entladung und Katharsis werden gefördert. Der Therapeut nimmt eine aktive Position im Verhältnis zu seinen Patienten ein.

In der bioenergetischen Analyse wird keine Unterscheidung zwischen dem „Übertragungskörper" und dem realen Körper getroffen. „Die Analyse der Übertragung", so Tonella, „wird mit der Analyse der körperlichen Spannungszustände verwechselt." Entsprechend sagt Hans Peter: „Man vernachlässigt die Funktion des Projektionsschirmes auf die Gefahr hin, sich in der realen Interaktion zu verlieren." In der bioenergetischen Analyse werden die Widerstände untersucht und nicht die zugrunde liegenden Ursachen. Im Verhältnis zur Analyse des Körpergeschehens ist Sinn und Inhalt des Konfliktes zweitrangig oder sogar unwichtig. „Die Auflösung der Muskelspannungen ersetzt stellvertretend die Erkenntnis ihrer Bedeutung," so Voyron. Natürlich fehlt das Wort nicht, aber es ist mehr Ausdruck als Interpretation. Hierzu sagt Berliner warnend: „Die Berührung fördert auch den Ausdruck und die Entladung der Gefühle. Aber darüber hinaus handelt es sich hierbei von Seiten des Klienten häufig um ein Eingehen auf den Wunsch des Therapeuten - um das Bestreben, dessen Erwartungen zu erfüllen. In einem solchen Fall wird das Gefühl zum Widerstand. Außerdem ist es möglich, daß die Entladung eines Gefühls Flucht vor einer Spannung bedeutet, deren zugrundeliegender Konflikt eine psychische Verarbeitung erfordert."

Berührung wird außerdem als emotionale Unterstützung benutzt, sozusagen als korrigierende Erfahrung gegenüber den negativen Erlebnissen in der Vergangenheit. Berührung kann helfen, eine körperliche Hülle zu entwickeln, gleichsam ein „Haut-Selbst". Wenn Berührung nicht im Rahmen des Übertragungsgeschehens verstanden wird, besteht immer die Gefahr der Rückkehr zur Mutterbeziehung, zur primären und idealisierten Bindung, zur Symbiose, zur großen Urmutter der Jungianer und damit potentiell auch zum Inzest und seinen Tabus.

Die analytische, körperbezogene Therapie

Im Verständnis der analytischen, körperbezogenen Therapie ist der Körper - und folglich auch die Berührung - nicht ein Ziel, sondern ein therapeutisches Werkzeug. Entsprechend definieren wir unsere Arbeit als einen psychotherapeutischen Zugang, der innerhalb der analytischen (d.h. die Analyse von Übertragung und Gegenübertragung einbeziehenden) Arbeit spezifische körperliche und emotionale Interventionen einschließt.

Dieser therapeutische Zugang ist immer in die Beziehung eingebunden; er bezieht die positive und die negative Übertragung als Hilfsmittel bei der Suche nach den unbewußten, symbolischen Inhalten, nach den Taten und Phantasien der Klienten ein. Die analytische, körperbezogene Psychotherapie kennt seelisch-körperliche Techniken, die die Übertragung und deren Bedeutung darstellen und verstärken können.

Die Körperarbeit

Wir verstehen unter Körperarbeit die Gesamtheit der Möglichkeiten, die der Therapeut seinem Klienten anbietet: die körperliche Berührung, den Augenkontakt, das Körperbewußtsein, die Arbeit mit der Atmung, die räumliche Darstellung bestimmter Situationen. Körperarbeit berührt gleichzeitig den realen, den imaginären und den symbolischen Körper. Berührung weckt Empfindungen, die mit ihrer Wahrnehmung und Decodierung an bestimmte Affekte, Bilder und auch Worte gebunden sind. Der Klient entwickelt über sein Körperempfinden eine bessere Wahrnehmung seiner Grenzen, seiner Beschränkungen und seiner Möglichkeiten, seiner Widerstände und seiner Existenz ganz allgemein. Körperarbeit erlaubt auch, vergleichsweise rasch archaische Entwicklungsebenen zu erreichen und sehr frühe Beziehungsschichten zu erleben. Gewisse Situationen, Verhaltensweisen und Konflikte werden dadurch deutlicher und leichter bewußt.

Außerdem erlaubt Körperarbeit dem Klienten, mit neuen Verhaltensweisen und Beziehungsmustern zu experimentieren. Der Therapeut seinerseits hat eine wache Wahrnehmung für das Körpergeschehen. Er hört dem Unbewußten zu, das im und durch den Körper spricht. Da, wo verbales Material entweder fehlt oder lückenhaft bzw. ohne Gefühl ausgedrückt wird, kann Körperarbeit das Erleben verlebendigen, die Gefühle aktivieren und damit auch spontane Assoziationen verdrängter Bilder hervorrufen. Körperarbeit steht also primär im Dienste der Arbeit an der Übertragung. Körperarbeit ist damit nicht ein Ziel an sich und wird deshalb auch nicht systematisch angewandt.

Die emotionale Arbeit

Das Erinnern unbewußter Inhalte und seine Bearbeitung führt

notwendigerweise durch ein emotionales Wiedererleben. Aber dieses Wiedererleben soll symbolisch verstanden und auf die Übertragungsebene zurückgeführt werden. Das emotionale Erleben wird in der Regression lebendig. Manchmal ist es nötig, diese Ebene durch ein Rollenspiel zu aktivieren. Angesichts solcher regressiven Erlebnisse tauchen Erinnerungen auf, das Unbewußte enthüllt sich. Damit sich aber die Einstellung zu diesen Fixierungen verändern kann, muß die Übertragung durchgearbeitet werden. Durch einen derartigen therapeutischen Prozess lernt der Klient, seine Gefühle zu spüren, sie - je nachdem - auszudrücken oder zurückzuhalten, sie zu regulieren.

Haut und Berührung

Ich möchte jetzt über die Haut sprechen, über Berührung und die Frage, wann Berührung im therapeutischen Prozesss indiziert und wann sie kontraindiziert ist.

Es gibt einige Autoren, die sich zu den Phänomenen von Haut und Berührung geäußert haben. Ich werde nur einige - Ashley Montagu, Esther Bick und Didier Anzieu - zitieren. Für Montagu liegt der Akzent auf der Wichtigkeit von Berührung für das menschliche Wesen schlechthin. Die Haut ist ein entscheidendes Organ für die Entwicklung des menschlichen Verhaltens. Die taktilen Empfindungen erhalten Bedeutung in Verbindung mit den Situationen, in denen sie erlebt wurden. Ein zärtlich berührtes Kind wird eine Empfindung von Sicherheit und Geborgenheit entwickeln, die mit Hautkontakt verbunden ist und bleiben wird. Wenn demgegenüber ein Kind keine beglückende Berührungserfahrung hat, wird es später Schwierigkeiten haben, mit anderen Menschen „hautnahe“ Beziehungen einzugehen.

Der Berührungssinn entwickelt sich bereits in der Gebärmutter und scheint schon im Alter von acht Wochen zu funktionieren. In unserem Körper beansprucht er von allen Sinnen den größten Raum und die größte Menge von Nervenendigungen. Für das Kleinkind ist der Berührungssinn lebensnotwendig, und für viele archaische Persönlichkeiten bleibt er die wichtigste Kommunikationsebene. Aber auch differenziertere Menschen verfügen über ein Hautgedächtnis, und die Art und Weise, wie ein Mensch berührt wurde, beeinflußt sein sexuelles Erleben. Esther Bick betont die Funktion der Haut beim Baby als „primitive Anordnung des psychischen Systems, das im Körper noch nicht differenziert wahrgenommen werden kann“. Die Haut dient als Grenze und Halt für die Seele. „In ihrer primitivsten Form besteht die Seele aus Teilen, die so erlebt werden, als hätten sie in sich selbst keine Verbindung, und die allenfalls durch die Haut als Grenze zusammengehalten werden. Aber diese innere Fähigkeit der Haut, die verschiedenen Teile des Selbst zusammenzuhalten, entwickelt sich nur, wenn ein ernährendes, äußeres Objekt introjiziert werden kann." Dieses verbindende Objekt wird konkret als Haut erlebt.

Für Anzieu beinhaltet die Haut die libidinösen Impulse der Mutter. Er unterscheidet drei Funktionen: 1. Die Haut ist ein Sack, der in seinem Innern das Gute trägt. 2. Sie ist die Oberfläche, die die Grenze zur Außenwelt darstellt und diese im Bedarfsfall auch ausgrenzt. 3. Sie ist Ort und Mittel eines frühen Austausches mit der Außenwelt. Für Anzieu ist das Ich in seinem ersten Stadium körperlich. Das Haut-Ich ist: „die Gestalt, deren sich das Kind während seiner frühen Entwicklungsphasen bedient, um sich selbst als Ich darzustellen, sobald es seine Körperoberfläche wahrnimmt. Das Haut-Ich ist ursprüngliche Matrix für bildhafte Vorstellungen. Im Körper stützen sich alle psychischen Funktionen ab."

Wann ist Berührung verboten?

Anzieu hat sich näher mit dem Verbot der Berührung in der Psychoanalyse beschäftigt; er sagt dazu folgendes: „Zunächst ist dieses Verbot ein doppeltes: 1. Ein Verbot, das verhindern soll, daß das Kind in dauernder Abhängigkeit verharrt, das folglich seinem Drang nach Symbiose entgegenwirkt. 2. Ein sekundäres Verbot, das der Entdeckungslust des Kleinkindes entgegenwirkt (‚Du darfst nicht alles berühren, nicht alles gehört Dir'). Dieses Verbot drängt das Kind, die Sprache zu erlernen und so lernt es, seine Wünsche zu äußern." Das Berührungsverbot bezieht sich für Anzieu gleichzeitig auf die Sexualität und die Aggression. Es kanalisiert 1. die Triebstärke; es begrenzt die körperlichen Triebquellen; es führt zur Reorganisation der Triebobjekte und -ziele; es strukturiert das Verhältnis zwischen den wesentlichen Triebanteilen. Es hat 2. eine nach außen und eine nach innen gerichtete Seite; es legt eine Grenze zwischen Es und Ich fest, sowie zwischen Überich und Ich. Es betrifft 3. den Sender und den Empfänger.

Das Berührungsverbot ist eine prägenitale Vorbereitung und gleichzeitig eine Begründung für das spätere ödipale Inzestverbot. Das Berührungsverbot setzt sich im Inzestverbot fort und erlaubt, daß sich das Kind aus der engen körperlichen Symbiose mit der Mutter löst, um den Zugang zur Sprache zu finden. Tatsächlich wird die Entwicklung der Sprache erst möglich durch eine innere Distanz zum ursprünglichen Körper, denn so entsteht eine Übergangszone, ein Raum für die bildhafte Vorstellung, die dem Kind hilft, seine triebhaften Wünsche zu differenzieren und aufzuschieben.

Das analytische Geschehen ist ein Sprachgeschehen. Worte schaffen Distanz zwischen den zwei Körpern, die, die Kastration verneinend, in die Verschmelzung zurückkehren wollen. In der Sprache liegt der Ursprung jeder Symbol-Ordnung. Das Wort entspringt dem Körper, aber es befreit sich davon, weil es den Anderen erreichen kann, weil es Kommunikation ist. Indem sich das Wort vom Körper loslöst, unterwirft es diesen dem Gesetz der Sprache.

Entsprechend definieren Laplanche und Pontalis die Abstinenzregel im Blick auf regressive Wünsche folgendermaßen: „Die Abstinenzregel entstammt den praktischen, analytischen Anforderungent, nach denen die Behandlung so geführt werden muß, daß der Patient ein Minimum an Ersatzbefriedigungen für seine Symptome erhält. Für den Analytiker bedeutet dies, daß er die Wünsche des Patienten dann zurückweist, wenn dieser versucht, ihn in eine bestimmte Rolle zu drängen."

Die Anwendung von Berührung

Was bewirkt Berührung und welches sind die Gefahren? Wann unterstützt Berührung die therapeutische Arbeit und wann ist sie ein Widerstand? Wie ist sie im therapeutischen Rahmen einzuordnen?

Der therapeutische Rahmen schützt den Raum, in dem die Therapie stattfinden und sich entwickeln kann und innerhalb dessen sich die Übertragung entfaltet. Er wird bestimmt durch die Präsenz des Therapeuten und - so Kirsch - „den Ort, den er in der therapeutischen Situation einnimmt, seine Interventionsmodalitäten, gegebenenfalls den Einsatz von Körperkontakt, etc. ... Es ist Sache des Therapeuten, diesen Rahmen sowohl durch seine Aktionen wie auch durch seine Abstinenz zu gestalten. Dies wird zum Eckstein im Aufbau des therapeutischen Prozesses. ... Durch das so entstehende Gerüst wird der Klient seine Übertragung zu entdecken und zu zeigen lernen."

Berührung kann in gewissen Situationen das Zustandekommen einer therapeutischen Beziehung begünstigen. Berührung in der Beziehung ist eine tiefempfundene Kontaktform, die eine menschliche Verbundenheit schafft und die Übertragung da ermöglicht, wo Beziehung objektlos oder präobjektal war. Ausdrücklich erwähne ich Berührung in der Beziehung, weil ich meine, daß diese Art von Berührung nichts zu tun hat mit derjenigen Berührungsform, bei der der Muskelpanzer oder Verspannungen berührt werden. Diese objektbezogene Art der Berührung muß mit aller Vorsicht eingeführt werden, weil dadurch tiefsitzende Ängste und Entsetzen beim Patienten reaktiviert werden können.

Monique ist eine Patientin aus einfachen Verhältnissen. Kontakt verunsichert sie dermaßen, daß sie alles unternimmt, um von ihrer

Umgebung abgelehnt zu werden. Als Kind war sie mehrfach brutal geschlagen worden. In der Therapie erträgt sie kaum, daß man sich ihr nähert, auch nicht bei der Begrüßung und beim Abschied. Gewalt war der Ort der Begegnung in ihrer Familie. Zärtlichkeit erweckt bei ihr Schrecken und Mißtrauen. Erst nachdem ich ihr während mehreren Jahren nur über Worte begegnet war, erträgt sie es nun, ihren Kopf auf meine Knie zu legen. Aber ich darf sie nicht berühren. Trotzdem wurde es ihr möglich, eine zärtliche Beziehung zu einem Mann aufnehmen.

Marianne glaubt wenig an die Therapie. Gedrängt durch den Arzt, der ihren Symptomen gegenüber hilflos ist, kommt sie zur Behandlung. Das erste Mal, als ich sie am Rücken berühre, verspannt sie ihre Rücken-Muskulatur nach der Therapiesitzung dermaßen, daß sie eine Weile unbeweglich bleibt. Das hätte ich als Warnung zu größerer Vorsicht aufnehmen sollen. Aber dennoch berühre ich sie einige Sitzungen später an der Stirn. Auf dem Heimweg wird sie von einem schrecklichen Migräneanfall gepackt. Die Botschaft war bei mir endlich angekommen, über eine lange Zeit berührte ich sie nicht mehr. Statt dessen gestaltete ich ein Arbeitsbündnis, eine Basis von Vertrauen, die ihr erlaubt, sich mir zu nähern, wobei sie die Initiative ergreift und entscheidet, ob sie mir gleichfalls den Zugang gestattet. Hier erfolgt eine Arbeit am Kontakt, wobei ich durch mein körperliches Dasein Zeit und Raum dafür schaffe, daß sie sich eine „Haut" schaffen kann.

Durch Vertrauensarbeit wurde es dieser Klientin möglich, Funktionen eines eigene Haut-Ich zu entwickeln, wie sie Anzieu beschreibt: „Die Funktion einer Hülle, das Selbst enthaltend und verbindend, die Funktion einer schützenden Grenze für die Psyche, die Funktion eines Filters für den Austausch und den Abdruck der ersten Spuren, die Funktion, durch die Selbstdarstellung ermöglicht wird."

Neben dem Vertrauen ermöglicht also Berührung, daß sich ein Haut-Ich ausbildet, eine Hülle entsteht. „Was sich hier abspielt", sagt Tonella, „bestätigt das Vorhandensein einer Hülle, Grenze, durch die die Momente des In-den-Körper-hinein- und aus-ihm-Herausgehens spürbar werden; hier entfaltet sich ein dauerhafter psychischer Behälter, in dem psychische Objekte aufbewahrt und von dem bisweilen Ausflüge nach außen unternommen werden können." Berührung kann eine größere Wirkung als Worte haben. Tatsächlich ist gespürte Realität eindrücklicher als eine gedachte Realität. Berührung bringt Realität dort hin, wo Einbildung zuviel Platz einnimmt, sie verankert die Persönlichkeit in der Realität und kann somit Raum für eine konkretere Sprache schaffen.

So geschah es mit einer Patientin, die sich über ihre Einsamkeit und ihren Mangel an Kontakt beklagt hatte und der ich dann vorschlug, sich

Rücken an Rücken mit mir hinzusetzen, wobei sich mein Rücken mit dem ihrem berührte, und die dann sogleich merkte, wie unwohl sie sich im Kontakt fühlte. Dieses Erlebnis machte ihr dermaßen Angst, daß sie mich sogleich wieder auf Distanz brachte. Sie hat sofort verstanden, daß sie selbst es war, die ihre Isolation hervorrief, um sich vor gewaltigen Ängsten zu schützen, die durch den Rückenkontakt nur leicht berührt worden waren.

Berührung führt die Erinnerung zurück an die ersten Sinneswahrnehmungen in der Gebärmutter und erweckt frühe Gefühle, die der Säugling im Kontakt zu seiner Mutter und zur Außenwelt wahrnahm. Berührung ist also ein Zugang zur vorsprachlichen Welt. Körperarbeit gestaltet diese archaische Kommunikation als eine Art Vorsprache. Berührung kann eine Brücke sein zum Durcharbeiten dessen, was während dieser Zeit geschah, zur symbolischen Gestaltung, eine Brücke zur Bewußtwerdung.

Ich erinnere mich an einen Patienten, bei dem ich den Nacken mit meinen Händen hielt, während er auf der Matratze lag, und da er die Spannung nicht loslassen konnte, versuchte ich diese ganz leicht zu lockern. Dies löste bei ihm sogleich Geburtsbewegungen und eine schreckliche Todesangst aus. Dieser Patient hatte die „schlechte Idee" gehabt, in einem Moment geboren werden zu wollen, in dem der Gynäkologe noch nicht anwesend war. Die Hebammen hielten die Beine der Mutter zusammen, auf den Morgen wartend, um zu verhindern, daß das Baby zu früh das Licht der Welt erblickte. Über meine Berührung erinnerte sich der Patient an Empfindungen und begleitende Gefühle, an Todesangst, an Zorn und Verzweiflung. Er konnte dieses Erlebnis verbinden mit seinen Gefühlen aufkommender Mutlosigkeit bei allen Unternehmen, die er neu anpacken wollte sowie mit dem Eindruck, er komme aus diesen Schwierigkeiten nie heraus, ja, er werde dabei sogar sein Leben lassen.

Ich möchte hier Jacques Berliners Überlegungen zur Wirkung von Berührung zitieren: „Der Körperkontakt durch den Therapeuten schwächt den Widerstand gegenüber der Regression, daß heißt, er begünstigt sie. Durch die Intervention des Therapeuten soll der Widerstand hervorgehoben und verstärkt werden, damit auch darüber gesprochen werden kann. Durch berührende Aktivität kann der Therapeut diesen Prozess intensivieren und beschleunigen. Worte allein können reine Abwehr sein, wenn sie intellektualisierend sind, abgespalten, nicht verkörpert. Berührung kann demgegenüber einer regressiven Übergangsstufe zwischen nonverbaler und verbaler Ebene besser gerecht werden." Ich selbst möchte hinzufügen, daß Berührung mich gelehrt hat, Abwehr- und Anpassungsmechanismen gewisser Patienten wahrzunehmen, bevor diese selbst ein Bewußtsein dafür entwickelt hatten. So machte ich die Erfahrung, daß, wenn ich einen Patienten oder eine Patientin in einer Situation archaischer Regression in meinen Armen hielt, mein Gegenüber die Situation umkehrte und mich hielt, obwohl ich es doch war, die die Initiative ergriffen hatte. Oder mein Gegenüber begann, mir Wärme zu geben, statt sich von mir wärmen zu lassen. Und wieder ein anderer Patient schnitt ganz plötzlich jeden Kontakt und jede Emotion ab und kehrte in seinen Kopf und sein Denken zurück.

Aus den verschiedenen hier genannten Wirkungen der Berührung scheint mir hervorzugehen, daß sie im Blick auf die therapeutische Arbeit Übergangscharakter hat, das heißt, daß sie Verbindungen schafft zwischen dem prägenitalen Universum und der Symbolisation. Bertha Roth sagt hierzu: „Wenn der Analytiker nur auf der Ebene des Gehörten verharrt, auf den Aussagen des Patienten, die ihm übermittelt werden, bleibt alles, was nicht auf der Wortebene mitgeteilt wurde, getrennt und abgespalten. Wir wissen, daß sprachliche Äußerung Teil des Abwehrsystems sein kann. Worte können verhindern, daß sich ein bestimmtes Erleben zeigen kann. Das Wort ist nur eine der möglichen Kommunikationsebenen; andere sind mit jenen Äußerungen gegeben, die keine Wortsprache haben, ... die aus Verhaltensmustern bestehen, die im sekundären Prozess noch nicht ausgestaltet sind." Außerdem soll der Therapeut während der Berührung so zuhören, wie es Fedida beschreibt: „Zuhören und gleichzeitig Berühren heißt, daß das, was der Therapeut spürt, von ihm innerlich aufgenommen und in eine Sprache übersetzt wird: die berührende Geste versucht weder zu nehmen noch zu geben, sondern dem Patienten über seine eigene Wahrnehmung den Zugang zum eigenen Körperbild zu öffnen."

Risiken der Berührung

Risiken auf Seiten der Patienten:

Heißt das, daß Berührung den therapeutischen Prozess generell erleichtert, oder sind gewisse Risiken vorhanden? Verstärkt Berührung nicht auch den Widerstand, kann sie nicht auch ein Hindernis für das Fortschreiten der Therapie sein?

Im Blick auf den Widerstand formuliert Gisèle Harrus Revidi: „Die Widerstände sind auf der Seite des Klienten der unbewußte Wunsch, an seinen Symptomen festzuhalten und auf Seiten des Therapeuten, seine Kraft und Macht zu zeigen; bei beiden besteht der Wunsch, im Hier und Jetzt das traumatische Ereignis zu wiederholen."

J. Voyron folgend, der schon früh auf die Gefahren der bioenergetischen Analyse hingewiesen hat, möchte ich Aspekte erwähnen, die gewisse Risiken der Berührung und des entsprechenden Agierens in der bioenergtischen Therapie aufzeigen, und ich möchte ausführen, weshalb in solchen Situationen Berührung ein Widerstand gegenüber dem Prozess darstellt.

Zunächst kann - und das zeigten die ausgeführten klinischen Beispiele - Berührung allzu bedrohlich sein für die körperliche und psychische Integrität gewisser Patienten. In solchen Fällen ist Berührung selbst dann ein Eindringen, wenn der Therapeut versucht, respektvoll vorzugehen. Sie ist es umso mehr, wenn es darum geht, gleichsam handgreiflich die im Charakterpanzer festgeschriebenen Widerstände zu attackieren. Ich denke hier im besonderen an Patienten, die in ihrer Kindheit Opfer körperlicher Gewalt oder sexuellen Mißbrauchs waren und die sich sehr bald durch Körperkontakt oder durch emotionale Nähe bedroht fühlen.

Ich denke an eine von ihrem Vater sexuell mißbrauchte Patientin, die ich gebeten hatte, sich auf die Matratze zu legen und zu atmen, und die sich ganz plötzlich mit erschrockenem Blick wieder aufrichtete, als ich mich ihr näherte, weil sie phantasierte, daß ich sie in diesem Moment „traktieren" würde. Was konnte sie sich bei ihrer Geschichte und der entsprechenden Übertragung auf mich anderes vorstellen?

Ich denke auch an die bereits erwähnte Patientin, die immer dann, wenn ich sie berührte, somatisierte, und deren Beziehung zu ihrer Mutter durch körperliche Grenzüberschreitungen charakterisiert war: Darmeinläufe, Verschließen der Nase beim Füttern ... So ist es nicht erstaunlich, daß sie ihre Helfer immer wieder hilflos macht und daß ihr Körper manchmal den Ort, manchmal das Objekt ihrer Leiden darstellt.

Oder jene Patientin, die sich jedesmal von ihrem Körper gleichsam abspaltet, wenn ich sie berühre, und die dann einen leblosen Körper unter meinen Händen zurückläßt, jeden Kontakt mit sich selbst und mit mir verunmöglichend, so wie sie es lernen mußte, als sie narzißtisches Objekt ihrer Eltern war.

Kirsch schreibt hierüber folgendes: „Wenn Körperarbeit sich nicht respektvoll um Demütigungen und narzißtische Verletzungen des Klienten kümmert, wird das Arbeitsbündnis derart gestört, daß Widerstände unanalysierbar werden."

Eines der größten Risiken, das Berührung im therapeutischen Prozeß mit sich bringt, besteht im Zusammenhang mit einer durch Inzest geprägten Pathologie. Es ist dieses Risiko, das den Psychoanalytikern in der Nachfolge Freuds das Berührungsverbot auferlegte und das sie bis heute gegenüber der Körperarbeit skeptisch stimmt. Berührung schafft Erinnerung an den mütterlichen Körper, an die archaische Beziehung zu ihr, an Verschmelzung und Symbiose. Das Kind muß sich während seines Wachstums aus dieser engen, körperlichen Verbindung zur Mutter lösen und muß lernen, sich mit diesem Verlust abzufinden. Dies gestattet ihm den Zugang zur Sprache, zum Symbolverständnis und zu seiner Autonomie. Mit Dolto ausgedrückt handelt es sich hier um eine „symbolerzeugende Kastration." Gewisse Patienten haben diesen Verlust weder verarbeitet noch akzeptiert und versuchen, ihn in ihrem weiteren Leben zu vermeiden. Sie kommen mit dem Anspruch in die Therapie: „Liebe mich, heile mich, fülle meine Leere..."

Berührung fördert Regression und führt sie in ihre archaischen Bereiche. Die Gefahr besteht darin, im Archaischen zu verharren, die Regression aufrecht zu erhalten, in der Wiederholung zu bleiben, in der Illusion, das Objekt wiederzufinden, den frühen Verlust eher zu überdecken als zu verarbeiten. Und dies um so mehr, je mehr sich der Therapeut in seiner Illusion von Allmacht einnehmen läßt durch Wünsche nach Liebe und glaubt, er könne die traumatisierenden Entbehrungen kompensieren, reparieren und heilen. Indem er die infantilen Wünsche des Patienten zu erfüllen versucht, hält er den Widerstand gegenüber der Symbolbildung aufrecht und fördert die Abhängigkeit. Der Klient wird zum Spielball seiner Wünsche und bleibt an den Therapeuten fixiert, der ihm die Erfüllung dieser Wünsche vorgaukelt. Ein Ausdruck negativer Übertragung - und sei es auch nur in Andeutungen - ist hier beinahe unmöglich.

Mauricette war in ihrer ersten Therapie bei einem meiner Kollegen und verbrachte dort viele Stunden in seinen Armen, um den Tod ihres Vaters weinend. Sie gestaltete mit ihrem Therapeuten eine sehr symbiotische Beziehung, die mir recht inzestuös erschien, weil sowohl die Rückkehr zum mütterlichen Körper wiederbelebt als auch die erotisierte Beziehung zum Vater angedeutet wurde. Mauricette ist eine Patientin mit genitaler Organisation. Da sie sich in dieser ersten therapeutischen Beziehung gleichsam im Kreise drehte und nicht weiterkam, entschied sie, die Arbeit bei einer Frau fortzusetzen. In der letzten Stunde sagte ihr der Therapeut, daß er für sie immer da sein werde, und so traf ihn die Patientin in seinem Privatleben.

Sie kam zu mir, nachdem sie einen Artikel von mir gelesen hatte, der sie, wie sie sagte, „wegen seiner analytischen Seite sehr interessiert hat." So beschloß ich, sie nicht zu berühren und in einer analytischen Haltung zu bleiben. Durch diese rein verbale Beziehung wurde ihr die inzesthafte Beziehung zu ihrem Vater bewußt, in dessen Bett sie bis zur

Adoleszenz schlief, eine Beziehung, die sie ödipal erlebte und die sich in ihrer Therapie durch Ausagieren wiederholt hat. Über diesen Umweg war es ihr auch möglich, das Manko in der Beziehung zu ihrer Mutter auszusprechen. Darauf fand sie, sie habe genügend Fortschritte gemacht und wollte nun die Therapie aufhören, indem sie mir folgendes mitteilte: „Auf jeden Fall kann ich ja zurückkommen, wenn ich es nötig habe, und wir werden sicher Gelegenheit finden, uns wiederzusehen." Als ich ihr darauf antwortete, daß dem sicher nicht so sei und daß unsere Beziehung definitiv mit dem Ende der Therapie beendet wäre, revidierte sie ihren Entschluß, und die Therapie begann nun erst wirklich.

Ihre ganze Abhängigkeit von ihrem früheren Therapeuten, der sich von ihr nicht abgrenzen konnte und ihre Wünsche zu erfüllen vorgab, wird ihr nun bewußt. Ihm gegenüber fühlt sie sich durch eine unendliche Schuld blockiert. Ihre prägenitalen Lücken tauchen gleichzeitig mit seinen eigenen narzißtischen Interventionen auf. Dies also ist eine Situation, wo erst der Verzicht auf Berührung den symbolischen Ausdruck erlaubt.

Berührung beinhaltet die Gefahr der Erotisierung, sowohl in hetero- wie auch in homosexuell geprägten Beziehungen, und dies auch mit Patienten, deren prägenitale Problematik hinter einer sexualisierten Fassade versteckt ist.

Dies war bei Stefan der Fall, einem verführerischen narzißtischen Patienten, bei dem jede Berührung sexuelle Erregung und damit die ihm eigene Abwehr hervorrief. Er mußte sein Gegenüber beherrschen, um nicht selbst beherrscht zu werden. Eigentlich wußte er nicht, wie mit dem Schwall seiner Triebe umzugehen. Sexualisierung benützte er als Widerstand gegenüber seinen wirklichen Bedürfnissen.

Voyron erwähnt die Gefahr, daß durch Körperarbeit triebhafte Maßlosigkeit angesprochen werde. Diese Gefahr wird um so größer, je mehr der Therapeut es versäumt, die Situation symbolisch zu deuten, indem er den Sinn des regressiven Geschehens nicht ausreichend durch seine Interpretationen anspricht und seine Position auf der Ebene der Übertragung darlegt: „Die Partialtriebe verlangen auf der Stelle nach Erfüllung, ohne bezüglich ihrer Ziele oder Objekte transformiert zu werden. Solcherart dem primären Prozess unterworfen, erreichen die Triebe kaum die genitale Stufe" (Levert und Panaccio).

Somit verhindert das Agieren Integration und gedankliche Verarbeitung. Es ist bekannt, daß ein Eckpfeiler der bioenergetischen Arbeit die emotionale Entladung darstellt. Diese Entladung wirkt sich oft im Moment positiv aus, weil sie körperliche und seelische Spannungen löst. Aber rückblickend merkt der Klient bald, daß die Katharsis keine

Langzeitwirkung aufweist, und von Katharsis zu Katharsis bleibt er in der Wiederholung gefangen. Um diesen Wiederholungszwang zu durchbrechen, muß er sich darüber klar werden, daß es sich dabei um einen Ausdruck des Widerstandes handelt. Voyron sagt hierzu: „Die bioenergetische Analyse ... erhält einen Zustand permanenter Entladung aufrecht, was die Illusion nährt, das gewohnte Leben liefe unstrukturiert ab - ohne zurückgehaltene Spannung und ohne Verzicht auf Entladung." Permanente Entladung zu begünstigen hilft den Klienten nicht, Zurückhaltung zu üben und ein beobachtendes Ich zu entwickeln, das fähig ist, Symbolisierungen und Worte für das in der Therapie Erlebte zu schaffen und im Ganzen einen Sinn zu finden.

Auf die Gefahr dieses therapeutischen Agierens verweist auch Berliner, wenn er sagt: „Für Klienten, denen es an Struktur mangelt, kann Entladung eine schon im Alltag vorhandene regressive Tendenz fördern." Dies gilt vor allem für solche Patienten, die jenseits des realen - ggf. auch körperlichen - Kontaktes, den sie mit uns in der Therapiesitzung eingehen, in die Realität unseres Lebens eindringen möchten, uns in unserem Alltag kennenlernen und uns außerhalb der Therapie begegnen möchten, um dem therapeutischen Rahmen - der Übertragung und der durch den therapeutischen Rahmen festgelegten Kastration - zu entfliehen. Sie erleben es oft als sehr schmerzhaft, daß wir ihre Erwartungen nicht erfüllen, weil dies sie auf ihre frühkindlichen Entbehrungen zurückwirft.

Durch Berührung und Agieren in der Therapie ist der Therapeut sehr aktiv. Das hat verschiedene Konsequenzen. So bringt der Therapeut durch seine Aktivität auch Dinge in die Therapie ein, die sich nicht allein aus der Perspektive der Übertragung deuten lassen. Wie mischen sich in einem solchen Fall Realität und Übertragung?

Wenn ich beispielsweise, indem ich auf eine Muskelspannung Druck ausübe, meinem Klienten Schmerz zufüge und er schreit oder weint und sagt: „Du tust mir weh!" - was ist hierbei real und welcher Teil gehört zur Übertragung? Ich weiß es nicht. Ich glaube nicht, daß es möglich ist, eine derartige Trennung exakt vorzunehmen, selbst wenn man sich auf die Vorgeschichte stützt. Die Möglichkeit, die mir nützlich erscheint, hier den Überblick zu behalten, besteht darin, gleichsam innerhalb der Assoziationskette des Klienten zu berühren und zu handeln, d.h. die Berührung erleichtert - wie die Interpretation - den assoziativen Prozeß.

Aber selbst dann werde ich Dinge hervorrufen, die nicht nur mit dem Klienten, sondern auch mit mir zu tun haben, und damit kann die Übertragung nicht mehr ganz „neutral" sein. Dies geschieht bereits dadurch, daß meine Hände kalt oder, im Gegenteil, sehr warm sein können oder daß meine Berührung oberflächlich oder tiefergreifend ist.

Ich meine, daß wir, je aktiver wir sind, desto mehr ein einheitliches Ziel verfolgen - etwa den Körper von seinen Spannungen zu befreien, z.B. in der Reihenfolge der Körpersegmente -, und daß darüber die Übertragung zunehmend schwerer analysierbar wird. So gesehen können gewisse Berührungen oder Handlungen den Widerstand verstärken oder künstlich eine negative Übertragung hervorrufen. Ist das überhaupt noch Übertragung? Wenn ich beim Klienten Kräfte mobilisiere, indem ich ihn auffordere, seine Aggressivität mir gegenüber zu zeigen, was tut er dann, wenn er es tut? Erlebt er seine Aggressivität in der Übertragung wieder? Wohl kaum. Will er mir einen Gefallen tun, indem er mir gibt, worum ich ihn bitte? Wahrscheinlich. Er unterwirft sich nur seinen Gedanken, die ihm mitteilen, was in dieser Situation von ihm erwartet wird. Ich möchte hier Edward Muller zitieren: „Viele Körpertherapeuten glauben, daß sie den innerpsychischen, unbewußten Widerstand direkt angehen können, indem sie die körperliche Abwehr brechen. Was hier passiert, ist, daß der Klient unbewußt die Phantasie des Therapeuten lebt. Damit befinden wir uns in der Therapie des falschen Selbst." Und Sander Kirsch sagt zu diesem Problem: „Körperinterventionen, die primär motorischen und emotionalen Ausdruck fördern, benachteiligen die Entwicklung eines eigenen und echten Selbst-Bewußtseins. Meist verstärken solche Interventionen die Verankerung eines falschen Selbst." Dies trifft um so mehr zu, wenn die Körperinterventionen entweder nur vom Therapeuten provozierte Bewegungen sind, die nicht in direkter Verbindung mit der therapeutischen Beziehung vorgeschlagen werden. Wenn ich mich dabei ertappe, daß ich die therapeutische Beziehung im strengen Sinne verlasse, dann verhindere ich oft, daß wichtige Aspekte der Übertragung (seien sie positiv oder negativ) entdeckt und durchgearbeitet werden können.

Risiken auf Seiten des Therapeuten:

Die therapeutische Beziehung betrifft zwei Personen. Was passiert beim Therapeuten, wenn er berührt und wenn er in der Therapie aktiv wird? Der Therapeut ist, sobald er aktiv wird, mit seinen narzißtischen Anteilen konfrontiert (vgl. Frechette, 1989). Durch Berührung ist der bioenergetische Therapeut sehr stark in die Beziehung eingebunden. Er wird damit auch im Blick auf seine eigenen Bedürfnissen stärker angeregt, ebenso in seinen Trieben, in seinem Wunsch nach Liebe, in seinen Wünschen nach Heilung seiner eigenen Familie, nach Allmacht, und auch er mag seine eigenen Entbehrungen auslöschen wollen. Deswegen können seine Widerstände so wirken, daß die Therapie gehemmt oder sogar verunmöglicht wird.

Ich möchte dies darstellen anhand des sexuellen Mißbrauches in der Therapie und mich auf einen Artikel von Carole Levert und Monique Panaccio beziehen: „Die grundlegende Frage ist die Beziehung zum Mangel und daher auch die Schwierigkeit, sich symbolisch ausdrücken zu lernen: Die Beziehung zum Therapeuten wird [im Falle therapeutischen Mißbrauchs] eine vollständig körperliche Beziehung, ohne daß sich ein Raum für Sprache öffnen kann. Die betroffenen Frauen erwähnen in erster Linie den Mangel väterlicherseits, obwohl es sich auch um einen Mangel auf der Mutterseite handelt. Aber diese Art von Deprivation ist schmerzhafter und viel schwerer zugänglich für sie.

Wie können sie nur Gefühle auftauchen lassen, die Kastrationsangst in ihrer primitiven Form, das heißt, die Angst vor Fragmentierung und Tod hervorrufen, wenn doch ihre eigentliche Identität in Gefahr ist? ... Dieser Mangel ist für sie unerträglich, und durch die sexuelle Beziehung versuchen sie, ihn auszufüllen, und zwar durch Wiederherstellung des archaischen Bandes zum Anderen, zu einem Zustand, wo jeder den Körper des Anderen genießt. Dieser Übergang zur sexuellen Beziehung geschieht meist in dem Augenblick, wo Wunsch und Angst der beiden Betroffenen zusammenfallen und gleichzeitig unerträglich werden. Es geschieht in einem Moment größter emotionaler Not. In der sexuellen Beziehung erfüllt der Therapeut seine schützende Aufgabe angesichts starker Gefühle nicht mehr, der Wunsch des Gegenübers wird unerträglich und drängt ihn dazu, das Bedürfnis zu erfüllen, statt dafür zu sorgen, daß der Wunsch ausgesprochen werden kann. Damit verhindert er, daß das als unaussprechlich Phantasierte so lange ertragen werden kann, bis es sich in Worten ausdzurücken lernt. Der Therapeut, der das (noch) Unaussprechliche nicht aushalten kann, weil es ihn in die eigene Einsamkeit zurückwirft, verbaut eine konkrete Heilungschance. Durch Identifikation mit der omnipotenten Mutter versucht er in einem „konkreten Heilungsakt", seine eigene Todesangst und diejenige seines Gegenübers unter Kontrolle zu halten."

Betrifft das Thema Berührung alle Patienten gleichermaßen? Ich möchte hier zwei Patienten-Typen unterscheiden: Klienten mit prägenitaler Störung und solche mit Störungen in der genitalen Entwicklungsphase.

Prägenitale Störungen:
Ich verstehe darunter nicht oder nur wenig strukturierte Persönlichkeiten, Menschen mit Problemen in ihrer Identitätsentwicklung, narzißtische

Persönlichkeiten, Borderline-Patienten, schizoide und orale Persönlichkeiten. Diese Menschen gehen Beziehungen auf präobjektale Weise ein. Der Therapeut ist nur ein Teilobjekt, gut oder schlecht nach der momentanen Einschätzung dieser Menschen. Objekt und Selbst werden nicht klar unterschieden. Prägenital gestörte Menschen sind im allgemeinen zerbrechlich - wenig mit sich selbst und mit Anderen verbunden. Häufig sind sie unfähig, sich in Worten auszudrücken, weil ihre Fähigkeit zur symbolischen Vorstellung sehr eingeschränkt ist. Meist haben sie ein schlechtes „Holding" und ein schlechtes „Handling" (Winnicott) erlebt, und sie haben die entsprechenden Schwierigkeiten, ihr Identitätsgefühl zu finden.

In gleichem Maß haben sie wenig Wahrnehmung für ihren Körper, es sei denn über das Schmerzerleben. „Bei solchen Grenzstrukturen trifft man auf eine Unkenntnis des eigenen Körpers und auf Abwehr, sich auf Körpererfahrungen einzulassen. Diese Patienten sprechen nie von ihrem Körper, sie verhalten sich diesem gegenüber, als wenn er nicht existierte, und wenn sie in dieser Haltung durch den analytischen Rahmen, der das Wort bevorzugt, ermutigt werden, bleibt ihre Aussage völlig intellektualisiert und körperfremd. Alles, was aus dem Triebbereich und aus dem Körpererleben heraus entsteht, bleibt neutral, in gewisser Weise wird der Körper verleugnet. Man findet hier eine Art narzißtischer Lücke auf der Ebene des körperlichen Selbstbildes" (J. Cophignon - M. Guedj). Entsprechend ist für diese Patienten, wie Berliner sagt, „bionenergetische Analyse mit Mobilisierung von Ladung, Öffnung von muskulären und emotionalen Blockierungen wenig wirksam und auch kontraindiziert, weil die Öffnung eine unerträgliche inneren Leere hervorruft."

Bei diesen Patienten muß der Therapeut zunächst auf der symbiotischen Ebene verfügbar sein. Berührung und ein sanfter, körperlicher Zugang erlauben eine Begegnung im Bereich der präverbalen Sprache. Solche Therapien geschehen also anfänglich nicht auf der Ebene der Interpretation von Phantasien. Hingegen wird der Therapeut versuchen, die frühen Verletzungen dieser Menschen zu verstehen, ihre Körperwahrnehmungen neu zu organisieren, bei ihnen die Ebene des primären Narzißmus zu erreichen, ihr Ich durch korrigierende Erfahrungen und durch Introjekte zu stärken, ein zusammenhängendes Hautselbst zu schaffen. Taquin sagt darüber folgendes: „Als Leitlinie für den Zugang zu solchen Grenzstrukturen gilt, daß sie körperlich und ebenso mit Worten unterstützt werden, und daß sie durch das Aussprechen ihrer Wahrnehmungen und Empfindungen ihre Gefühle zu spüren und auszuhalten lernen. ... Der Körper des Klienten zeigt sich und spricht zum Therapeuten, der die Körpersprache übersetzt." Und Berliner fügt hinzu: „Patienten, die wenig oder keine Fähigkeit zur symbolischen Vorstellung haben, benötigen von uns Material, das sie introjizieren und internalisieren können ... Wir bieten uns ihnen gleichsam als Übergangsobjekt an."

Im Blick auf die Berührungsproblematik ist bei prägenital gestörten Menschen Anzieu zuzustimmen, wenn er sagt: „Das Berührungsverbot begünstigt die Wiederherstellung des Ich nur, wenn sich das Haut-Ich bereits genügend herangebildet hat." Heißt dies nun, daß jede Therapie über diese Ebene laufen muß? Ich glaube es nicht. Ich glaube aber, daß, wenn sich das Ich des Patienten entwickeln soll, es notwendig ist, die symbolische Ebene einzubeziehen und ihn über die Sprache mit der Kastration zu konfrontieren. „Die erste Kastration", sagt Ph. van Meerbeeck, „bedeutet nicht, daß man Mann oder Frau ist; es ist vielmehr die Tatsache, daß man über Sprache verfügt."

Genitale Störungen:
Ich habe früher folgendes geschrieben: „Menschen mit Störungen in der genitalen Phase brauchen weniger Unterstützung, sie sind symbolisationsfähig und vermögen sich auf der Ebene der Konfrontation, der Integration der Defizite und der Kastrationserfahrung zu entfalten. Der Therapeut nimmt hier eher die Funktion des Vaters und seiner Gesetze ein, indem er Strukturen einführt, die jenseits der Symbiose funktionieren." Diese Patienten können den Therapeuten als ganzheitliches Objekt wahrnehmen. Entsprechend findet für mich die Arbeit mit solchen Patienten hauptsächlich auf der Ebene der Übertragungsdeutung statt. Das heißt aber nicht, daß jegliche Körperarbeit kontraindiziert ist, kann sie doch dem Patienten helfen loszulassen, Kontakt aufzunehmen und das Kind in sich selbst zu spüren und zu integrieren. Gleichwohl besteht, wie Taquin sagt, „die Arbeit darin, möglichst viele Vorstellungen symbolisch darzustellen und damit den Klienten hinüberzuführen von seinem Bedürfnis nach Liebe zum Wunsch." Dies gilt naturgemäß für diese genital gestörten Menschen in besonderem Maße, besteht doch hier stets die Gefahr, daß Berührung erotisiert wird.

Schlußbemerkung

Um mit etwas Humor abzuschließen, möchte ich an Christus erinnern, als er nach der Auferstehung Maria Magdalena begegnet. Diese möchte ihn berühren, aber Christus sagt zu ihr: „Noli me tangere" („Berühre mich nicht"), womit er das Berührungsverbot in seinen genitalen Kontext stellt. Später aber begegnet er Thomas, der an die Auferstehung nicht glauben kann, und ihm schlägt er vor, ihn zu berühren, so daß Thomas sich der Körperlichkeit der Existenz Christi versichern kann.

Es ist das gleiche „berühre mich nicht", ausgesprochen von einer seiner Patientinnen, das Freud die Notwendigkeit aufzeigte, eine klare Distanz festzulegen, um in aller Sicherheit an den sexuellen Phantasien mit seinen Klientinnen arbeiten zu können. Und vielleicht ist es erst seit Winnicott für gewisse Analytiker wahrnehmbar, daß gewisse Patienten so wie der heilige Thomas einer Berührung bedürfen, damit sie in der Realität Fuß fassen können. Ich denke, es macht den ganzen Reichtum unserer Arbeit aus, daß wir die Deutung der Übertragung und Berührung miteinander verbinden können und daß wir ein Bewußtsein für Widerstände zu entwickeln vermögen, indem wir diese gegebenenfalls verstärken und sie so dem Durcharbeiten und ihrer tieferen Bedeutung zugänglicher machen - alles mit dem Ziel, die sich stets wiederholenden leidvollen Lebensmuster verändern zu können.

Berührung innerhalb der Therapie verlangt vom Therapeuten Bereitschaft zu reflektierender Erfahrung sowie die Fähigkeit, sich dabei immer wieder in Frage zu stellen. Darüber hinaus setzt sie Wahrnehmungsfähigkeit, Klarheit und dauernde Analyse der eigenen Gegenübertragung und nicht minder eine strenge und klare ethische Einstellung.voraus. *(Aus dem Französischen: Thomas Ehrensperger)*

Literatur:

Anzieu, Didier: *Le Moi peau*, in: *Nouvelle Revue de Psychoanalyse* 1974, 195-208.

Berliner, Jacques: *Le corps comme médiateur dans l'approche psychothérapique des patients borderlines*, in: *Le corps et l'analyse* 1984, 1, 4 1986, 1, 2.

ders.: *Si Wilhelm Reich m'était. conté*, unveröffentlicht.

ders.: *Travail corporel et activation transférentielle*, in: *Le corps et l'analyse* 1990, 6, 2.

ders.: *Regard critique sur le modèle théorique en analyse bioénergétique*, in: *Le corps et l'analyse* 1990, 6, 2.

ders.: *L'acitivation du transfert en analyse bioénergétique: jusqu'ou?*, in: *Le corps et l'analyse*.

Binot, Emile: *L'analyse bioénergétique et les règles de la psychanalyse*, in: *Le corps et l'analyse* 1985.

Bick, Esther: *L'expérience de la peau dans les relations objectales précoces*, in: *Int. Journal Psychoanal.* 49, 484.

Cophignon, J. u. Guedj, M.: *Double thérapie: Psychanalyse et corps. ESF* 1988.

Dohmen, Brigitte: *Analyse bioénergétique et autisme*, in: *Le corps et l'analyse* 1987, 3, 2.

dies.: *Il était une fois l'analyse bioénergétique,* in: *Le corps et l'analyse* 1990, 6, 2.
dies.: *Ecole belge de psychothérapie analytique à médiation corporelle,* unveröffentlicht.
Dolto F.: *L'image inconsciente du corps.* Paris 1984.
Fedida, Pierre: *Le corps dans la relation psychothérapeutique médicale,* in: *Revue de médicine psychosomatique* 1976, 18, 3, 237-260.
Frechette, Louise: *Les enjeux narcissiques des thérapeutes: la fascination du miroir,* in: *Le corps et l'analyse* 1989, 5, 2.
Gantheret, Francois: *Remarques sur la place et le statut du corps en psychanalyse,* in: *Nouvelle revue de psychanalyse* 1971, 23.
Harrus-Revidi, Gisèle: *La vague et la digue. Du sensoriel au sensuel en psychanalyse.* Paris 1987.
Kirsch, Sander: *D'analyse bioénergétique à la psychothérapie analytique à médiation corporelle* und: *Il n'y a pas d'analyse en analyse bioénergétique,* in: *Le corps et l'analyse* 1990, 6, 2.
Levert, Carole / Panaccio, Monique: *L'acting in sexuel entre thérapeutes ou l'échappée de la parole: ce qu'il en est du mot perdu et des corps éperdus,* in: *Santé mentale du Québec* 1986, 11, 2.
Montagu, Ashley: *La peau et le toucher.* Seuil 1971.
Muller, Edward: *La ramification du toucher,* in: *Le corps et l'analyse* 1983, 1, 4.
Peter, Hans: *De la psychanalyse à l'analyse bioénergétique, une experience personelle,* unveröffentlicht.
Reich, Wilhelm: *L'analyse caractérielle,* Paris 1971.
Roth, Bertha: *Quand faire, c'est dire,* in: *Le Coq-Héron* 1987, 101.
Sami, Ali: *Corps réel, corps imaginaire,* o. O. 1977.
Taquin, J. Louis: *Le corps ou transfert,* in: *Le corps et l'analyse,* 1986, 1,2.
Tonella Guy: *La Methodologie de l'Analyse Bioenergetique permet-elle de definir un modele de seance?;* unveröffentlicht.
van Meerbreeck, Ph.: *Le diable aux corps,* in: *A l'écoulte du corps,* unveröffentlicht.
Voyron, Jacques: *La sexualité dans la relation thérapeutique en analyse bioénergétique,* in: *Journal du CERAB* 1985.
ders.: *L'illustration du cri en thérapie corporelle,* in: *Journal du CERAB* 1987.
ders.: *Corps et émotion dans la bioénergie analytique, incluant l'articulation avec la pulsion de mort,* in: *Journal du CERAB* 1989.
ders.: *L'analyse bioénergétique et le mirage de la génitalisation,* in: *Journal du CERAB* 1990.

Gezeichnet

Die Tore des Gefängnisses öffnen sich -
du bist frei.
Die Wärter werden abgeführt.
Du sitzt da - die Folterspuren zeichnen deinen
Körper, dein Gesicht.
Die Augen liegen tief in den Höhlen,
Mißtrauen, Angst, Qual und Schmerz sind
darin begraben.
Sie blicken dumpf und leer - wie tot.
Bewegung verursacht dir Schmerzen.
Du bist es gewohnt, auf kleinstem Raum zu
verharren, erstarrt, bewegungslos. Wie tot.
Sonnenstrahlen bleichen deine Augen
und verschärfen den Gegensatz -
die Dunkelheit in dir, die Helligkeit draußen.
Du bist wie blind. Durch grausige Bilder
hast du das Sehen verlernt, das Augenlicht
verloren.
Es ist Nacht geworden in dir.
Und doch sehnst du dich nach Wärme,
Geborgenheit, Schutz - aber gib acht, es schmerzt,
Deine Ohren vernehmen Stimmen - es dringen
Laute an dein Ohr - du lauschst - in
die einsame Stille dringt es allmählich ein -
die Tatsache, daß es da draußen Leben gibt.
Wieder Schmerz - denn du spürst, wie
abgeschnitten du von diesem Leben
dahinvegetiert hast und wie groß deine
Einsamkeit und Verlassenheit noch ist.
Tief in dir hat sie dich geprägt, gezeichnet.
Das Unaussprechliche paßt nicht in
die helle Seite des Lebens.
Du hast Angst, durch dein Wort etwas
davon zu zerstören, das Grauen mitzunehmen
und nochmals davon überwältigt -
vergewaltigt zu werden.

Die Angst sitzt tief.
Der Schmerz ist fast unerträglich.
Beides Seiten einer Realität?
Sind sie zusammenzufügen?
Gibt es eine Wahrheit? Eine Wirklichkeit?
Mit einem schönen und einem häßlichen
furchterregenden, grauenvollen Gesicht?

Du betäubst diesen Schmerz.

Vergräbst ihn tief in dir.
Eingesperrt ist er und noch dumpf im
Körper zu spüren.
Der Preis dafür ist hoch.
Dein Körper gehört dann nicht mehr dir,
du bist dir selbst ein Fremder geworden.

Wie lange braucht ein Überlebender,
um einen Weg ins Leben zu finden?
Vom Überleben durch den Tod zum Leben?
Vom Sterben zum Auferstehen?
Für was entscheidet er sich - Leben oder Tod?

Stepski-Doliwa, Stephan A. von:
Theorie und Technik der analytischen Körpertherapie.
Verlag Peter Lang Frankfurt a.M./Bern 1989

Die Verbindung von Psychoanalyse und Körpertherapie ist zwar nicht länger tabu, längst aber noch nicht ausdiskutiert. Die Studie von Stephan v. Stepski-Doliwa datiert zwar von 1989, hat aber seither nichts an ihrer Aktualität eingebüßt. Einer kurzen Einleitung folgen zwölf (leider nicht numerierte!) Kapitel zu solchen Kernthemen der Theorie der Technik analytischer Körpertherapie wie Übertragung und Gegenübertragung, Widerstandsanalyse, Deutung und Traumdeutung (I-IV), die Beziehung zwischen Therapeut und Patient, Psychopathie und Narzißmus (X-XI). Hinzu kommen Kapitel zu „brisanten" Themen wie Ausziehen, Berühren, Pushen (V-VII), Geld und Therapie (VIII), Macht als Gefahr in der Therapie (IX) und last not least ein sehr anregendes Kapitel über Ernährung und Psychotherapie (XII). Der Zusammenhang zwischen Ernährung und seelischer Verfassung ist nach Meinung der Autors ein sehr vernachlässigster Bereich in der herkömmlichen Psychotherapie.

Stepski-Doliwa ist bestrebt, wie er eingangs schreibt, die scheinbar gegensätzlichen Ansätze seines persönlichen und beruflichen Entwicklungsweges zusammenzubringen. Der 43-jährige Diplom-Psychologe und Doktor der Philosophie hat sich schon während des Studiums eingehend mit der Psychoanalyse von Freud und Jung beschäftigt. Er ließ sich in der bioenergetischen Analyse Alexander Lowens und der strukturellen Integration Ida Rolfs therapeutisch weiterbilden. Schließlich fand er in der indischen Philosophie Sri Aurobindos und Sai Babas den geistig-spirituellen und integrativen Ansatz zur Verbindung von Körper, Seele und Kosmos. Das Resultat hat nichts Esoterisches an sich. Sein Buch ist ein solider klinischer Beitrag zu einer einheitlichen Theorie und Technik der „analytischen Körpertherapie".

Der eigentliche Gegenstand dieses gut lesbaren, mit vielen praktischen Beispielen gespickten Werks sind die Bedeutsamkeit und die Erscheinungsformen von Übertragung und Gegenübertragung, Widerstand und Deutung in der *körper*-psychotherapeutischen Arbeit. Immer steht im Vordergrund seiner Überlegungen der Umgang mit der Einheit Körper-Psyche sowohl beim Patienten wie auch beim Therapeuten. Ein Beispiel für viele sind typische Gegenübertragungssituationen in der Körpertherapie, wo der Therapeut mittels *eigener Körper*empfindungen auf muskuläre Verspannungen beim Patienten schließt, die „gepanzerte", unterdrückte Gefühle „symbolisierend" enthalten und mitteilen. Das Phänomen ist auch jedem Analytiker im Ansatz bekannt. Nur hat die analytische Körpertherapie dafür ein sehr verfeinertes Sensorium entwickelt. Sie bietet ferner zahlreiche Möglichkeiten, nicht nur *verbal* sondern auch direkt *körperlich* mit den verbalen und vor allem mit den „muskulären" Widerständen zu arbeiten.

Mehr noch als mit klassischen Fragen der *Körperdiagnostik* setzt sich der Autor mit den vielleicht heikelsten Fragen der aktiv-direktiven und manipulierenden Körpertherapie auseinander, allen voran mit dem *Machen-Wollen.* Dort, wo Therapie-induzierter äußerer Streß an die Stelle vorsichtiger Bewußtmachung tiefgehender Ängste tritt, hat man mit dem „häufigsten Widerstand in der Körpertherapie" (oft auch Gegen-Widerstand - R.W.) zu tun (S.51). Dem Problem des „methodenimmanenten *Pushens*" (S. 140; Pushen ist englisch für Drängen, Nötigen, Erzwingen) in Körpertherapie *und* Psychoanalyse widmet S. sogar ein gesondertes Kapitel, ein weiteres dem Thema *Macht als Gefahr in der Therapie.* Erwähnenswert in diesem Zusammenhang ist auch das Kapitel *Ausziehen*, ein Thema, das nur scheinbar ein Problemkind der Körpertherapie darstellt. Hier handelt es sich ganz besonders um den Umgang mit der *Schamgrenze*, die alle Schulen gleichermaßen angeht. „Ausziehen", bloßstellen, beschämen kann man jemanden bekanntlich auch mit verbalen Deutungen. Ähnlich verhält es sich mit *Berühren,* ein vielschichtiges Geschehen, das alle Therapierichtungen betrifft. Mit Hand, Wort oder Blick, mit Interaktion und Zurückhaltung, immer „berührt" man den Patienten.

Genauso freimütig kritisch und ausführlich geht S. auf ein anderes Streitthema ein, das immer wieder von Gegnern der Körpertherapie aufgegriffen wird: *Nähe und Zuwendung* in der *Beziehung zwischen Therapeut und Patient.*

„Verglichen mit der Unklarheit manch anderer Therapieform hat die Freudsche Distanz und Rigorosität einen Vorteil: sie bewahrt den Analytiker wenigstens z.T. davor, mit den Schattenanteilen seiner Patienten verstrickt zu werden. ... Da der Körpertherapeut Nähe und Zuwendung aber gerade als äußerst wichtiges Therapiemittel ansieht, ist er besonders gefährdet. So ist die große Betonung des Körpers, die eindeutig eine Stärke dieser Therapieform ist, auch deren schwächster Punkt" (S. 220f).

Auch hier folgt S. der Leitlinie des therapeutischen Handelns entlang dem konsequenten, ehrlichen Umgang mit Übertragung und Gegenübertragung. Eine Stärke seiner Ausführungen ist, daß er uns nicht nur an dem, was er denkt, sondern ebenso an dem, was er tut, teilhaben läßt. Sowohl Anfänger wie alte Hasen, Psychoanalytiker, die sich für Körpertherapie, wie auch Körpertherapeuten, die sich für psychoanalytisches Gedankengut interessieren, finden hier eine Vielzahl von Anregungen.

Robert C. Ware

Heisterkamp, Günter: Heilsame Berührungen. Praxis leibfundierter Psychotherapie. Pfeiffer Verlag München 1993

Auf seinen knapp 180 Textseiten löst dieses Buch weit mehr ein, als sein Titel und selbst sein erläuternder Untertitel versprechen. Mit seinem Anliegen läßt sich der Autor jener Gegenwartsströmung zuordnen, die eine methodische Erweiterung psychoanalytischer Behandlungstechnik durch Einbezug von Körperarbeit postuliert und begründet. Berühren als therapeutisches Agens ist längst kein unbestrittenes Tabu mehr. Der symbolträchtige Begriff als Titel mag Berührungsängste ansprechen. Inhaltlich geht es nicht einfach um das Für und Wider von Berührungen, sondern um eine ganzheitliche Sicht des Menschen, die leibliche Existenzäußerungen nicht von seelischen zu trennen braucht und die sie darum mit gleicher Selbstverständlichkeit in den Therapieprozeß einbezieht wie das Wort.

Der Untertitel „Praxis leibfundierter Psychotherapie" wird dem nur teilweise gerecht. G. Heisterkamp, von der Individualpsychologie herkommend und (u.a. über eine bioenergetische Ausbildung) erfahrener Körper-Psychotherapeut, geht zunächst systematisch der Frage nach, warum und wie Körperinterventionen, vor allem aber, warum und wie ein erweitertes Verständnis und Selbstverständnis körperlicher Lebensäußerungen (und ihrer Behinderung) die traditionelle Psychotherapie vertiefen und erweitern. Dann untersucht er, methodisch wiederum auf Grundsätzliches ausgerichtet, was für Kriterien und Vorgehensweisen beim Einbezug des ganzen Menschen in die Psychotherapie zu beachten sind.

Hier wie dort werden sprachlich hochverdichtete Formulierungen immer wieder mit ausführlichen Fallvignetten veranschaulicht, die so viel offenlegen, daß der Leser das Erleben - die „Mit-Bewegung" - des engagierten Therapeuten innerlich nachvollziehen kann. So wird ihm im gleichen Zug - entsprechend dem Anliegen des Autors, künstliche Gegenüberstellungen zu überwinden - eine fundierte Theorie der Technik vermittelt und ein erlebbarer Einblick in die Praxis ihrer Anwendung. Er begibt sich auf einen reich ausgeschilderten Lehrpfad, der vom begangenen Gelände tiefenpsychologischen Therapierens gefahrlos hinüberführt in die geheimnisumwitterte Zone körpertherapeutischer Erfahrung, und - auch in umgekehrter Richtung begangen - grundlegende Information anbietet.

Ein weiterer Teil des Buches, den anderen beiden vorangestellt, setzt sich mit Unzulänglichkeiten der begrifflichen Konzeptualisierung von Körpertherapie auseinander. Sie sind eine der Ursachen, warum der

Einbezug des Körpers bei traditionellen Therapierichtungen bisher auf Reserve stieß. Heisterkamp geht der Geschichte ihrer Entstehung nach und sieht namentlich bei Lowen einerseits den Beziehungsaspekt zugunsten des Körpers vernachlässigt, andererseits, den Leib-Seele-Dualismus nicht wirklich überwunden. (Nach seinen persönlichen Erfahrungen orientieren sich bioenergetisch ausgebildete TherapeutInnen in ihrer Arbeit durchaus am Beziehungsgeschehen, in Abweichung von Lowens Akzentsetzung.)

Hier wird nun mit dem Begriff der Selbstbewegung als dem Ausdruck sämtlicher Lebensäußerungen und mit dem der Mit-Bewegung als dem Wesensmerkmal des Therapierens eine Terminologie eingeführt, die die Widersprüchlichkeit der tradierten Definitionen vermeidet. Die „Selbstbewegung in all ihren seelischen und leiblichen Ausformungen" bezeichnet die individuelle Entwicklung eines jeden Menschen, ihre „notgeborene Behinderung" jegliche Form von Entwicklungsstörung, somit die gesamte Psychodynamik. Diese zunächst ungewohnte Ausdrucksweise gewinnt bei der Lektüre immer mehr an Gehalt und Gestalt und konkretisiert sich letztlich in einer therapeutischen Einstellung, bei welcher der Patient, geleitet vom leibhaften Selbsterleben und -ausdruck, sich und der behandelnden Person in selbstdosierten Zwischenschritten den Weg aus der erfahrbar gewordenen Behinderung weist.

Der konzeptuelle erste Teil des Buches begründet die „Praxis leibfundierter analytischer Psychotherapie" in ihrer ganzen Systematik und wird im weiteren immer wieder exemplifiziert. Sollte sich dieser Denkansatz, der mit modernen Auffassungen von Entwicklungs- und Selbstpsychologie, aber z.B. auch mit bioenergetischen Konzepten (Hilton) vielfach übereinstimmt, durchsetzen, so wäre der ganzen Bewegung der Psychotherapie ein kräftiger Entwicklungsimpuls gesetzt.

Trotz seinem systematisierten Informationsgehalt liest sich das Werk nicht wie ein Lehrbuch. Es ist faszinierend geschrieben und verwendet - neben den betont anschaulichen Prozeßbeschreibungen - seinem Gegenstand gemäß viele körpernahe Sprachbilder, aber auch bedeutungsgeladene Abstraktionen. Es ist, gerade auch beim Wiederlesen, im besten Sinne eine bewegende Lektüre.

Hans Peter

Die Autorinnen und Autoren

DAVID BOADELLA, M. Ed., ist Begründer der Biosynthese, einer Schule für körperorientierte Psychotherapie, sowie Autor der Bücher *Biosynthese-Therapie* (Oldenburg 1989) und *Befreite Lebensenergie* (München 1991). Er leitet Ausbildungsprogramme in Biosynthese am Zentrum für Biosynthese in Zürich. Adresse: Benzenrüti, CH-9410 Heiden.

BRIGITTE DOHMEN ist diplomierte klinische Psychologin und Psychotherapeutin. Sie ist Gründungsmitglied der Ecole Belge de Psychotherapie Analytique à Mediation Corporelle. Ein besonderer Interessenschwerpunkt ist - angeregt durch die Arbeit mit (u.a. autistischen) Kindern - die Rolle der Berührung in der Psychotherapie. Adresse: 67, rue C. Lemonnier, B - 1060 Bruxelles.

DAGMAR HOFFMANN-AXTHELM, Dr. phil., Bioenergetische Therapeutin SGBAT und Musikwissenschaftlerin, arbeitet als Körpertherapeutin in eigener Praxis und als Wissenschaftliche Mitarbeiterin an der Musik-Akademie Basel (Schola Cantorum Basiliensis). Interessenschwerpunkt: Zusammenhänge zwischen tiefenpsychologischen Prozessen und künstlerischer Gestaltung; hierzu diverse Veröffentlichungen, u. a. *Robert Schumann: „Glücklichsein und tiefe Einsamkeit"*, Stuttgart 1994. Adresse: Birsigstr. 85, CH - 4054 Basel.

STEEN JØRGENSEN, Candidatus Psychologiae der Universität Kopenhagen, ist CBT des Internationalen Instituts für Bioenergetische Analyse. Er arbeitet als Trainer und Supervisor für BODYnamische Analyse in Dänemark und Norwegen. Interessenschwerpunkte: Bodyreading sowie die Wechselwirkung zwischen Charakterstruktur und Schock-Trauma. Hierzu verschiedene Veröffentlichungen in *Energy and Character*. Adresse: BODYnamic Institute, Schleppegrellsgade 7, DK - 2200 Kobenhavn N.

STANLEY KELEMAN ist Körperpsychotherapeut, Dichter, Maler und Bildhauer. Er gründete und leitet das Center for Energetic Studies in Berkeley/Kalifornien. Zur körperorientierten Psychotherapie schrieb er u.a.: *Dein Körper formt dein Selbst,* München 1980; *Lebe dein Sterben,* 3. Auflage Hamburg 1986; *Verkörperte Gefühle*, München 1992; *Patterns of Distress*, Berkeley 1989. Adresse: Center for Energetic Studies, 2045, Francisco Street, Berkeley, California 94709 USA.

SANDER KIRSCH ist Psychologe und Gründungsmitglied der Ecole Belge de Psychotherapie Analytique à Mediation Corporelle. Interessenschwerpunkt: Einbezug und Durcharbeiten von Körper-Blockierungen im Rahmen des psychologischen Entwicklungsprozesses. Hierzu verschiedene Veröffentlichungen, u.a. „Le corps et l'analyse" (in: R. Meyer [ed.], *Reich ou Ferenczi?*, Marseille 1992). Adresse: drève de Linkebreek, 65, B - 1640 Rhode-St. Genèse.

ANGELA KLOPSTECH, Dr., Dipl.-Psych. ist Ausbildnerin des Internationalen Instituts für Bioenergetische Analyse. Sie ist Mitbegründerin der Gesellschaft für Bioenergetische Analyse in Deutschland und der Mid-Hudson Society in den USA. Sie leitet Ausbildungs- und Therapie-Gruppen in den USA sowie in Europa und hat eine private Praxis in New York City. Adresse: 50 East Tenth St., Suite 1C, New York, NY 10003, USA.

ROBERT LEWIS, Dr. med., ist Psychiater und Trainer des Internationalen Instituts für Bioenergetische Analyse. Er hat eine private Praxis in New York und leitet Seminare auf Long Island. Forschungsschwerpunkt: Die Integration von Ich-Psychologie und frühen Entwicklungs-Traumata in die Bioenergetik sowie Sexuelle Abgrenzung in der Therapeut/Patient-Dyade. Adresse: 155 East 91 St., New York, NY 10128, USA.

TILMANN MOSER, Dr. phil., wendete sich nach einer psychoanalytischen Ausbildung der Körpertherapie zu und arbeitet seit 1978 in privater Praxis. Sein Arbeitsschwerpunkt ist die Verbindung von Psychoanalyse und Körperarbeit. Publikationen hierzu: *Vorsicht Berührung*, Frankfurt 1992; *Der Erlöser der Mutter auf dem Weg zu sich selbst. Eine Körperpsychotherapie*, Frankfurt 1993; *Ödipus in Panik und Triumph. Eine Körperpsychotherapie*, Frankfurt 1994; Filmvideo *Symbiose, Halt und Abgrenzung*. Ein Lehrfilm über Psychoanalyse und Körpertherapie (über den Autor zu beziehen). Adresse: Goethestr. 17, D - 7800 Freiburg.

HANS PETER, Dr. med., Psychoanalytiker und Bioenergetischer Therapeut in eigener Praxis. Local Trainer SGBAT. Interessiert am Zusammenspielen von Gleichgewicht und Veränderung auf biologischer, psychischer und sozialer Ebene. Adresse: Rütimeyerstr. 68, CH - 4054 Basel.

Schriftenreihe «Körper und Seele» der Schweizerischen Gesellschaft für Bioenergetische Analyse und Therapie (SGBAT):

Band 2
Der Körper in der Psychotherapie
ISBN 3-7965-1017-5

Band 3
Verführung in Kindheit und Psychotherapie
ISBN 3-7965-1018-3

Band 4
Schock und Berührung
ISBN 3-7965-1019-1

Band 5
Zwischen Himmel und Erde
Beiträge zum Grounding-Konzept
ISBN 3-7965-1020-5